基本からわかる 電気回路 講義ノート

西方正司［監修］

岩崎久雄・鈴木憲吏・鷹野一朗・松井幹彦・宮下 收［共著］

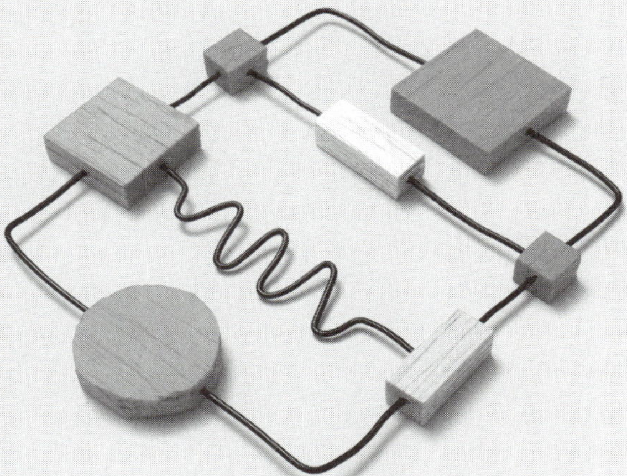

Ohmsha

監修のことば

私たちは日ごろ，あらゆる場面で電気を利用し快適で便利な生活を送っています．これほどまでに電気の恩恵を享受できるようになったのは，近年電気電子工学が著しく発展したことによります．電気電子の専門家を目指すには，先ず基本原理を体系的に学び，これを理解する必要があります．

電気電子工学を修得するための第一歩は電気回路をマスターすることです．電気は直接目に見えないので，頭の中にいろいろな現象をイメージすることが大切です．電気回路の学習を通して電気の様々な動作を十分に理解したのちに，それぞれの専門分野を学ぶことが，エキスパートになるための最良・最短の道です．

本書は電気電子工学の基礎である電気回路を初心者にできるだけわかりやすく記述したものです．これまでにも，ビギナーを対象とした教科書・参考書は多数出版されていますが，電気回路の本質まで掘り下げて理解を深めることを意図したものは少ないように思われます．たとえ取り上げる項目が広範・多岐で，かつ記述が平易であったとしても，より深い理解が得られるようでなければ，専門分野を学習するための基礎力を養うことは困難でしょう．

そこで本書では，専門分野の学習に支障のない程度の基本的な力が得られるよう対象項目を限定し，それぞれについて丁寧に記述することにより深く理解できることを目指しました．これを実現するため，電気回路の教育経験の豊富な大学教員に執筆をお願いしました．執筆にあたっては，読者の理解をより容易にするため，執筆者間の連携を密にして本の統一感が損なわれないように留意しています．

本書は，全体で８章より構成されています．先ず電気回路の学習を始めるにあたり，直流の基礎を十分理解するため１章「直流は電気回路の登竜門」を記述し，電圧，電流，電力，熱などの関係や，２章以下の学習に繋がる基本事項について説明しています．次いで，２章「直流回路」ではオームの法則ほかの基本法則や回路方程式の立て方，電源の考え方や種々の定理とその利用法などについて学習します．3章「交流の基礎」では日常利用している交流について基礎的事項を十分理解を深めたうえで，正弦波交流とフェーザや複素計算法の関連などについて学習します．次いで，4章「交流回路」では交流の基本的な回路の理論的な取扱いについて理解したのち，共振回路の特性や2章で学んだ各種定理の交流回路における利用法などを学習します．さらに，5章「電力」では，交流回路における電力の考え方を理解し，有効電力，皮相電力，無効電力，力率などについて学習します．6章「相互誘導」では，ファラデーの電磁誘導の法則を基に二つの巻線間の電磁気的な相互作用を理解するとともに巻線のドット表示や変圧器の基本等について学習します．7章「二端子対回路」では2組の端子対を持つ回路を種々なパラメータを用いて取り扱う方法について学習します．最後に，8章「三相交流」では発電所や送配電システム，各種電源などに利用される三相交流の基本的な回路について，電力も含めて学習します．

本書で扱う内容を十分学習し，理解できた方は電気電子工学の基礎的な力が十分に備わったと考えてよいでしょう．ただし，「理解した」ということは，ある事項を他の人に説明する場合，納得していただくことを意味します．この場合，皆さん自身の言葉で説明しなければならないことは言うまでもありません．それでは，電気回路の学習を始めましょう．

2014年1月

監修者　西方正司

目　次

Date ・ ・

1 章

直流は電気回路の登竜門
～直流の基礎～

電気回路はどうも苦手だと思っている皆さん，この章はそんな皆さんを励ます思いで書き下ろしました．「登竜門」とは，何かを目指すときにまず最初に突破すべき関門のことです．電池や電球を使って説明される直流回路は一見誰でも知っているやさしい回路のようにも見えますが，その先に続く数々の関門につながる第一歩であり，奥深い電気回路の山に足を踏み入れる前に知っておくべき大切な知識や概念も登場するので，まずこれらをしっかり身に付けることが大事です．この意味もあって，電気の基本である直流のことを敢えて登竜門と呼びました．これから皆さんがこの本をたよりに一歩一歩電気回路の山を迷わずに踏破できるよう応援しています．

1-1 直流とは

キーポイント

★直流は電気回路の登竜門

電気は一般に難しいと思われがちですが，その登竜門である直流回路に出てくるさまざまな概念の中には，より高度な交流回路，電子回路，過渡現象などに発展的につながる内容が数多くあります．直流をしっかりマスターできれば，その後の勉強が格段にスムーズになります．

「直流」が登竜門．その先にはさまざまな関門が待ち受けている…

★ 21 世紀は電気エネルギーの時代

太陽光発電，風力発電，燃料電池などの自然エネルギーや新エネルギーは基本的に直流出力です．電気自動車も急速に普及しており，直流コンセントのあるDC エコハウスも登場しています．1880 年代の初めから半ばにかけて，エジソンとテスラという当時の電気の世界での二大天才が交流・直流論争し，結局，直流論者のエジソンが敗北を喫しました．しかし，今日では直流と交流の優劣を問うことは無意味で，用途に応じて使い分けされています．またスマートグリッド時代を迎え，直流・交流にわたるエネルギーの変換技術がますます発展しています．

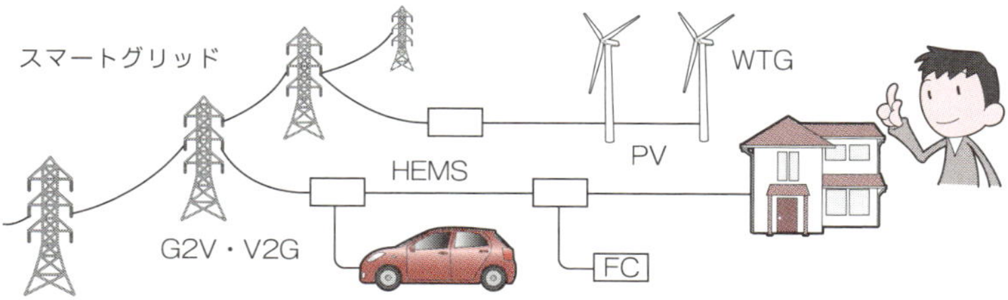

補足➡風力発電は交流発電してから直流に変換しています．

1 直流回路をなぜ学ぶのか

電圧や電流の方向（極性）**が時間によらず一定**であるとき，これらを**直流**（DC：direct current）と呼びます．電池は代表的な直流電源です．直流回路は直流電源と抵抗器とからなります．この電圧と電流を結び付ける「抵抗」という概念は重要で「**オームの法則**」として知られています．実はこのオームの法則は，過渡現象でも交流回路でも成り立ちます．ただし，直流回路でいう抵抗は実数であるのに対して，過渡現象や交流回路では微分演算子（d/dt）や複素数を含んだ「インピーダンス」という概念に拡張されます．さらに，「キルヒホッフの法則（電圧則，電流則）」という二つの電気回路の法則が出てきますが，これらもオームの法則と同様に，直流でも交流でも，また定常状態（現象の変化が終わった状態）でも過渡状態（現象の変化が続いている途中の状態）でも関係なく成り立つオールマイティーな法則なのです．そして，電気回路を解くのにはこれら三つの法則だけがあればよいのです．あとは，実際に適用するための数学のテクニックを身に付けて，練習を通して慣れることが必要です．例えば，直流回路には回路を効率よく解くためのルールや法則が出てきます．それらはそのまま過渡現象や交流回路の解法に使うことができます．原理的には何も違いません．ただ，扱う計算に，微分や積分が出てきたり，$\sin x$，$\cos x$，e^x などの関数や，実数と虚数を含む複素数がでてくるだけです．電子回路理論にしても，トランジスタなどの部品の備える「非線形性」を利用して，増幅，同調，発振などの役に立つ応用するテクニックを学ぶもので，その基本はやはり直流回路にあるといえます．このように，「電気回路の分野は広しといえども，その基礎はすべて直流回路にあり」といっても過言ではありません．

2 直流回路を学ぶコツ

これまでの話でわかったと思いますが，電気回路を理解するにはまず直流回路に真摯に取り組むべきです．簡単なようで実は奥が深く，その中に電気回路のすべてにつながる基本的な概念があるからです．そこで，直流回路を学ぶうえでの「コツ（勘所，急所，ツボ）」を教えましょう．それは

(1) 覚えるべきことはいくつかの基本的な概念や原則だけで十分です．公式の丸暗記はせずに，常にこれらの原理に立ち戻って考えてみましょう．

(2) 個別の応用は，色々な問題を数多く解くことにより身につけましょう．電気

の理論は美しく，一つの正解に辿りつくのに考え方が何通りもあります．例えば，2 章の「直流回路」の章では，まず回路方程式を導くオーソドックスな方法としての「枝（ブランチ）電流法」「網目（ループ）電流法」を学び（このほかに「節点（ノード）解析法」もありますが本書では扱いません），続いて回路の見方を広げる道具として「電圧源・電流源の変換」「重ね合わせの理」「テブナンの定理」などのテクニックを学びます．どれか一つだけわかれば十分なように思いがちですが，実は色々な考え方を試して頭のトレーニングをすることが，より電気回路のことを理解する早道にもなります．

(3) 理解できたかを調べるには，人に説明してみるのが一番です．相手がいなければ自分自身に対する独り言でも構いません．よどみなく説明ができたとき，達成感を感じるとともに，もっと知りたい欲がでてくるでしょう．そうなればしめたものです．

Slow and steady
wins the race
電気回路の解法には，ゴールに至る道がたくさんあります．それらを多く駆使できれば回路を見る目が広がります．地道なトレーニングを続けて少しずつ身につけていきましょう

例題 1

身の周りにある，直流で動作している家電製品を 10 個挙げなさい．（家電の内部で直流に変換して使用している場合を含む．）

解答 テレビ，ラジオ，ビデオデッキ，パソコン，電子レンジ・IH クッキングヒーター・LED 照明（高周波インバータ），洗濯機・エアコン・電気自動車（ブラシレス DC モータ）などがあります．

ただし，ブラシレス DC モータとは，交流の永久磁石式同期モータに磁極位置センサとインバータ回路を組み合わせたもので，見かけ上は DC で動作する回転機です．

coffee break 今日の日常生活ではいたるところで電気工学やそこから発展した電子工学，情報工学などの恩恵を受けています．しかし，その歴史は意外と短いことに驚かされます．例えば，ボルタ電池の発明が 1799 年，スタインメッツによる交流回路理論の

1-2 電圧と電流

キーポイント

★電気の流れと水の流れ

山の上に降った雨は，川となり，水車を回したり船で荷物を運んだり，さまざまな仕事をしながらやがて海に流れていきます．電気の流れも同じです．

1 電気の流れと水の流れのアナロジー

電池に電球をつなぐと電流が流れます．このとき，電池の電圧が大きいほど電流の値も大きくなります．このことを，水槽から流れ出る水流に例えて説明します（**図 1・1**）．水槽内に溜まった水柱の高さが電池の電圧（電位差）に相当します．また，水槽の底に開けた穴の大きさが水の流れに対する抵抗を調節する役目をし，これが電池から流れ出る電流を調節する電球の抵抗値に当たります．いま，電圧の高い電池を電球につなぐと，これに対応する水槽内の水圧も高くなり，水の勢いも激しくなります．これは電流の値が大きくなることに相当します．水槽の底の穴を小さくすると水流の抵抗が増すので水流は小さくなるでしょう．このように，電圧は水圧に，電球の抵抗値は穴の大きさに，電流は水流にそれぞれ対応していることがわかります．このような類似性を「アナロジー」と呼び，互いに異なる物理現象の類似性に着目することで双方の現象を深く理解するうえで

水位が低いと水圧も低く，
水流も弱い
水位が高いと水圧も高く，
水流も強い
穴が小さくなると抵抗が増し，
水流は弱くなる

図 1・1■「電気の流れ」と「水の流れ」のアナロジー（類似性）

出版が 1893 年（3 章以降で学びます），ベル研究所によるトランジスタの発明が 1947 年，そしてそれに続くコンピュータやインターネットの発展．こうして見てみると，電気の分野の歴史は高々この 200 数十年での急速な進歩であるといえます．

表 1·1 ■「電気の流れ」と「水の流れ」のアナロジー（類似性）

電圧	⟺	水圧	電流（水流）を発生させようとする力
電位差	⟺	水位差	その力は電位(水位)の差で決まる
電球の抵抗	⟺	穴の抵抗	抵抗が水流(電流)の流れにくさを決める
電流	⟺	水流	電圧（水位差）と抵抗から電流（水流）が決まる

役に立ちます（**表 1·1**）.

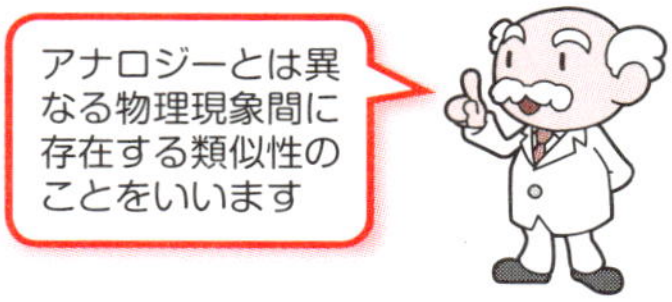

アナロジーとは異なる物理現象間に存在する類似性のことをいいます

2 電位と電圧

「A 点の電位は 5 V だ」，とか「この電池の電圧は 12 V だ」というとき，電位と電圧という言葉は明確に使い分ける必要があります．**電位とはある基準点**（零電位点）**から測った絶対的な高さ**のことです．**図 1·2** のように，地理で山の高さを測るとき，海面を基準にとって海抜何 m であるというのと似ています．零電位の基準点としては，一般的に地面や大地を取ることが多く，この理由から電気・電子回路では「グランド」「アース」などと呼ばれています．これに対して，**電圧はある 2 点間の電位差**を意味します．例えば電池の電圧の場合には普通その－極から見た＋極の電圧のことを意味します．一般に，点 A, B 間の電圧 V_{AB} というときには，B 点から A 点に向かう方向を正に取るときの電圧を意味し，電圧の矢印の終点の A 点電位 V_A から起点の B 点電位 V_B を引くことが重要です．

AB 間の電圧 V_{AB}＝(A 点の電位 V_A)－(B 点の電位 V_B)

したがって，電圧を定義する場合にはその大きさだけではなく極性も意識して

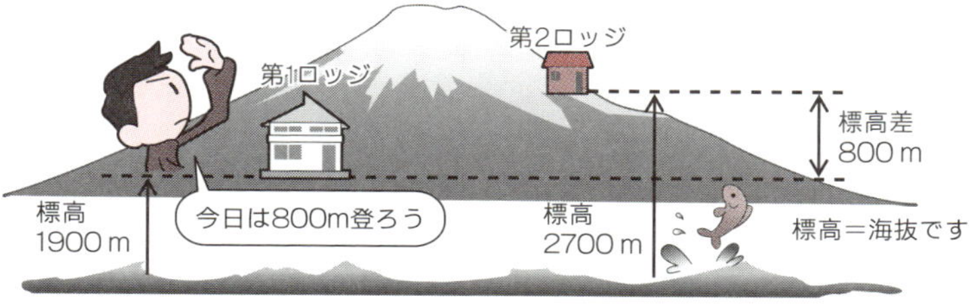

図 1·2 ■第 1 ロッジ，第 2 ロッジの標高と標高差

必須！ 電位と電圧（電位差）の違いを理解しよう．電位は零電位点から測った絶対的な値．電圧は 2 点間の相対的な値で向きにより極性が変わるので注意！

使うことが重要です．

3 電流とは

図 1·3 で示すように，導体に電圧を印加すると導体内部に電界が発生し，これにより電子が移動して電流となります．電子は負の荷電粒子なので電子の流れは電流の向きとは逆向きとなる点に注意が必要です．導体の断面を単位時間（1 秒間）に 1 クーロン（記号 C）の電気量が移動するとき，電流の大きさを 1 アンペア（記号 A）と定義しています．したがって，導体の断面を t〔s〕の間に Q〔C〕の電気量が流れたときの電流の大きさ I〔A〕は次式で与えられます．ただし，n は移動した電子の個数，e は電子 1 個の電荷電気素量，1.60×10^{-19} C です．

$$電流：I=\frac{Q}{t}=\frac{ne}{t} \qquad (1·1)$$

印加電圧とそれにより発生する電流との関係は，次節で述べるように導体の抵抗（電流の流れにくさ）によって決まります．

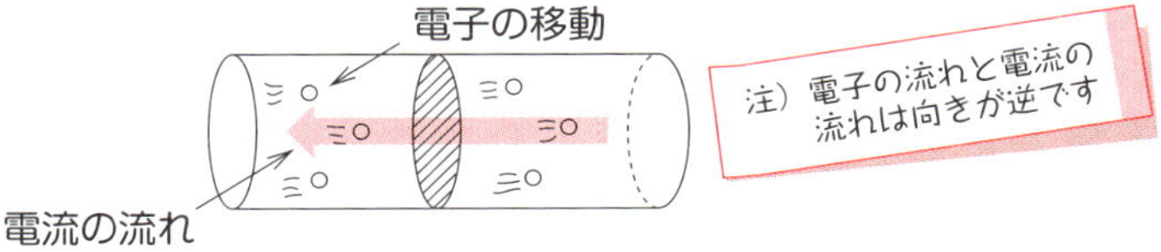

図 1·3 電流の定義は毎秒当たりに導体断面を通過する電荷量

例題 1

A 点の電位は $E_a=-124$ V，B 点の電位は $E_b=-178$ V である．2 点間の電圧 V はいくらか．ただし，電圧 V を B から A の向きに定義する．

解答 電圧 V の起点は B 点なので，V は〔A 点の電位〕−〔B 点の電位〕で求められます．

これに機械的に代入すると

$$V=E_a-E_b=(-124)-(-178)=54 \text{ V}$$

となります．

例題 2

ある導線に 10 A の電流が流れているとき，その断面を 1 分間に何個の電子が通過するか計算しなさい．

解答　式(1·1)で $I=10$ A，$e=1.60\times10^{-19}$ C，$t=60$ s として n を求めると

$$n=I\times\frac{t}{e}=10\times\frac{60}{1.60\times10^{-19}}=3.75\times10^{21}\text{ 個}$$

となります．

1-3 オームの法則　抵抗 R の性格を表した法則

キーポイント

★オームの法則

既知量二つがわかると未知量一つが求められます．

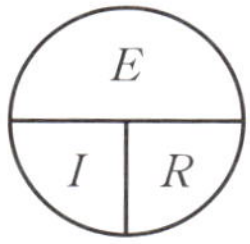

$$\begin{cases} E = IR \\ I = \dfrac{E}{R} \\ R = \dfrac{E}{I} \end{cases}$$

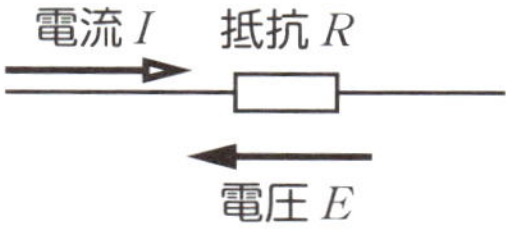

電流と電圧の向き

ただし，電圧 E と電流 I の向きは図の通りです．向きに応じて極性が決まるので注意が必要です．公式だけではなく矢印の向きも一緒に理解しましょう．

1 オームの法則で導電現象を説明してみよう

1826 年，ドイツの物理学者オームは「導電現象で抵抗に流れる電流と，これにより発生する電位差（電圧）に関する法則」を発見し，**オームの法則**（Ohm's law）として公表しました．以下に導電現象を説明してみましょう．**図 1･4** のように抵抗 R に電圧 E を与えると，抵抗には図の向きに電流 I が流れます．これらの間には次の関係が成り立ちます．

$$I = \frac{E}{R} \tag{1·2}$$

この現象は過渡現象を伴うことなく，瞬時に電圧・電流とも平衡して定常状態となります．次に抵抗の側から考えます．外部から電流 I が流れるとき，抵抗の端子間に表れる電圧は

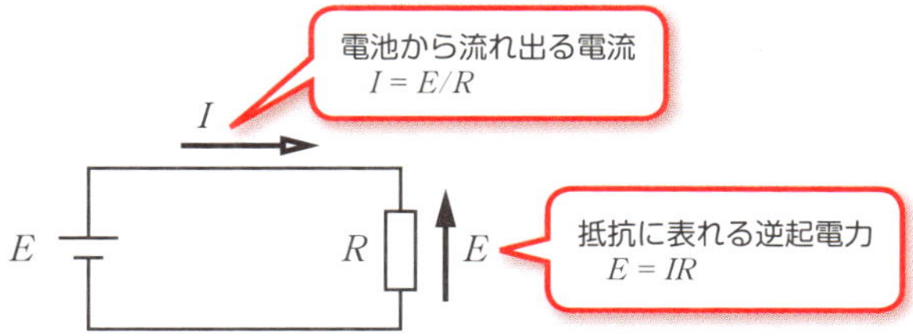

図 1･4 R の導電現象の説明

$$E = IR \tag{1·3}$$

となります．この電圧のことを**逆起電力**と呼びます．外部から電圧を印加するという作用に対して，反作用として表れた現象といえます．その大きさは印加した電圧と等しくなるので，瞬時にして電圧の平衡は保たれて定常状態に至るのです．

また，導体の抵抗値 R が未知の場合，E と I の測定値から R を求めることもできます．

$$R = \frac{E}{I} \tag{1·4}$$

オームの法則は，一つの回路に多数の抵抗が含まれる場合でも，回路の複雑さによらず，すべての抵抗において個別に成り立ちます．

2 抵抗内部での電圧降下

図 1·4 の電流と電圧の関係をグラフにすると**図 1·5** のような直線群となり，直線の傾きは $1/R$ となります．**導体に 1 V を加えたとき 1 A が流れる電気抵抗**（または単に抵抗）**を 1 オーム**（記号：Ω）といいます．I と E はどちらが原因でどちらが結果でもよく，ある「状態」を表していると考えればよいでしょう．抵抗 R の内部では，電圧が電流の流れの向きにだんだん低くなっていき，R 全体で IR〔V〕だけ電圧が降下します．このことを**電圧降下**または**電位降下**といいます．

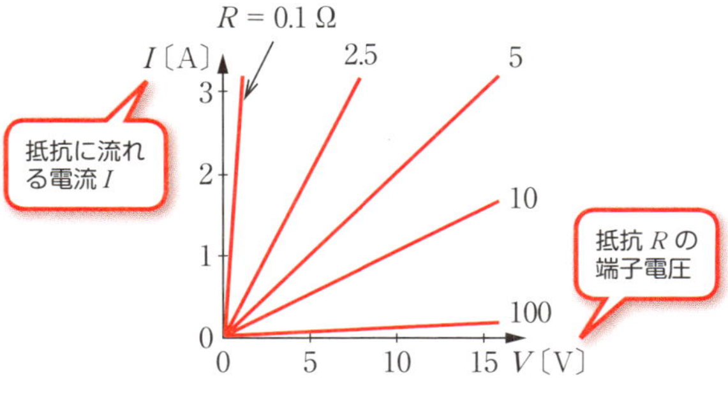

図 1·5■オームの法則の V-I 特性

必須！ オームの法則は重要なので覚えておこう．その際に，$E=IR$ だけではなく電流・電圧の向きの関係も一緒に頭に入れておこう．向きの定義を逆にすると極性も逆になることに注意しよう．

3 抵抗率と温度係数

導体の内部を電子などの荷電粒子が移動するとき，導体自体を構成する原子やイオンなどの粒子と衝突を繰り返します．これが電流の流れにくさの原因となり，導体の電気材料や物理的な構造によって抵抗 R の値が影響されます．

図 1·6 で示すように，一様な物質で作られた**導体の抵抗 R** は，**長さ l〔m〕に比例し断面積 S〔m^2〕に反比例**します．その比例定数は物質固有の値であり，材料に依存するだけでなく温度の影響も受けて変化します．抵抗率の単位はオーム・メートル〔Ω·m〕であり，その値を ρ とする抵抗 R は次式で表されます．

$$抵抗値：R=\rho\left(\frac{l}{S}\right) \tag{1·5}$$

一般に導体の抵抗率は温度の上昇に伴い増加します．これは，導体を構成するイオンや原子の熱運動が激しくなると，自由電子の導体内での移動を妨げる効果が増すためです．抵抗率 ρ の温度依存性は実用的には次の実験式で近似的に与えられています．

$$\rho=\rho_0(1+\alpha t) \tag{1·6}$$

ρ_0 は 0℃における抵抗率，また係数 α〔1/℃〕は温度係数を表しており，いずれも材質に固有の数値です．**表 1·2** に導線の材料として使用される代表的な金属の抵抗率と温度係数を示します．**金属の場合**，一般に**温度係数は正**であるのに対し，ゲルマニウムやケイ素などの**半導体の温度係数は負**です．

$$抵抗値 R〔\Omega〕= 抵抗率 \rho〔\Omega\cdot m〕\times \frac{長さ l〔m〕}{断面積 S〔m^2〕}$$

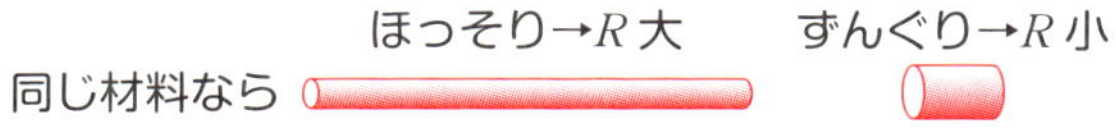

図 1·6 導体の電気抵抗の原因と太さ・長さ

図 1·7 に白熱電球の V–I 特性の一例を示します．白熱電球では加える電圧を増加するとフィラメントに流れる電流が増加して発熱し，温度の上昇に伴って抵抗 R も増加します．このため，V–I 特性は直線にはならず V の増加に伴って傾きは減少します．

表 1·2 ■ 20℃における抵抗率と温度係数

物　質	抵抗率 ρ〔Ω·m〕	温度係数 α〔1/K〕
銀	1.62×10^{-8}	$+4.0\times10^{-3}$
銅（軟銅線）	1.72×10^{-8}	$+4.3\times10^{-3}$
アルミニウム	$2.8\ \times10^{-8}$	$+3.9\times10^{-3}$
タングステン	$5.5\ \times10^{-8}$	$+5.3\times10^{-3}$
鉄	$9.8\ \times10^{-8}$	$+6.6\times10^{-3}$
ニクロム	1.09×10^{-6}	$+0.1\times10^{-3}$
炭素	例：$(0.2\sim4)\times10^{-5}$	ρ や α は結晶構造などに依存
ゲルマニウム（半導体）	0.47	−0.05
ケイ素（半導体）	2.3×10^{3}	−0.08

注意：半導体は負の温度係数をもつ

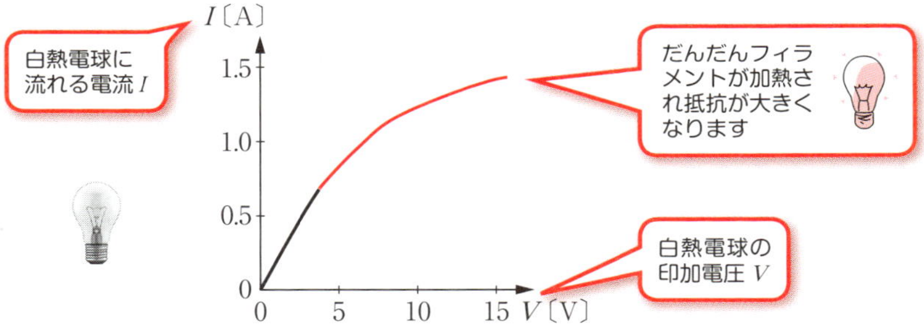

図 1·7 ■ 白熱電球の V-I 特性の例

4　電子部品としての実際の抵抗器

図 1·8 に電子部品としての抵抗の実例を示します．同図(a)は炭素皮膜抵抗器で電子回路でよく使用されるタイプです．はんだ付けのためのリードをもち，回路の試作など，抵抗値の精度を要求しない小電力（1/8～1/2 W）の用途によく使用されます．同様の外形でより温度特性や精度，耐久性の点で高性能な金属皮膜抵抗器や酸化金属皮膜抵抗器などもあります．同図(b)はチップ抵抗器で電子基板面への実装を目的としたものです．部品の大きさがきわめて小さいため，電子機器の小形化，高周波化，低価格化に適しています．最近では基板面への実装を前提としてチップ部品のみ販売されることも多くなっています．同図(c)はセメント抵抗器と呼ばれるもので，特に大電力で抵抗値の低い用途に使用されます．電流を電圧に変換するための電流検出用抵抗として，またスイッチング電源

補足➡白熱電球での消費電力のほとんどは発熱に使われるので，照明の発光効率は 16 ルーメン/W 程度と低い値となります．これに対して LED 照明の発光効率は 100 ルーメン/W と，白熱電球の 6 倍以上です．

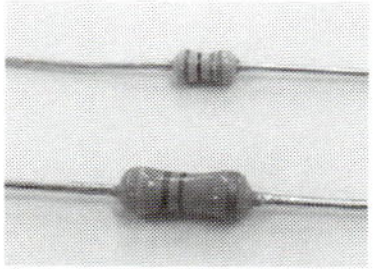

（a）炭素皮膜抵抗器

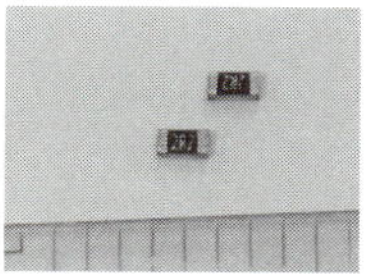

（b）チップ抵抗器

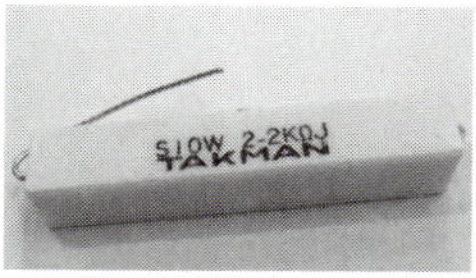

（c）セメント抵抗器

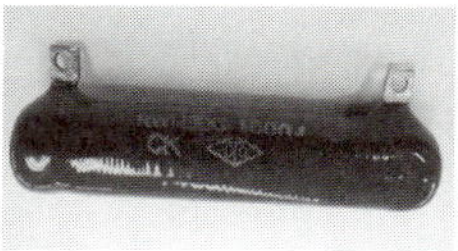

（d）ホウロウ抵抗器

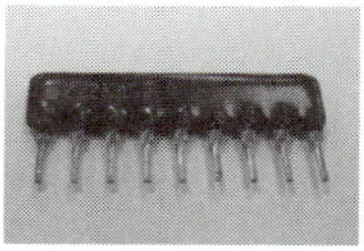

（e）集積抵抗器

（f）可変抵抗器

図 1・8 代表的な抵抗器の外形

などで電流が突入して流れるのを防ぐ用途などに用いられます．同図(d)はホウロウ抵抗器と呼ばれるもので，さらに大電力を扱うことを目的としたものです．緊急時に電力を抵抗で消費して回路を保護する用途や，装置の実負荷試験用などの用途に使用されます．同図(e)は集積抵抗器と呼ばれるもので，一つのパッケージに多くの抵抗器を集積したものです．ディジタル IC の出力用抵抗などに使用されます．(f)は可変抵抗器と呼ばれるもので，一般にボリュームとも呼ばれ，動作条件を調節する用途に使用されます．

このように，用途に応じてさまざまな形状の抵抗器が存在しますが，電気回路上の図記号としてはどの場合にも図 1・4 の記号を使用します．上記の例でもわかるように消費可能な電力値〔W〕は，抵抗器の形状や寸法・重量と密接に関係するので，電力用途の場合には W 数を指定することが特に重要です．

例題 1

以下の問いに答えなさい．

(1) 直流電源 15 V に抵抗 600 kΩ を接続したとき，流れる電流はいくらか．
(2) 抵抗 5.3 MΩ に電流 0.24 mA が流れたときの電圧降下はいくらか．
(3) 電流 20.4 μA を流したときの電圧降下が 165 mV である抵抗は何 Ω か．
(4) 電流 35 mA が抵抗 0.648 kΩ に流れたとき，表れる電圧はいくらか．
(5) 抵抗 330 Ω に電位差 6.8 kV を与えたとき，流れる電流はいくらか．

解答　(1)　電流 $I=15\ \mathrm{V}/600\ \mathrm{k\Omega}=2.5\times10^{-5}\ \mathrm{A}=25\ \mu\mathrm{A}$

(2)　電圧降下 $V=5.3\ \mathrm{M\Omega}\times0.24\ \mathrm{mA}=1.272\times10^{3}\ \mathrm{V}=1.272\ \mathrm{kV}$

(3)　抵抗 $R=165\ \mathrm{mV}/20.4\ \mu\mathrm{A}\fallingdotseq8.09\times10^{3}\ \Omega=8.09\ \mathrm{k\Omega}$

(4)　電圧 $V=35\ \mathrm{mA}\times0.648\ \mathrm{k\Omega}=22.68\ \mathrm{V}$

(5)　電流 $I=6.8\ \mathrm{kV}/330\ \Omega\fallingdotseq20.6\ \mathrm{A}$

例題 2

直径 2.0 mm のある素材の導線 15 m の電圧対電流特性を室温 20℃ で計測したところ，印加電圧 E と電流 I の間に**図 1·9** のような比例関係が認められた．この導線の抵抗値 R〔Ω〕，抵抗率〔Ω·m〕，素材を求めなさい．

（ヒント：素材は表 1·2 を参考にせよ.）

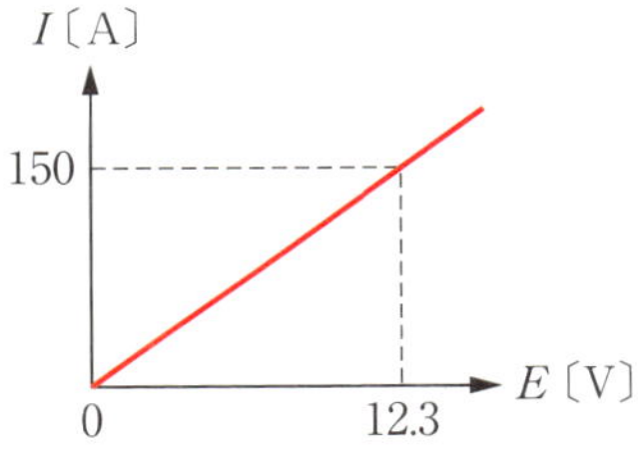

図 1·9

解答　直径 2.0×10^{-3} m の導線の断面積 S は $S=\pi r^2$ に半径 $r=1.0\times10^{-3}$ m を代入して

$$S=\pi\times10^{-6}\ \mathrm{m}^2$$

となります．導線の長さは $l=15$ m．グラフより，抵抗値 R は

$$R=\frac{12.3}{150}=8.2\times10^{-2}\ \Omega$$

となります．これらを式(1·5)に代入すれば，抵抗率 ρ は

$$\rho=R\times\frac{S}{l}=1.72\times10^{-8}\ \Omega\cdot\mathrm{m}$$

となります．表 1·2 より，導線の素材は軟銅であると推察できます．

例題 3

直径 1.2 mm のアルミニウム導線の電流対電圧特性を室温 20℃ で計測したところ，電流 I と印加電圧 E との間に**図 1·10** のような比例関係が認められた．この導線の抵抗値 R〔Ω〕，長さ l〔m〕を求めなさい．

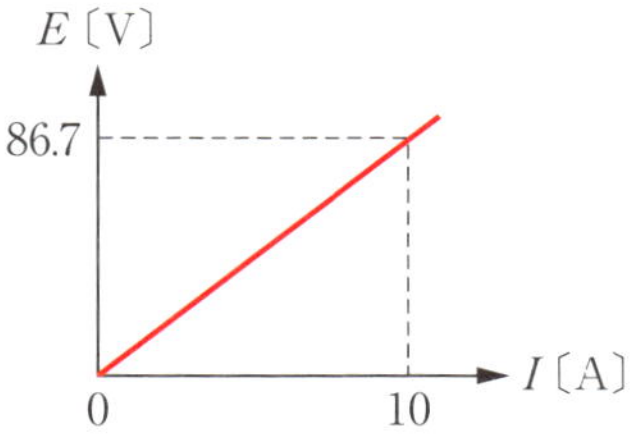

図 1·10

解答 直径 1.2×10^{-3} m の導線の断面積は $S=0.36\pi\times10^{-6}$ m^2 です．グラフより，抵抗値 R は

$$R=\frac{86.7}{10}=8.67\ \Omega$$

です．一方，アルミニウムの抵抗率は表 1·2 によれば 2.8×10^{-8} Ω·m なので，これらの条件と式(1·5)より導線の長さ l〔m〕を求めると

$$l=R\times\left(\frac{S}{\rho}\right)=8.67\times\left(\frac{0.36\pi\times10^{-6}}{2.8\times10^{-8}}\right)=350\ \text{m}$$

と算出できます．

1-4 電　力

キーポイント

★抵抗で消費されるジュール熱

電位差が V〔V〕ある抵抗 R〔Ω〕に電流 I〔A〕が t〔s〕間流れるとき，導体が発生するジュール熱（熱エネルギー）Q〔J〕は $Q=VIt=RI^2t=(V^2/R)t$ で表されます．このとき抵抗 R で発熱により失われる熱エネルギーは，電源 E から送りだされる電子がもっていた位置エネルギーが熱に形を変えて放出されたものです．

★電　力

このときの単位時間当たりの仕事率（電力）は，$P=VI$〔W〕となります．エネルギー Q〔J〕＝仕事率 P〔W〕×時間 t〔s〕の関係があります．

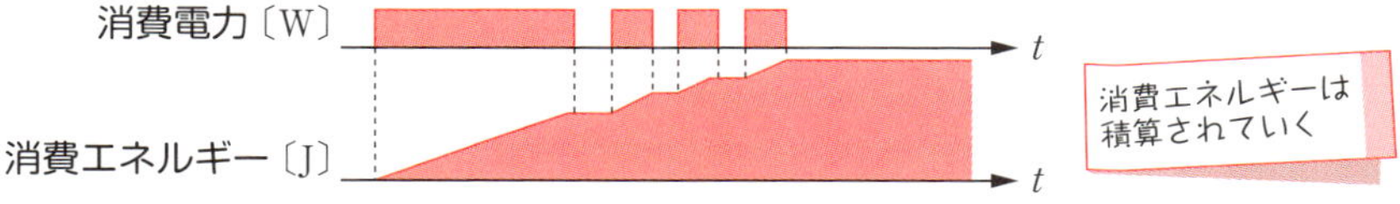

電力とエネルギーの関係

1 電流による仕事

図 1・11 は直流回路に流れる電流による仕事の一例を示したものです．**電流の流れ**は実は**電子の流れ**です．電子は負の電荷をもっているので，電池の−側から出て＋側に戻ります．−極から出発したばかりの電子は，N 点において一番高いエネルギーをもっています．この電子が抵抗を通る際にジュール熱を発生し，電球では熱や光を発生し，ブザーでは音を発生し，モータでは機械的な負

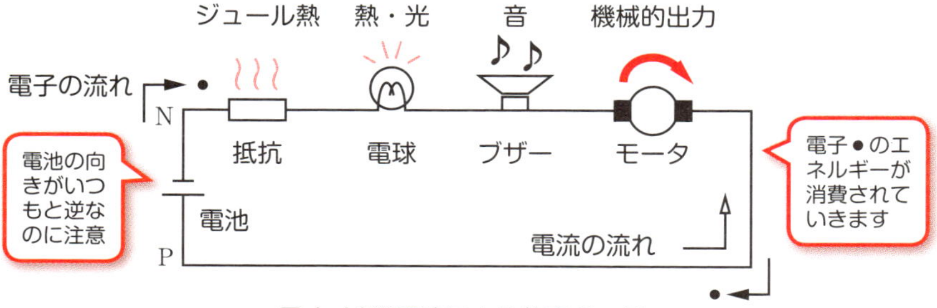

図 1・11■電流による仕事の一例

必須! エネルギーの単位は J，パワーの単位は W，エネルギー〔J〕＝パワー〔W〕×時間〔s〕

荷に対して仕事をして，もっていたエネルギーをさまざまな他のエネルギーに変換していきます．そしてP点では電子のもつエネルギーが最も低くなって電池の＋極に回収されます．このように，電子の流れ（電流とは逆向き）は回路の中でさまざまな仕事を行います．これが電流による仕事の仕組みです．

以下では，抵抗でのジュール熱の発生を例にとり電力との関係について明らかにします．

2 ジュール熱

導体に電流を流すと導体の抵抗により発熱します．この熱のことを発見者にちなんで**ジュール熱**といい，**エネルギーや仕事の単位**には**ジュール〔J〕**を使用します．電位差が V〔V〕ある導体に電流 I〔A〕が t〔s〕間流れるとき，導体が発生するジュール熱〔J〕（熱エネルギー）は導体の抵抗 R を使って次式で表されます．

ジュール熱：$Q=VIt=RI^2t=(V^2/R)t$　（単位はJ：ジュール）　(1·7)

このとき抵抗 R で発熱により失われる式(1·7)の熱エネルギーは，もともと電源 E から送りだされた電子がもっていた位置エネルギーが R を通過するうちに抵抗体に対して仕事をした結果，熱というエネルギーに形を変えて放出されたものであると考えることができます．

熱エネルギーの単位としてはカロリー〔cal〕が調理や食品の分野で常用されています．この単位は，1 cal の熱エネルギーが 1 ml（cm^3）の水の温度を1℃上昇させることができるとの定義に基づいています．実験によると 1 cal は 4.19 J に相当することが知られており，このことから式(1·7)を cal で表した場合

ジュール熱：$Q=\left(\dfrac{1}{4.19}\right)VIt=0.24\,VIt$　（単位は cal：カロリー）　(1·8)

と換算することができ，温度上昇などの計算に便利です．

3 電力と電力量

式(1·7)で与えられる**熱エネルギーを単位時間当たりの仕事率で表したもの**を**電力**といい，次式で表すことができます．

電力：$P=Q/t=VIt/t=VI$　(1·9)

電力の単位はワット〔W〕であり，**仕事率の単位と同じ**です．また，**電流が「ある一定時間」の間にする仕事の積算値を電力量**といいます．例え

一般的には「エネルギー $Q(t)$ → 微分 → 電力 $P(t)$」または
「エネルギー $Q(t)$ ← 積分 ← 電力 $P(t)$」の関係がある．

ばその一定時間が1秒間であれば，電力量は VI〔J〕となります．このことはいいかえると，ジュールが単位時間当たりの電力量の単位そのものであることを意味します．つまり，電力量とはエネルギーと全く同義であり，同じJの単位をもつことが明らかです．一般的に実用的な単位としては，一定時間を1時間にとる場合があります．この場合，1時間＝3 600秒ですから，この間の電力量は3 600 VI〔J〕となり，これを1（Wh：ワット時）と表します．電力の分野ではさらに大きいエネルギーの単位としてkWh（キロワット時）が電力量の単位としてよく用いられます．**図1･12**は，一般家庭の使用電力量を計測するのに用いられる積算電力計です．JとWhは次式により相互に単位変換が可能です．

電力量の単位変換：1 Wh＝3 600 J

$$1\,\mathrm{J} = (1/3\,600)\,\mathrm{Wh} \tag{1·10}$$

電力〔W〕が積算され，
消費エネルギー〔J〕に
対して課金される

図1･12 回転円板によりエネルギー計算を行う積算電力計
（三菱電機株式会社提供）

まとめ

・単位の相互関係

エネルギーの単位はジュール〔J〕，毎秒当たりの消費エネルギー〔J/s〕が電力〔W〕．

電力量はエネルギーを表し，常用される単位はワット時〔Wh〕．

カロリー〔cal〕も熱エネルギーの単位で，1 cal＝4.2 Jに相当します．

例題 1

以下の問いに答えなさい．

(1) 12 Ω の抵抗に 24 V を掛けたときの消費電力はいくらか．

(2) 4.8 Ω の抵抗に 2.4 A を流したときの消費電力を求めなさい．

(3) 12 V のバッテリからある負荷に対して 10 A を連続して 4 時間供給した．この間，電圧の低下はないものとしてバッテリから供給したエネルギーを，Wh，J，cal で答えなさい．

(4) 60 Ω の抵抗に 1.2 A を 8 時間流したときに消費されるエネルギーは何 kWh か．またこれは何 J に相当するか．

解答

(1) 消費電力 $P=24^2/12=48$ W

(2) 消費電力 $P=4.8\times2.4^2$ W $=27.648$ W $\fallingdotseq27.6$ W

(3) 供給エネルギー $=12\times10\times4=480$ Wh $=480\times3\,600$ J $\fallingdotseq1.73\times10^6$ J

$=1.73\times0.24\times10^6$ cal $\fallingdotseq4.15\times10^5$ cal

(4) 消費エネルギー $=60\times1.2^2\times8/1\,000\fallingdotseq0.69$ kWh $=0.69\times1\,000\times3\,600$ J

$\fallingdotseq2.48\times10^6$ J

例題 2

以下の問いに答えなさい．

(1) 100 Ω の抵抗に 0.5 A の電流が流れるとき，1 秒当たりの発熱量は何 J か．

(2) 100 V の直流電圧を加えたときに 1 000 W の電力を消費する電気ポットがある．このポットを 80 V の直流電源に接続した．ポットの抵抗値は変化しないものとして，以下の問いに答えなさい．

(a) ポットの抵抗はいくらか．

(b) ポットが消費する電力はいくらか．

(c) ポットに最初 20℃ の水が 200cc 入っていたとすると，このポットの水が沸騰するまでに要する時間はいくらか．ただし，抵抗体での発熱はすべてポット内部の水に一様に伝わり，その温度上昇に使われるものとする．

解答 (1) 1秒当たりの発熱量がワットの定義なので

$W=100\times0.5^2=25\ \mathrm{W}=25\ \mathrm{J/s}$

(2) (a) ポットの抵抗 $R=100^2/1\,000=10\ \Omega$

(b) ポットの消費電力 $P=80^2/10=640\ \mathrm{W}$

(c) 沸騰するまでに要する時間を x〔s〕とすると，この間の消費エネルギー E_1 は，$E_1=640x$〔J〕となります．一方，200 cc (ml) の水の温度を 20℃から 100℃まで上げるのに必要なエネルギー E_2 は，$E_2=200\times(100-20)\times4.2\ \mathrm{J}=67\,200\ \mathrm{J}$ となります．したがって，$E_1=E_2$ とおくことにより，$x=105\ \mathrm{s}$ となります．

例題 3

100 V 用の白熱電球が 2 個あり，一方の消費電力は 80 W，他方は 40 W であるという．以下の問いに答えなさい．

(1) それぞれを 100 V で動作させたときの抵抗値を求めなさい．

(2) 次に 2 個の電球を直列に接続したものに 100 V を掛けたとすると，いずれの電球がより明るく光るか．またその理由を説明しなさい．

解答 (1) 80 W 用電球：抵抗値 $R=100^2/80=125\ \Omega$

40 W 用電球：抵抗値 $R=100^2/40=250\ \Omega$

(2) 答えは 40 W 用電球の方が明るく光ります．その理由は以下のとおりです．いま仮に各電球の抵抗値が上記の値を保つとすると，抵抗の割合で電圧が分圧されるので 80 W 用電球と 40 W 用電球の電圧と消費電力はそれぞれ以下のようになります．

80 W 用電球：電圧は $100/3\fallingdotseq33.3\ \mathrm{V}$，消費電力は $33.3^2/125\fallingdotseq8.9\ \mathrm{W}$

40 W 用電球：電圧は $100/3\times2\fallingdotseq66.7\ \mathrm{V}$，消費電力は $66.7^2/250\fallingdotseq17.8\ \mathrm{W}$

合成抵抗値は 375 Ω なので，総消費電力は $100^2/375\fallingdotseq26.7\ \mathrm{W}$ となり，上記の値と一致します．したがって，40 W 用電球の方が消費電力が多く，より明るく光ります．実際には 80 W 用電球の発熱の減少の方がより大きいため，抵抗値がより大きく減少し，上記で試算した以上に 80 W 用電球の方の電圧が下がって消費電力はさらに小さくなり，明るさはより暗くなります．

補足➡ J も Wh も cal もともにエネルギーの単位　1 J=1 W×1 s，1 Wh=1 W×3 600 s，1 cal=4.19 J．カロリーは栄養学や生物学でよく用いられます．

1-5 合成抵抗

キーポイント

★合成抵抗

複数の抵抗が直列接続や並列接続されて，全体として別の抵抗として働く場合，この抵抗を合成抵抗と呼びます．

★合成抵抗の計算

「直列接続時には合成抵抗は個々の抵抗の和」となり，「並列接続時には合成抵抗の逆数は個々の抵抗値の逆数の和」となります．

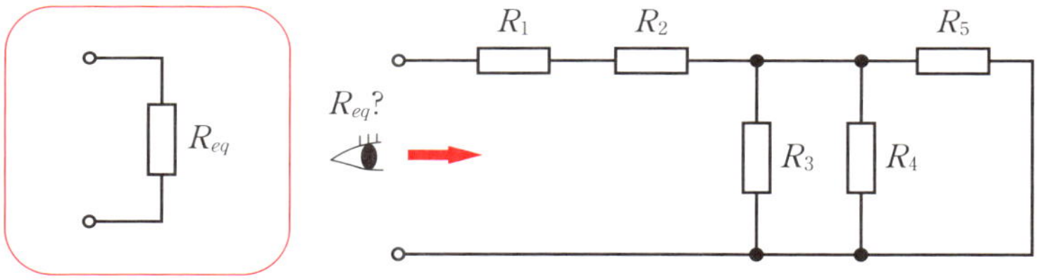

全体がいくらの抵抗に見えるかが合成抵抗

1 直列接続

図 1·13 のように n 本の直列抵抗が直流電圧 V につながっているとしましょう．この回路では電流の経路は 1 本道なのでその電流を I とします．また個々の抵抗で生じる電圧を $V_1, V_2, V_3, \cdots, V_n$ とすると，V は $V_1, V_2, V_3, \cdots, V_n$ の和となるので，求める合成抵抗を R_{eq} とすると，以下の関係式が成り立ちます．

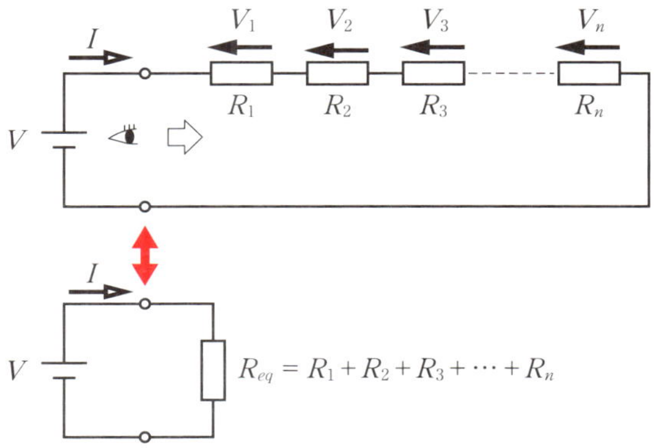

図 1·13 直列に接続された抵抗の合成抵抗

$$V = V_1 + V_2 + V_3 + \cdots + V_n = IR_1 + IR_2 + IR_3 + \cdots + IR_n$$
$$= I(R_1 + R_2 + R_3 + \cdots + R_n) = IR_{eq} \qquad (1\cdot11)$$

式の途中でオームの法則（$V=IR$）が各抵抗の電圧を電流で表すのに適用されていることに注意しましょう．したがって，合成抵抗は $R_{eq}=R_1+R_2+R_3+\cdots+R_n$ となります．このように，**直列抵抗の合成抵抗は各抵抗の和**となります．

2 並列接続

次に**図 1·14** のように n 本の抵抗が並列接続されたものが直流電源 V につながっているとしましょう．この回路では，すべての抵抗に等しい電圧 V がかかっています．個々の抵抗に流れる電流 $I_1, I_2, I_3, \cdots, I_n$ は一つに合流して電源 V から流れ出ます．その電流を I とすると，I は $I_1, I_2, I_3, \cdots, I_n$ の和となるので，求める合成抵抗を R_{eq} とすると，以下の関係式が成り立ちます．

$$I = I_1 + I_2 + I_3 + \cdots + I_n = \frac{V}{R_1} + \frac{V}{R_2} + \frac{V}{R_3} + \cdots + \frac{V}{R_n}$$
$$= V \cdot \left(\frac{1}{R_1} + \frac{1}{R_2} + \frac{1}{R_3} + \cdots + \frac{1}{R_n} \right) = \frac{V}{R_{eq}} \qquad (1\cdot12)$$

ここでも，式の途中でオームの法則（$I=V/R$）が各抵抗の電流を電圧で表すのに使われていることに注意しましょう．したがって，合成抵抗は，$R_{eq}=1/(1/R_1+1/R_2+1/R_3+\cdots+1/R_n)$ となります．このように，**並列抵抗の合成抵抗の逆数は各抵抗の逆数の和**となります．

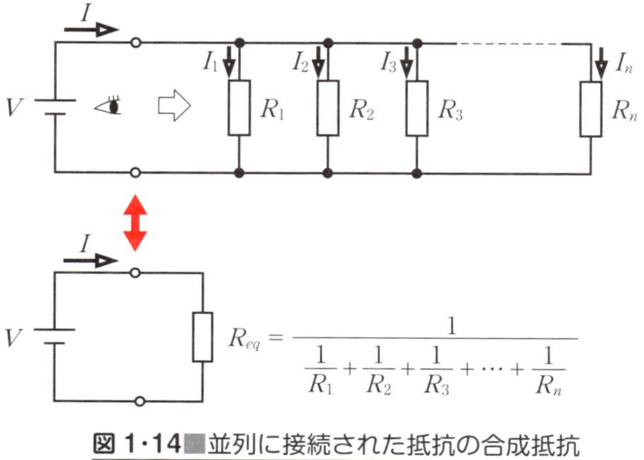

図 1·14 並列に接続された抵抗の合成抵抗

3 白熱電球（非線形抵抗）を含む場合

先に図 1·7 で示した白熱電球の抵抗は温度に依存して広い範囲で変化することは述べたとおりです．電流が 0.5 A 以下の発熱の少ない範囲では，グラフの傾きより抵抗は

$$R \fallingdotseq \frac{\text{電圧の変化分}}{\text{電流の変化分}} = \frac{2.5-0}{0.5-0} \fallingdotseq 5\,\Omega$$

となることからほぼ 5 Ω であり，一方，電流が 1.0～1.5 A 程度の高発熱領域では，同様にグラフの傾きより抵抗は 20 Ω 程度となることがわかります．このように**電流と電圧の関係が直線的ではない抵抗**を**非線形抵抗**と呼びます．これに対して**常に一定の抵抗値をとる通常の抵抗**を**線形抵抗**と呼びます．このような非線形抵抗が回路に組み込まれたとき，合成抵抗はどのようになるかを求めてみましょう．

図 1·15 に示されるように，15 V の直流電源に非線形抵抗 R_{nl} と線形抵抗 10 Ω とを直列に接続します．R_{nl} は 5～20 Ω 程度ですから，この直列抵抗の合成抵抗は 15～30 Ω 程度であることは見当が付きますが，まだ正確な値を決めることはできません．ここで，この直流回路に流れる電流はまだ未知ですが，取りあえず I と置いてみます．すると，直流回路の電圧の間に次の関係式があることがわかります．

$$V_{nl}(I)+10I=15 \tag{1·13}$$

この式は，「二つの抵抗に発生する電圧の和が常に直流電源電圧 15 V になる必要がある」という動作条件を表しています．$V_{nl}(I)$ は，流れる電流によって電圧が変化することを表しており，その特性曲線は図で与えられています．式

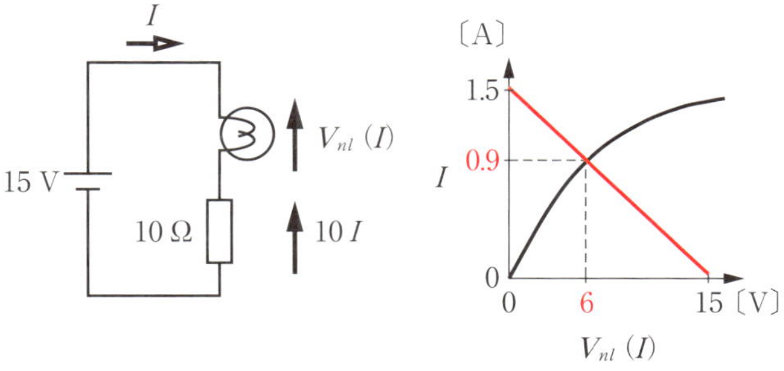

図 1·15 非線形抵抗と線形抵抗の合成抵抗

13よりIを求めると

$$I=\frac{15}{10}-\frac{V_{nl}(I)}{10}$$

となり，この直線グラフを非線形抵抗の $V_{nl}(I)$ 対 I のグラフに重ねて描くことにより，連立する二つの方程式を満たす動作点をグラフの交点として求めることができます．その結果，交点は $V_{nl}\fallingdotseq 6$ V，$I\fallingdotseq 0.9$ A と求めることができます．このとき，合成抵抗は

$$R_{eq}=\frac{15\ \mathrm{V}}{0.9\ \mathrm{A}}\fallingdotseq 16.7\ \Omega$$

となることがわかります．当然ながらこれは当初の予想の範囲に入っています．

まとめ

複数抵抗器による直列回路の合成抵抗は各抵抗値の足し算となります．

R_1 と R_2 の直列なら $R_{eq}=R_1+R_2$

複数抵抗器による並列回路の合成抵抗の逆数は各抵抗値の逆数の和となります．

R_1 と R_2 の並列なら $\dfrac{1}{R_{eq}}=\dfrac{1}{R_1}+\dfrac{1}{R_2}$　または　$R_{eq}=\dfrac{R_1R_2}{R_1+R_2}$

例題 1

以下の問い に答えなさい．

(1) 150 Ω，2.2 kΩ の抵抗を直列接続したときの合成抵抗を求めなさい．

(2) 1.5 kΩ，600 Ω，3.2 kΩ の抵抗を直列接続したときの合成抵抗を求めなさい．

(3) 18 Ω，12 Ω の抵抗を並列接続したときの合成抵抗を求めなさい．

(4) 3 Ω，6 Ω，9 Ω の抵抗を並列接続したときの合成抵抗を求めなさい．

解答 (1) 150 Ω は 0.15 kΩ なので，$R_{eq}=(0.15+2.2)$ kΩ$=2.35$ kΩ となります．

(2) $R_{eq}=(1.5+0.6+3.2)$ kΩ$=5.3$ kΩ

直列接続では，合成前のどの抵抗より必ず大きくなることに注意

(3) $\dfrac{1}{R_{eq}}=\dfrac{1}{18}+\dfrac{1}{12}=\dfrac{12+18}{18\times 12}$

$$R_{eq}=\frac{18\times 12}{12+18}=\frac{18\times 12}{30}=\frac{36}{5}=7.2\ \Omega$$

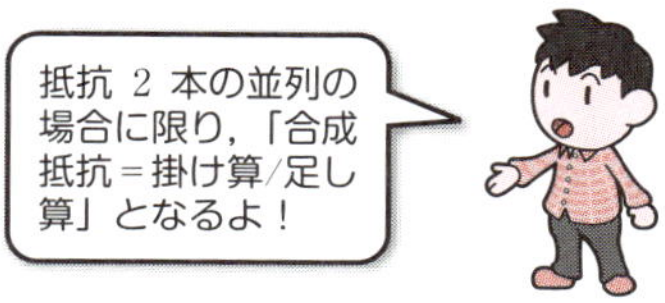

抵抗 2 本の並列の場合に限り，「合成抵抗＝掛け算/足し算」となるよ！

(4) $\dfrac{1}{R_{eq}}=\dfrac{1}{3}+\dfrac{1}{6}+\dfrac{1}{9}$

$$=\frac{6+3+2}{18}=\frac{11}{18}$$

$$R_{eq}=\frac{18}{11}=1.64\ \Omega$$

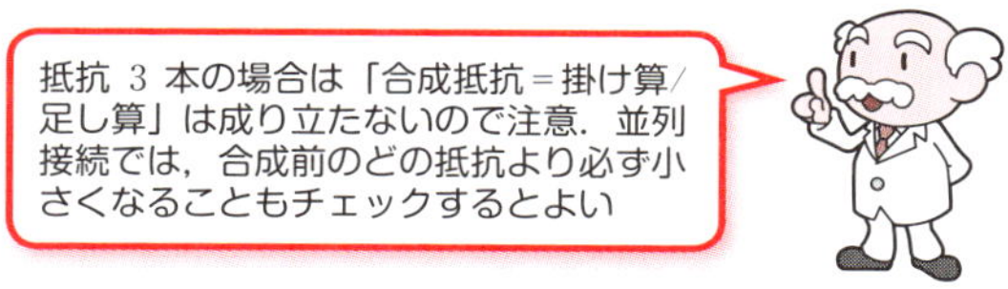

抵抗 3 本の場合は「合成抵抗＝掛け算/足し算」は成り立たないので注意．並列接続では，合成前のどの抵抗より必ず小さくなることもチェックするとよい

例題 2

1 kΩ，2.2 kΩ，4.7 kΩ の抵抗が各 1 本ずつある．3 本の抵抗のうち，任意の本数を利用して実現できる合成抵抗の接続法をすべて挙げ，抵抗値を示しなさい．

解答 可能な合成抵抗の種類は以下の 17 通りとなります．(a) 1 本の場合：1 kΩ，2.2 kΩ，4.7 kΩ の 3 通り．(b) 2 本直列：(1＋2.2) kΩ＝3.2 kΩ，(1＋4.7) kΩ＝5.7 kΩ，(2.2＋4.7) kΩ＝6.9 kΩ の 3 通り．(c) 2 本直列と残り 1 本の並列：(1＋2.2) kΩ∥4.7 kΩ＝1.90 kΩ，(1＋4.7) kΩ∥2.2 kΩ≒1.59 kΩ，(2.2＋4.7) kΩ∥1 kΩ≒0.87 kΩ の 3 通り．(d) 2 本並列：(1∥2.2) kΩ≒0.69kΩ，(1∥4.7) kΩ≒0.82 kΩ，(2.2∥4.7) kΩ≒1.50 kΩ の 3 通り．(e) 2 本並列と残り 1 本の直列：(1∥2.2) kΩ＋4.7 kΩ≒5.39 kΩ，(1∥4.7) kΩ＋2.2 kΩ≒3.02 kΩ，(2.2∥4.7) kΩ＋1 kΩ≒2.50 kΩ の 3 通り．(f) 3 本直列：(1＋2.2＋4.7) kΩ＝7.9 kΩ の 1 通り．(g) 3 本並列：1/(1/1 k＋1/2.2 k＋1/4.7 k) Ω≒0.60 kΩ の 1 通り．

補足➡ 2 本の抵抗を並列接続した場合の合成抵抗を，ここでは $R_1 /\!/ R_2$ のように記述しています．3 本並列の場合は $R_1 /\!/ R_2 /\!/ R_3$ と書くこともあります．

例題 3

3 本の抵抗 R_1, R_2, R_3 を並列接続して電圧 E を加える．このときの合成抵抗を求めなさい．また，各抵抗に流れる電流 I_1, I_2, I_3 の比を求めなさい．

解答 合成抵抗 R_{eq} は，$\dfrac{1}{R_{eq}}=\dfrac{1}{R_1}+\dfrac{1}{R_2}+\dfrac{1}{R_3}$ の関係より

$$R_{eq}=\frac{R_1R_2R_3}{R_1R_2+R_2R_3+R_3R_1}$$

と求められます．また，電流に関しては，$I_1=\dfrac{E}{R_1}$，$I_2=\dfrac{E}{R_2}$，$I_3=\dfrac{E}{R_3}$ の関係から

$$I_1:I_2:I_3=\frac{1}{R_1}:\frac{1}{R_2}:\frac{1}{R_3}=R_2R_3:R_3R_1:R_1R_2$$

と求められます．

例題 4

図 1・16 の回路で，端子 A, B から見た合成抵抗を求めなさい．

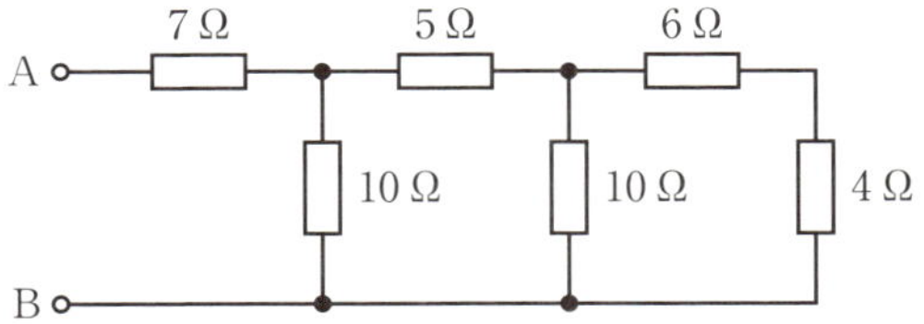

図 1・16

解答 右端の 6 Ω と 4 Ω が直列なので合成して 10 Ω となります．次にこの 10 Ω と回路中の 10 Ω が並列なので合成して 5 Ω となります．続いてこの 5 Ω と回路中の 5 Ω が直列なので合成して 10 Ω となります．さらにこの 10 Ω と回路中の 10 Ω が並列なので合成して 5 Ω となります．最後にこの 5 Ω と回路中の 7 Ω が直列なので合成して 12 Ω となります．

例題 5

図 1・17 の回路は 1 Ω と 2 Ω の抵抗からなる右方向に無限に続く梯子形回路である．端子 A, B から見た合成抵抗を求めなさい．

（ヒント：求める合成抵抗を x〔Ω〕とおいて，同じパターンが現れることに注意して式を立てるとよい.）

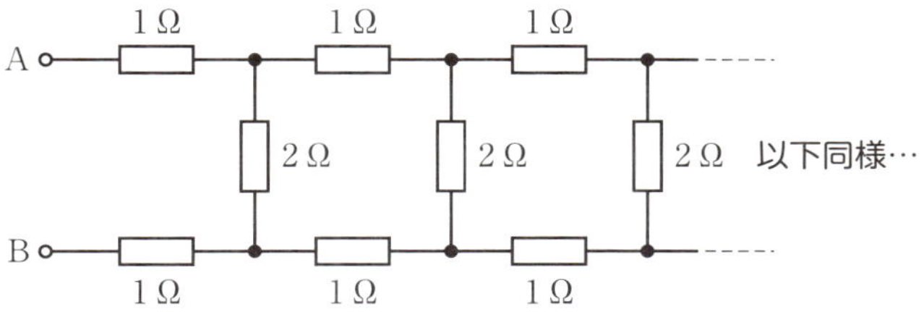

図 1・17

解答 回路の左端の端子 A, B から見た合成抵抗を x〔Ω〕と考えると，梯子を 1 段右にずれた部分から右側を見てもやはり同様に合成抵抗は x〔Ω〕となるので，以下の式が成り立ちます．

$$x=1+(2/\!/x)+1=1+\frac{2x}{2+x}+1$$

この関係から，x についての 2 次方程式

$$x^2-2x-4=0$$

を得ます．$x=1\pm\sqrt{5}$ となりますが，負の解は不適なので

$$x=1+\sqrt{5}\fallingdotseq 3.236\ \Omega$$

と求められます．このように，回路のある部分のパターンに着目して x と仮定すると解ける場合があります．

1-6 分圧と分流

キーポイント

★分圧とは

元の電圧を「直列抵抗」に導いて部分電圧の和に分けて，その一部を取り出すことです．

★分流とは

元の電流を「並列抵抗」に導いて部分電流の和に分けて，その一部を取り出すことです．

★電流計/電圧計への応用

既存の電流計/電圧計に分流器/分圧器を組み合わせることで，測定可能範囲を拡大することができます．

1 分圧器と分圧比

図 1・18 は，負荷抵抗 R_1 に対して分圧抵抗（または分圧器）R_2 を直列に挿入した状態を表しています．両抵抗には共通の電流 $I=V/(R_1+R_2)$ が流れるので，抵抗値に比例した電圧が現れます．すなわち，次式が成り立ちます．

負荷抵抗 R_1 に表れる電圧：$V_1=R_1I=\dfrac{R_1}{R_1+R_2}V$

分圧抵抗 R_2 に表れる電圧：$V_2=R_2I=\dfrac{R_2}{R_1+R_2}V$

抵抗値で決まる比例係数を分圧比と呼びます．

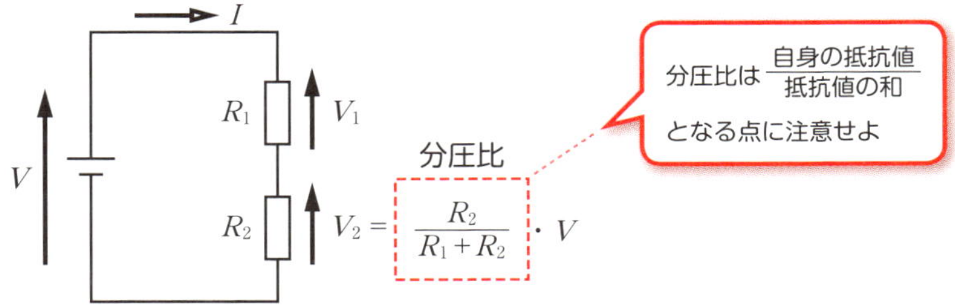

図 1・18■分圧器と分圧比

2 分流器と分流比

図 1・19 は，負荷抵抗 R_1 に対して分流抵抗（または分流器）R_2 を並列に付加

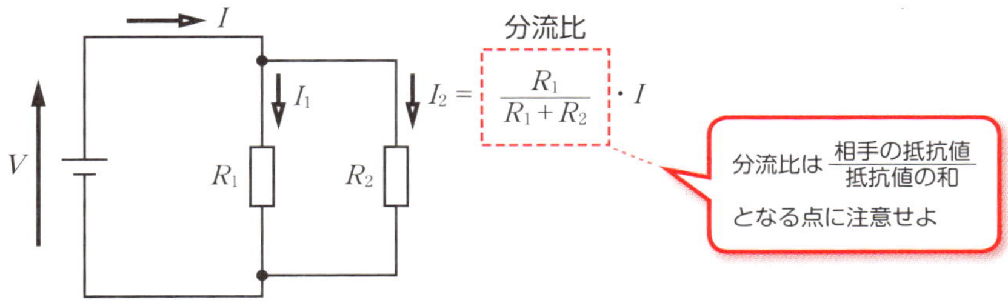

図 1・19 分流器と分流比

した状態を表しています．両抵抗には共通の電源電圧 V が印加されるので，抵抗値の逆数に比例した電流 I_1, I_2 が流れます．また電源には $I = I_1 + I_2$ が流れます．したがって，次式が成り立ちます．

負荷抵抗 R_1 に流れる電流：$I_1 = \dfrac{V}{R_1}$

分流抵抗 R_2 に流れる電流：$I_2 = \dfrac{V}{R_2} = (R_1 /\!/ R_2) \times \dfrac{I}{R_2} = \dfrac{R_1}{R_1 + R_2} I$

抵抗値で決まる $R_1/(R_1 + R_2)$ の比例係数を分流比と呼びます．

3 電圧計と電流計

電圧計は電流計に精度が高く比較的高い抵抗を組み合わせて電圧を直読できるよう目盛りを付けた計器なので，まず電流計の原理から先に説明します．典型的な直流電流計は可動コイル形と呼ばれる構造をしており，流れた電流の平均値に比例して目盛りを指示するように作られています．電流計で回路の電流を測定する場合，**電流計は回路に対し直列に接続**しますが，このとき電流計の内部抵抗 r も直列に挿入されるため，回路全体の抵抗値を増加させ，測定値にも影響を及ぼします．したがって，電流計の内部抵抗 r は測定対象とする抵抗 R に比べてできるだけ小さくする必要があります．

図 1・20 に示すように，電流計に分流器を付けることにより測定電流の一部だけを電流計に流すことができ，結果的により大きな電流を測定できるようになります．

いま最大 i〔A〕の目盛りを備えた内部抵抗 r〔Ω〕の電流計で，最大 I〔A〕($I > i$ まで測定できるようにすることを考えましょう．電流計に対して並列に分流抵抗 R を接続し，I〔A〕の測定電流が流れるとき，このうちの $I - i$〔A〕を分流器側に

補足⇒分流器のことをシャント（shunt）と呼ぶこともあります．

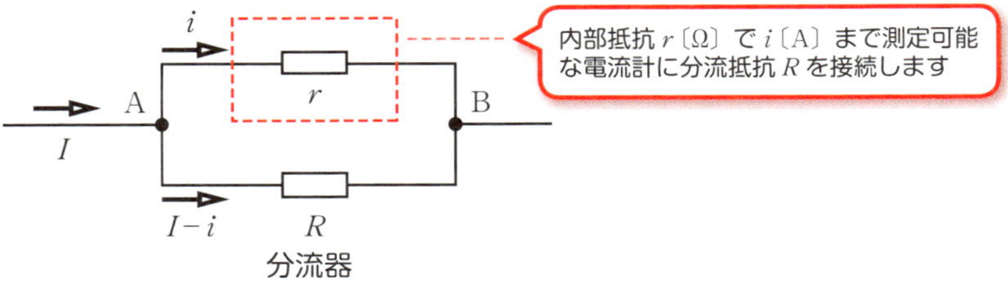

図 1・20■分流器の追加による電流計の測定範囲の拡大

逃すように分流抵抗 R を決める必要があります．このとき，端子 A, B 間での電圧降下は等しくなるので，$ri=R(I-i)$ の関係が成り立ちます．これより，$R=\{i/(I-i)\}r$ とすればよいことがわかります．

次に，電圧計で回路の電圧を測る場合，**電圧計は測定対象に対して並列に接続**しますが，このとき電流の一部が電圧計に分流するため測定値にも影響を及ぼします．したがって，電圧計の内部抵抗は測定対象とする抵抗に比べてできるだけ大きくする必要があります．

図 1・21 に示すように，電圧計に倍率器と呼ばれる分圧抵抗 R を直列に接続することにより，測定電圧の一部分だけを電圧計に印加できるので，結果的により大きな電圧を測定できるようになります．

いま，最大 v〔V〕の目盛りを備えた内部抵抗 r〔Ω〕の電圧計で，最大 E〔V〕$(E>v)$ まで測定できるようにすることを考えましょう．電圧計に直列に分圧抵抗（倍率器）R を接続し，E〔V〕の測定電圧が印加されたとき，このうちの $E-v$〔V〕が倍率器に加わるように R を決める必要があります．端子 A, B 間では r と R に同じ電流が流れるので，$v/r=(E-v)/R$ の関係が成り立ちます．これより，$R=\{(E-v)/v\}r$ とすればよいことがわかります．

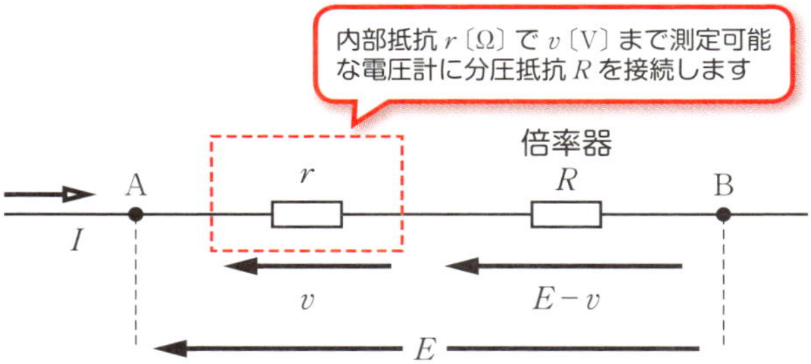

図 1・21■倍率器の追加による電圧計の測定範囲の拡大

例題 1

内部抵抗 $r=2.0\,\Omega$ で最大 25 mA まで流せる電流計がある．これを最大 30 A まで測れる電流計にするにはどうしたらよいか．

解答 **図 1·22** のように電流計と並列に抵抗値 R〔Ω〕の分流器を接続します．ただし，抵抗値は次のように与えます．

$$R=\left(\frac{i}{I-i}\right)r=\frac{0.025}{30-0.025}\times 2=1.668\ \mathrm{m\Omega}$$

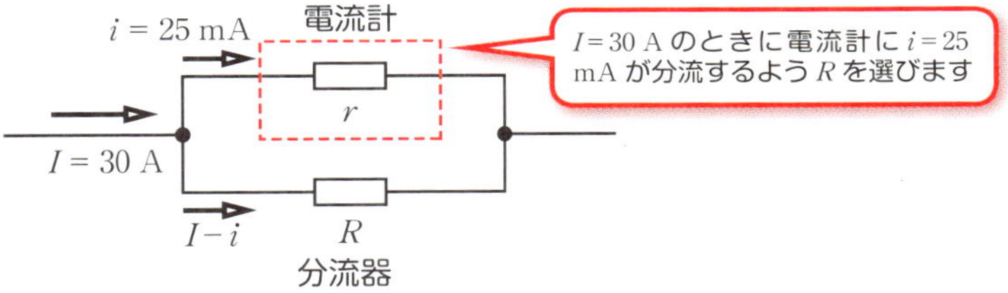

図 1·22

例題 2

内部抵抗 $r=10\,\mathrm{k\Omega}$ で最大 25 V まで測れる電圧計がある．これを最大 100 V まで測れるようにするにはどうしたらよいか．

解答 **図 1·23** のように電圧計に直列に抵抗値 R〔Ω〕の倍率器を接続します．ただし，抵抗値は次のように与えます．

$$R=\left(\frac{E-v}{v}\right)r=\left(\frac{100-25}{25}\right)\times 10\times 10^{3}=30\ \mathrm{k\Omega}$$

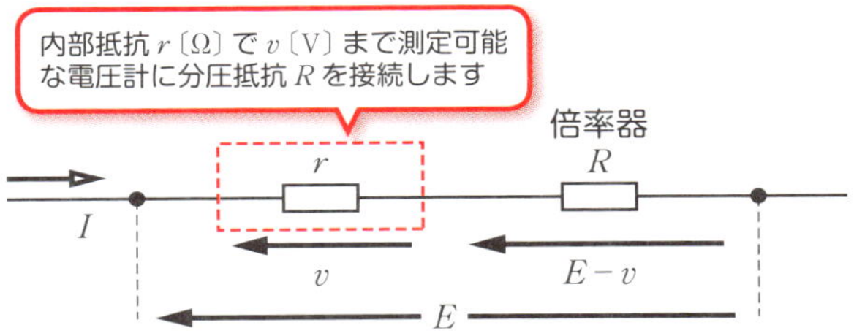

図 1·23

1-7 △-Y 変換

キーポイント

★ △-Y 変換

3 端子の回路の接続法には △ 接続と Y 接続とがあり，外部の回路への影響が全く等しくなるように，相互に等価変換することができます．これを △（デルタ）-Y（ワイ，またはスター）変換といいます．

回路の一部に 3 端子をもつ部分がある場合，この部分だけを切り出して**図 1・24** のように △ 接続または Y 接続のいずれかで表すことができます．

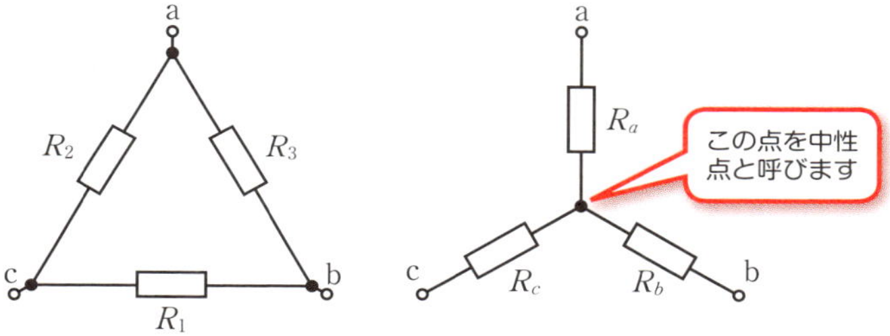

図 1・24 △ 接続と Y 接続

ここで，△ 接続の端子間抵抗は以下のように表されます．

$$R_{ab}=\frac{R_3(R_1+R_2)}{R_1+R_2+R_3},\quad R_{bc}=\frac{R_1(R_2+R_3)}{R_1+R_2+R_3},\quad R_{ca}=\frac{R_2(R_3+R_1)}{R_1+R_2+R_3}\qquad(1\cdot14)$$

一方，Y 接続の端子間抵抗にはダッシュを付けるものとすると以下のようになります．

$$R'_{ab}=R_a+R_b,\quad R'_{bc}=R_b+R_c,\quad R'_{ca}=R_c+R_a\qquad(1\cdot15)$$

これら二つの回路が外部の回路に対して全く同じようにふるまうためには，三つの端子 a, b, c 間の抵抗値がそれぞれ等しくなければならなりません．すなわち

$$R_{ab}=R'_{ab},\quad R_{bc}=R'_{bc},\quad R_{ca}=R'_{ca}\qquad(1\cdot16)$$

の条件より，下記の「△ 接続から Y 接続への等価変換公式」が得られます．

$$R_a=\frac{R_2R_3}{R_1+R_2+R_3},\quad R_b=\frac{R_3R_1}{R_1+R_2+R_3},\quad R_c=\frac{R_1R_2}{R_1+R_2+R_3}\qquad(1\cdot17)$$

また，逆に「Y 接続から △ 接続への等価変換公式」も式(1・18)のようになります．

$$R_1 = \frac{R_aR_b + R_bR_c + R_cR_a}{R_a}$$

$$R_2 = \frac{R_aR_b + R_bR_c + R_cR_a}{R_b}$$

$$R_3 = \frac{R_aR_b + R_bR_c + R_cR_a}{R_c} \qquad (1\cdot18)$$

このような等価変換公式は三相交流（8 章参照）において特に重要となります．

例題 1

△接続の抵抗値が $R_1 = 15\ \Omega$，$R_2 = 40\ \Omega$，$R_3 = 60\ \Omega$ の場合，これと等価な Y 接続の抵抗値 R_a, R_b, R_c を求めなさい．

解答　式(1·17)を利用して

$$R_a = \frac{40 \times 60}{15 + 40 + 60} \fallingdotseq 20.9\ \Omega$$

$$R_b = \frac{60 \times 15}{15 + 40 + 60} \fallingdotseq 7.8\ \Omega$$

$$R_c = \frac{15 \times 40}{15 + 40 + 60} \fallingdotseq 5.2\ \Omega$$

と求められます．

練習問題

① **図 1･25** の回路において，電位 V_1～V_4，電圧 V_5～V_7 を求めなさい．

易☆☆☆難

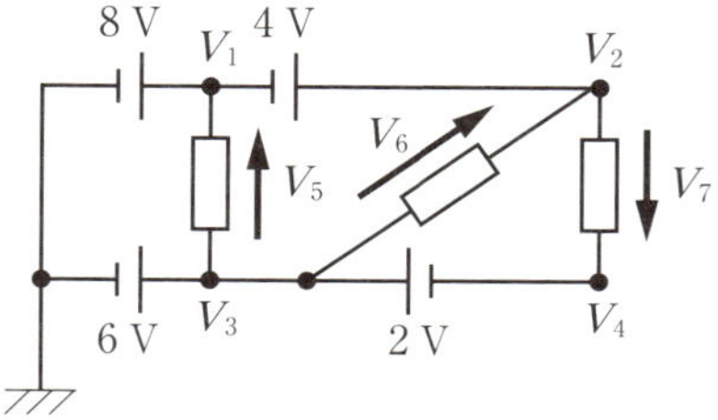

図 1･25

② 次の問いに答えなさい． 易☆☆☆難

(1) 表 1･2 には，各種素材の 20℃の抵抗率が示されている．これを用いて銅（軟銅線）の 0℃の抵抗率 ρ_0 を求めなさい．

(2) 巻線が銅（軟銅線）でできている直流モータがある．室温 25℃でのモータの抵抗値 R_a は 0.24 Ω である．このモータにある電流値を流して 1 時間放置し，再び抵抗値を測定したところ，モータ内部の温度上昇によって R_a が 0.31 Ω に上昇していた．抵抗値の上昇はすべて巻線温度の上昇によると考えると，内部温度は何℃か．計算により推定しなさい．

③ 次の問いに答えなさい． 易☆☆☆難

(1) 48 V の直流電源を電球に加えたところ 2.5 A の電流が流れた．このとき，この電球の消費電力は何 W か．また，抵抗は何 Ω になるか．さらに，この電球を 1 年間点灯したときの電気料金を求めよ．ただし，電気料金は 22 円/Wh とする．

(2) 100 V の直流電圧を抵抗 R の抵抗体に加え，発熱するジュール熱でお湯を沸騰させせようと計画した．いま，ポットの容積を 800 cc として，水の温度の初期値を 20℃とするとき，発生すべきエネルギーは何 J か．また，お湯を 5 分で沸かすには電力を何 W とすればよいか．また，そのためには抵抗体の抵抗 R を何 Ω にすればよいか．ただし，発生したジュール熱はむだなく水温の上昇に使われるものとする．

④ 内部抵抗が 2.0 Ω で 30 mA まで流せる電流計がある．これを利用して 300 V まで測れる電圧計を作るには，どのようにすればよいか． 易☆☆☆難

Date　・　・

2章

直流回路

2-1　キルヒホッフの法則

2-2　回路方程式

2-3　電圧源，電流源

2-4　重ね合わせの理

2-5　テブナンの定理

2-6　ブリッジ回路

この章から，いよいよ電気回路の勉強に入ります．よく「電気回路を解く」といいますが，これは電気回路のどこにどのような電流が流れて，各点の電位がどのようになるかを求めることを指します．そのためには，まず電気回路をいくつかの方程式で記述する必要があります．これら一連の方程式は，その全体で回路図と同じ意味をもっています．この連立方程式を満足する「解」を求めることが，電気回路を解くことになるのです．ここで，絵に描かれた電気回路を方程式に変換するときのルールとして知っていなければならない知識は，①「オームの法則」，これを拡大して一般的な回路に適用するためにキルヒホッフにより作られた，②「電流則（KCL）」，③「電圧則（KVL）」を含めた三つのルールのみです．回路の接続がどんなに複雑になっても，この三つのルールを適用する方法にさえ慣れてしまえば，もうどんな回路でも解くことができます．ここでは，その他に，知っていると便利な電圧源と電流源の変換，重ね合わせの理，テブナンの定理，ブリッジ回路の性質などについても紹介しますが，基本はあくまで三つの法則に慣れることにあります．基本を身に付けるには，反復練習あるのみです．

2-1 キルヒホッフの法則

キーポイント

★**キルヒホッフの電流則**

「回路の節点（ノード）に流れ込む電流の総和は 0 である」という法則で，KCL（Kirchhoff's Current Law）とも呼ばれます．

★**キルヒホッフの電圧則**

「回路内の閉路において，閉路内を一巡する経路に沿って電圧降下をたどっていくとき，電圧降下の総和は 0 である」という法則で，KVL（Kirchhoff's Voltage Law）とも呼ばれます．

これら二つの法則は，電気回路を数学的に方程式で表現するための道具です．

1 キルヒホッフの電流則（KCL）

キルヒホッフの第一法則は電流則とも呼ばれています．図 2・1 に示されるように，回路の任意の節点（ノード）において，流入する向きに電流を定義すると，それらの和は 0 となります．これを式で表すと以下のようになります．

$$I_1 + I_2 + I_3 + \cdots + I_n = \sum_{k=1}^{n} I_k = 0 \quad (2 \cdot 1)$$

あるいは，ノードに流入する電流のグループと流出する電流のグループに分けて，「ノードに流入する電流の総和と流出する電流の総和は等しい」としても，同じ意味であることは明らかでしょう．

> ノードに流入する電流の総和が常に 0 になるということは，電荷の保存則を表しています

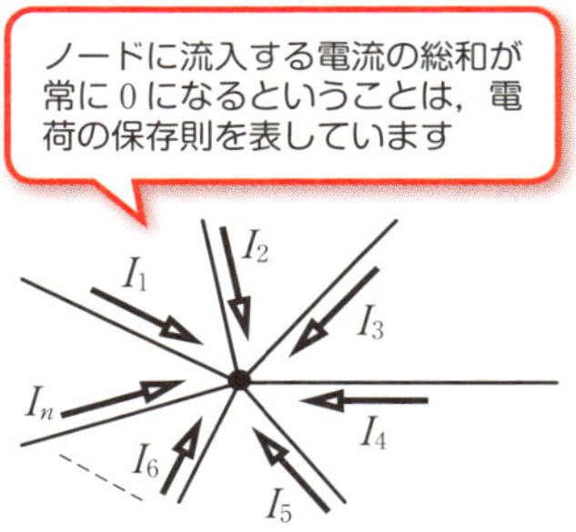

図 2・1 ■ キルヒホッフの電流則（KCL）

2 キルヒホッフの電圧則（KVL）

キルヒホッフの第二法則は電圧則とも呼ばれています．図 2・2 に示されるように，回路の任意の網目（またはメッシュ）と呼ばれる閉路において，経路に沿って電圧降下をたどっていくとき，電圧降下の総和は 0 となります．これを式で表すと，以下のようになります．

$$V_1 + V_2 + V_3 + \cdots + V_n = \sum_{k=1}^{n} V_n = 0 \tag{2・2}$$

あるいは,「上った電位の総和は下った電位の総和に等しい」といい換えることもできます.これはまるで,競技場をスタートして丘をアップダウンし,再びスタートした競技場に戻りゴールするマラソンのコースと似ています(図 2・3).

> 一巡すると元の電位の点に戻ります.丘を上り下りするマラソンのコースと似ています

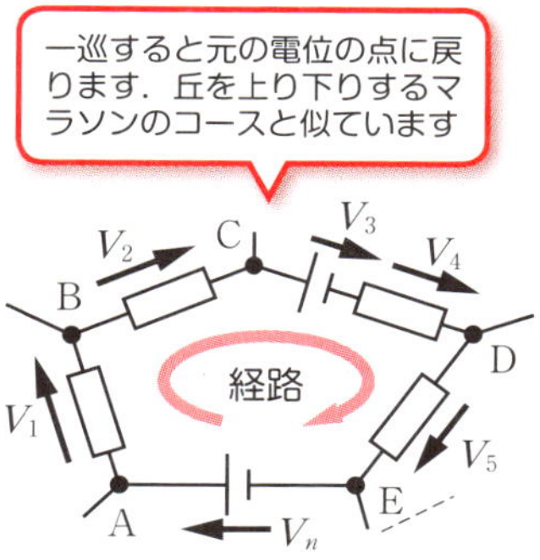

図 2・2 ■キルヒホッフの電圧則 (KVL)

> A の電位から上り下りの後,再び A の電位に戻ります.各抵抗での電位の上り下りは,その枝の電流の向きにより決まるので注意

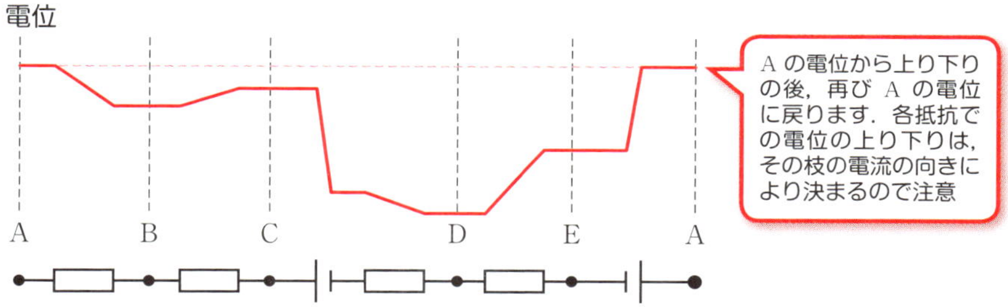

図 2・3 ■節点 A から経路を一巡したときの電位の変化

まとめ

KCL 任意のノード(節点)に流れ込む電流の総和は 0.ノード数が N の場合,KCL により $N-1$ 個の独立の方程式ができます.

KVL 任意のメッシュ(網目)内を一巡するときの電圧降下の総和は 0.メッシュ数が M の場合,M 個の独立の方程式ができます.

例題 1

図 2・4 (a)～(e) で示す回路において KCL より導かれる方程式を示しなさい．

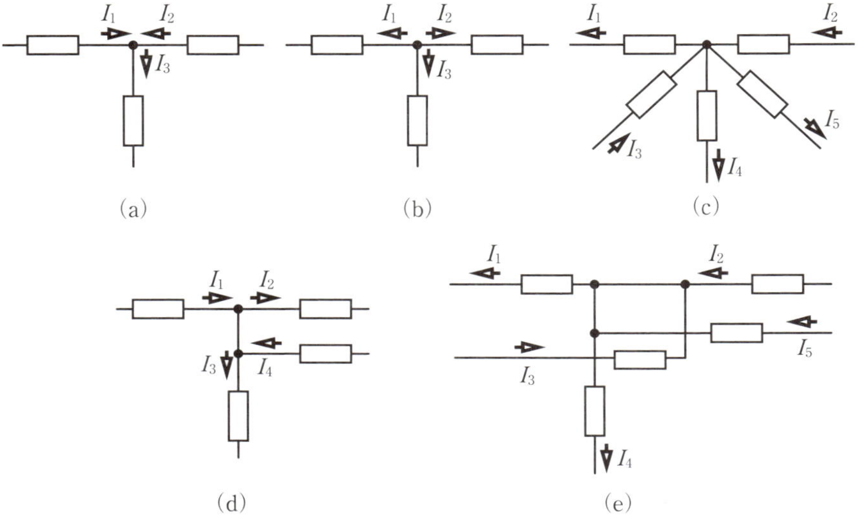

図 2・4

解答 (a) ノードへの流入が＋，流出が－と電流の極性を決めて足し合わせることにより，$I_1+I_2-I_3=0$ を得ます．

(b) すべて流出しているので $-I_1-I_2-I_3=0$．すなわち，$I_1+I_2+I_3=0$ と同じことになります．

(c) (流入電流の総和)－(流出電流の総和)＝0 より，$(I_2+I_3)-(I_1+I_4+I_5)=0$ となります．並べ換えて，$-I_1+I_2+I_3-I_4-I_5=0$ となります．

(d) 同様に，$(I_1+I_4)-(I_2+I_3)=0$ より，$I_1-I_2-I_3+I_4=0$ となります．

(e) 同様に，$(I_2+I_3+I_5)-(I_1+I_4)=0$ より，$-I_1+I_2+I_3-I_4+I_5=0$ となります．

(d) や (e) では一見複雑そうな配線に見えますが，導線どうしが直接つながっている部分はすべて同じ電位となるので，配線の仕方によらずこの部分全体を一つのノードとみなすことができます

例題 2

図 2·5 (a)～(e) で示す回路において，電圧源と抵抗よりなるブランチ（枝路（しろ）ともいう）の電圧 V を，ブランチを矢印の方向に流れる電流 I を用いて表しなさい．

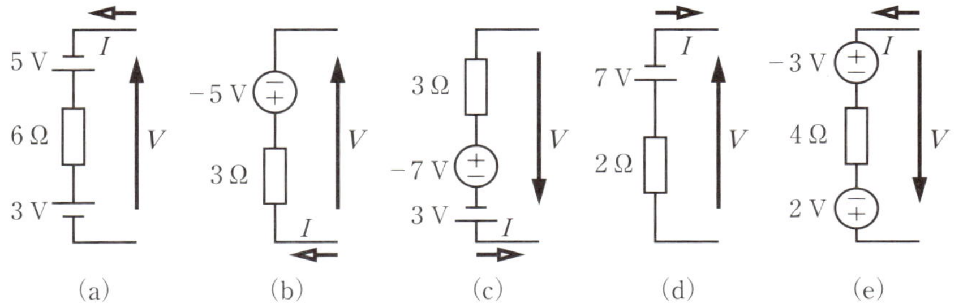

図 2·5

解答

(a) $V=6I-2$ (b) $V=-3I+5$ (c) $V=-3I+10$

(d) $V=-2I-7$ (e) $V=-4I+5$

例題 3

図 2·6 の回路について次の問いに答えなさい．

(1) KCL により得られる方程式を示しなさい．

(2) 経路 I，経路 II に KVL を適用して得られる 2 本の方程式を示しなさい．

(3) (2)の方程式を行列を用いて記述した後，I_a, I_b, I_c を求めなさい．

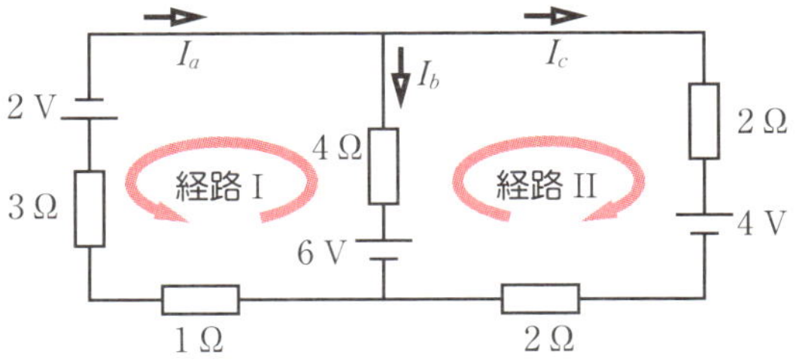

図 2·6

補足⇒ ⊕ は電圧源を表し，−|− と同じ意味です．⊖ は −|− と同じ意味となります．
39

解答　(1)　$I_a-I_b-I_c=0$ となります．

I_a は流入なので電流の極性は＋，I_b, I_c は流出なので－となることに注意！

(2)　経路Ⅰ：$-4I_a-4I_b=8$

経路Ⅱ：$-4I_b+4I_c=2$

(3)　改めて得られた三つの方程式を並べると

$$I_a-I_b-I_c=0 \tag{2·3}$$

$$-4I_a-4I_b=8 \tag{2·4}$$

$$-4I_b+4I_c=2 \tag{2·5}$$

変数ごとに縦の列を揃えて書くと，行列にするときに間違えません．習慣にしましょう

となり，左右両辺を約分してから整理すると，以下の行列式が得られます．

$$\begin{bmatrix} 1 & -1 & -1 \\ -1 & -1 & 0 \\ 0 & -2 & 2 \end{bmatrix}\begin{bmatrix} I_a \\ I_b \\ I_c \end{bmatrix}=\begin{bmatrix} 0 \\ 2 \\ 1 \end{bmatrix} \tag{2·6}$$

この部分が抵抗の作用を表す抵抗行列[R]

この部分が変数を表す電流ベクトル[I]

この部分が電圧の作用を表す電圧ベクトル[E]

次に，この方程式を解いて電流を求めてみましょう．ここではあえて行列を使わずに，代入による消去のみで解いてみます．

式(2·4)より $I_a=-2-I_b$ となり，これを式(2·3)に代入して

$$-2I_b-I_c=2 \tag{2·7}$$

また，式(2·5)より

$$-2I_b+2I_c=1 \tag{2·8}$$

式(2·7)－式(2·8)より

$$-3I_c=1 \quad \therefore\ I_c=-\frac{1}{3}\ \mathrm{A}$$

これを式(2·7)に代入して I_b を求めると

$$I_b=-\frac{5}{6}\ \mathrm{A}$$

これを式(2·4)に代入して I_a を求めると

$$I_a=-\frac{7}{6}\ \mathrm{A}$$

行列による方法は章末の練習問題に載せてありますのでチャレンジしてみてください．

2-2 回路方程式

キーポイント

★枝電流法

節点（ノード）の間の枝（ブランチ）ごとに電流を変数として定義し，KCL と KVL により方程式を立ててそれらを連立方程式として解く解法です．

★ループ電流法

それぞれの網目（メッシュ，またはループ）ごとに流れる電流を変数として定義し，KVL により方程式を立ててそれらを連立方程式として解く解法です．手計算の際に用いられる方法としては最も一般的です．

1 枝電流法

ノードとノードを結ぶブランチごとに，すべてのブランチ電流に名前を付けて変数として定義し，回路の構成を考慮して KCL と KVL を適用して方程式を立て，得られた方程式を連立して変数（ブランチ電流）を求める方法を枝電流法といい，ブランチ電流法，枝路(しろ)法と呼ばれることもあります．これは回路方程式の原理を理解するうえで最も基本的な方法です．しかし，後に本節の 4 項で述べるように，通常の紙とペンによる「筆算」では，枝電流法よりも計算量が少なくてすむループ電流法の方がより一般的に用いられます．ここでは，まず基本的な回路方程式の立て方を知る意味で，**図 2·7** の回路を例に取って説明します．

図 2·7 には，ブランチ電流法とループ電流法による解法を比較するために，ブランチ電流 I_1, I_2, I_3 とループ電流 I_a, I_b の双方の電流を定義してあります．まず

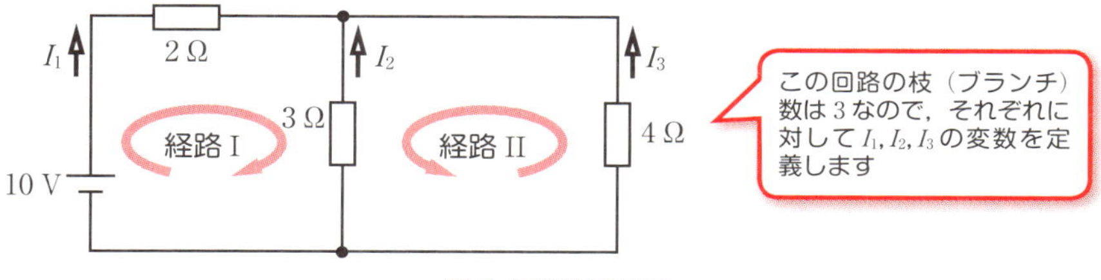

図 2·7■枝電流法

ブランチ電流法による解法を説明します．この回路には2個のノードがあり，そこにKCLを適用すると，2-1節のまとめにあるように1個の独立な方程式が得られます．

$$\text{KCL}: I_1+I_2+I_3=0 \tag{2·9}$$

また，ループ電流と同じ経路に沿ってKVLを適用することによって2個の独立な方程式が得られます．

$$\text{KVL 経路 I}: \quad 2I_1-3I_2 \qquad =10 \tag{2·10}$$

$$\text{KVL 経路 II}: \qquad -3I_2+4I_3=0 \tag{2·11}$$

上記の3個の方程式を解く最も簡単な方法は，式(2·9)からI_2を求めて他の式に代入し，変数を一つ減らす方法です．これにより，方程式は簡単化されます．

式(2·9)より，$I_2=-(I_1+I_3)$となり，これを式(2·10)，式(2·11)に代入すると

$$2I_1+3(I_1+I_3)=5I_1+3I_3=10 \tag{2·12}$$

$$3(I_1+I_3)+4I_3=3I_1+7I_3=0 \tag{2·13}$$

式(2·12)×7から式(2·13)×3を辺々引くと，I_3が消えて$26I_1=70$より，$I_1=35/13$ Aとなります．

式(2·12)×3から式(2·13)×5を辺々引くと，I_1が消えて$-26I_3=30$より，$I_3=-15/13$ Aとなります．

したがって

$$I_2=-(I_1+I_3)=-\left(\frac{35}{13}-\frac{15}{13}\right)=-\frac{20}{13}\ \text{A}$$

と求められます．

ここで，式(2·12)，式(2·13)を行列形式で記述すると，オームの法則を表していることが明らかです．

$$\begin{bmatrix}5 & 3\\3 & 7\end{bmatrix}\begin{bmatrix}I_1\\I_3\end{bmatrix}=\begin{bmatrix}10\\0\end{bmatrix} \tag{2·14}$$

抵抗行列$[R]$

電流ベクトル$[I]$

電圧ベクトル$[E]$

行列形式で表したオームの法則 [R][I]=[E]です

回路方程式は，行列で記述すると利点がたくさんあります．例えば

(1) 解を求める際に，線形代数で習うさまざまな手法（逆行列，クラメールの方法）などを適用できるので，機械的に計算を行うことができ，転記ミスなどによる計算ミスを起こしにくくなります．

(2) 直流の回路では抵抗 R しか登場しませんが，これにインダクタンス L やキャパシタンス C が加わると過渡現象を伴う回路動作となります．このような回路では抵抗行列の概念は微分演算子を含むインピーダンス行列に拡張されます．すると，オームの法則を表した上記の回路方程式を整理・変形することで，現代制御理論でいう「状態方程式」となります．このような高度な概念を今後身に付けていくためにも，行列を用いた記述に慣れておく必要があります．

2 ループ電流法

網目（メッシュ，またはループ）ごとに流れる電流を変数として定義し，KVL により**方程式を立ててそれらを連立方程式としてループ電流を求める方法**を**ループ電流法**といい，また，網目電流法，メッシュ電流法などと呼ばれる場合もあります．枝電流法に比べてループ電流法の方が変数の数を少なくでき，方程式を解くのが楽なので，手計算ではこの方法がよく用いられます．比較のために，図 2·7 の枝電流法と同じ回路をループ電流法で解いてみましょう．

図 2·8 に示した回路において，後でブランチ電流も求めたいので，先ほどの I_1, I_2, I_3 も残しておきます．まず，二つのメッシュに対してそれぞれ I_a, I_b というループ電流を定義します．次に，この電流を使って KVL を表す方程式を導きます．ループに沿って KVL を適用すると，I_a のループ，I_b のループに対して，それぞれ次式が成り立ちます．

$$2I_a+3(I_a+I_b)=10 \qquad (2\cdot15)$$

$$3(I_a+I_b)+4I_b=0 \qquad (2\cdot16)$$

ここで，中央の抵抗 3 Ω の両端に発生する電圧を求める際に，$3(I_a+I_b)$ としている点に特に注意が必要です．I_a のループを考えるときには $3I_a$, I_b のループを考えるときに $3I_b$ としたい人もいるかもしれませんが，それは間違いです．抵抗 3 Ω に流れる電流はループ電流を用いて表すと I_a+I_b なのです．つまり，

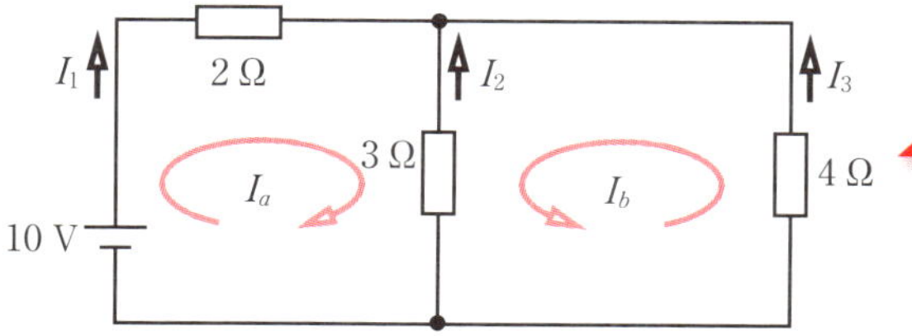

この回路のメッシュ数は 2 なので，それぞれに対して I_a, I_b の変数を定義します．ループ電流法の方が変数の数が少なくなることがわかります

図 2·8 ループ電流法

KVL を適用して電圧に関する方程式を導くときには，ループ電流法のときも個々の抵抗では枝電流を頭で計算して適用していることになります．回路計算で多くの人がつまずくのがこの点ですので十分注意しましょう．両式を整理すると

$$5I_a+3I_b=10 \tag{2·17}$$

$$3I_a+7I_b=0 \tag{2·18}$$

となります．これを先ほどの枝電流法の式(2·12)，式(2·13)と比べてみると，**I_1 を I_a に，I_3 を I_b に置き換えただけ**であることがわかるでしょう．したがって，この方程式の解は，先の答えをそのまま使えば，$I_a=I_1=35/13$ A，$I_b=I_3=-15/13$ A となります．求めたループ電流から枝電流は次式により計算できます．

$$I_1=I_a=35/13\ \mathrm{A}$$

$$I_2=-(I_a+I_b)=-(35/13-15/13)=-20/13\ \mathrm{A}$$

$$I_3=I_b=-15/13\ \mathrm{A}$$

こうして求めた枝電流を足すと，$I_1+I_2+I_3=0$ となり，解法上は KCL を用いなかったのに KCL を満たす解が得られています．このことから，「ループ法では KCL を用いずに，変数の数を減らしてより簡単に回路を解くことができる」ということが理解できるでしょう．

3 どんな回路を解くにも基本法則は三つしかない

ここで，再度確認しておきたいことは「**どんな複雑な回路であっても，回路を解く際の基本法則は三つしかない**」ということです（**図 2·9**）．

① オームの法則：個々の抵抗における電圧と電流を関係づけます．

② キルヒホッフの電流則：電流の連続条件（つまり電荷の保存則）を表します．

③ キルヒホッフの電圧則：電圧のバランス条件を表します．

これらを同時に満足する条件でしか回路の状態は決まらないということを覚えておいて下さい．

回路のふるまいを決める 3 法則
1. オームの法則
2. キルヒホッフの電流則
3. キルヒホッフの電圧則
覚えるのはこの三つだけ！
あとは意味を理解して，使い方を
繰返し練習すればよいだけです

図 2·9■回路のふるまいを決める三つの法則

4 ノード数 N，ブランチ数 B と方程式の数の関係

先に述べた枝電流法とループ電流法の違いを，回路を特徴づけるノード数 N とブランチ数 B との関係から見てみましょう．**表 2·1** はそれぞれの解法で必要となる「変数の数」と，KCL や KVL によって得られる「方程式の数」をまとめたものです．**回路を解くには，変数の数だけ独立した方程式が必要**です．いずれの解法でもそれが可能なことがわかります．また，**枝電流法の変数が B 個**であるのに対して**ループ電流法の変数は $B-N+1$ 個**であり，ループ電流法の方が $N-1$ 個だけ変数を減らすことができ，したがって方程式の数も $N-1$ 個だけ少なくてすみます．前出の図 2·7 や図 2·8 の場合，ノード数 $N=2$，ブランチ数 $B=3$ の回路であるといえます．その場合の変数と方程式の数も示しておきますので，もう一度テキストをたどってみて意味をよく理解して下さい．

表 2·1 ■枝電流法とループ電流法の比較

(a) ノード数 N，ブランチ数 B の場合

解法の種類	変数の対象と個数		得られる方程式の数		
	変数の対象	必要個数	KCL より (イ)個	KVL より (ロ)個	合計個数 (イ)＋(ロ)個
枝電流法	各枝電流	B	$N-1$	$B-N+1$	B
ループ電流法	各ループ電流	$B-N+1$	使わない	$B-N+1$	$B-N+1$

(b) ノード数 $N=2$，ブランチ数 $B=3$ の場合

解法の種類	変数の対象と個数		得られる方程式の数		
	変数の対象	必要個数	KCL より (イ)個	KVL より (ロ)個	合計個数 (イ)＋(ロ)個
枝電流法	各枝電流	3	$2-1=1$	$3-2+1=2$	3
ループ電流法	各ループ電流	$3-2+1=2$	使わない	$3-2+1=2$	$3-2+1=2$

まとめ

枝電流法では枝ごとに電流を定義し KCL と KVL より方程式を導きます．

ループ電流法ではループごとに電流を定義し KVL より方程式を導きます．

ループ電流法で KVL を適用するときにも，各抵抗での電圧降下の計算にその抵抗を流れる枝電流を使います（これを間違える学生が多い）．

ループ電流法の方が変数や方程式の数を減らすことができます．

例題 1

先の図 2・8 の回路で，回路方程式(2・17)，(2・18)を行列を用いて表したうえで，抵抗行列 $[R]$ の逆行列 $[R]^{-1}$ を利用して電流ベクトル $[I]=[I_a, I_b]^t$ を求めなさい．ただし「^{t}」は転置を意味し，この場合，要素を縦に並べた縦ベクトルを意味する．

解答

式(2・17)，式(2・18)を行列を用いて表すと，回路方程式は

$$\begin{bmatrix} 5 & 3 \\ 3 & 7 \end{bmatrix}\begin{bmatrix} I_a \\ I_b \end{bmatrix}=\begin{bmatrix} 10 \\ 0 \end{bmatrix}$$

となります．ここで

$$\begin{bmatrix} 5 & 3 \\ 3 & 7 \end{bmatrix}=[R]：抵抗行列，\begin{bmatrix} I_a \\ I_b \end{bmatrix}=[I]：電流ベクトル，$$

$$\begin{bmatrix} 10 \\ 0 \end{bmatrix}=[E]：電圧ベクトル$$

と定義すると，上式は $[R][I]=[E]$ となり，これは行列形式のオームの法則であることがわかります．次に上式の左から抵抗行列 $[R]$ の逆行列 $[R]^{-1}$ を掛けて $[I]$ を求めます．

$$[R]^{-1}=\frac{1}{\begin{vmatrix} 5 & 3 \\ 3 & 7 \end{vmatrix}}\begin{bmatrix} 7 & -3 \\ -3 & 5 \end{bmatrix}=\frac{1}{26}\begin{bmatrix} 7 & -3 \\ -3 & 5 \end{bmatrix}$$

なので

$$\begin{bmatrix} I_a \\ I_b \end{bmatrix}=\frac{1}{26}\begin{bmatrix} 7 & -3 \\ -3 & 5 \end{bmatrix}\begin{bmatrix} 10 \\ 0 \end{bmatrix}=\frac{1}{13}\begin{bmatrix} 35 \\ -15 \end{bmatrix}$$

となります．したがって，$I_a=35/13$ A，$I_b=-15/13$ A となります．

例題 2

例題 1 と同じく，回路方程式(2・15)，式(2・16)を行列を用いて表し，クラメールの方法（または公式）により電流ベクトル $[I]=[I_a, I_b]^t$ を求めなさい．

解答 クラメールの方法を適用すると I_a, I_b は次式で求めることができます．

$$I_a = \frac{\begin{vmatrix} 10 & 3 \\ 0 & 7 \end{vmatrix}}{\begin{vmatrix} 5 & 3 \\ 3 & 7 \end{vmatrix}} = \frac{70}{26} = \frac{35}{13}\ \mathrm{A}$$

$$I_b = \frac{\begin{vmatrix} 5 & 10 \\ 3 & 0 \end{vmatrix}}{\begin{vmatrix} 5 & 3 \\ 3 & 7 \end{vmatrix}} = \frac{-30}{26} = -\frac{15}{13}\ \mathrm{A}$$

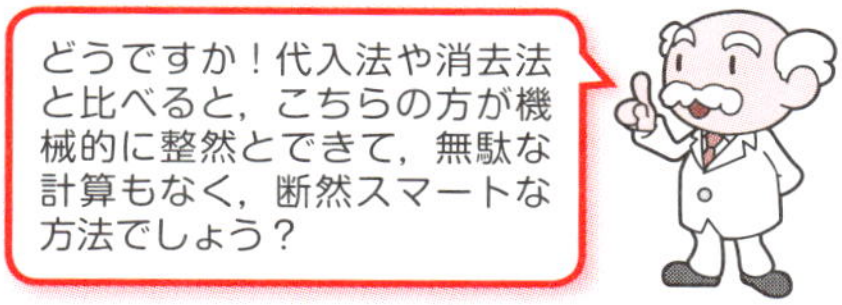

どうですか！代入法や消去法と比べると，こちらの方が機械的に整然とできて，無駄な計算もなく，断然スマートな方法でしょう？

例題 3

以下に示した回路方程式の立て方や解き方に関して説明した文章において（　）内に，適切なことば，または記号を入れて，文章を完成させなさい．

(1) 回路網の網目のことを（ア）と呼びます．また網の結び目に当たる部分のことを（イ），その間の電流経路を（ウ）と呼びます．

(2) 枝電流法では（エ）ごとに電流を変数として定義して，二つの法則，（オ）と（カ）を用いて必要な方程式を導きます．

(3) ループ電流法では（キ）ごとに電流を定義して，（ク）に基づいて必要な方程式を導きます．このときの注意として，各抵抗での（ケ）を計算する際には，その抵抗を流れる（コ）を使う必要があります．

(4) 通常の手計算では（サ）がよく使われます．その理由は，この方法の方がより少ない（シ）の数で回路を記述できるので，したがって導くべき（ス）の数を減らすことができるからです．

解答 （ア）メッシュ(網目)，（イ）ノード(節点)，（ウ）ブランチ(枝)，（エ）ブランチ(枝)，（オ）KCL，（カ）KVL，（キ）メッシュ(網目，ループ)，（ク）KVL，（ケ）電圧降下，（コ）ブランチ電流(枝電流)，（サ）ループ電流法（メッシュ電流法，網目電流法)，（シ）変数，（ス）方程式

例題 4

図 2·10 で示した直流回路において，ループ電流法を用いて各枝電流を求めなさい.

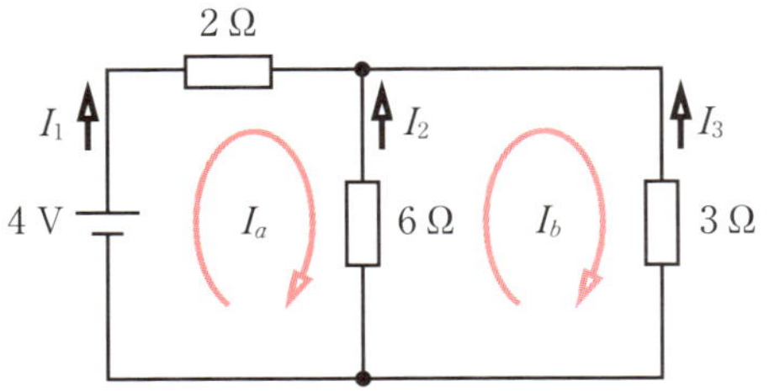

図 2·10

解答 ループ電流I_a, I_bの経路に沿って KVL を適用すると

$$2I_a+6(I_a-I_b)=4$$

$$3I_b+6(I_b-I_a)=0$$

の 2 式が得られます．これよりループ電流は$I_a=1$ A，$I_b=2/3$ A となります．これより枝電流は，$I_1=1$ A，$I_2=-1/3$ A，$I_3=-2/3$ A となります.

電気回路を支配している法則は**図 2·11** で示すように三つ（オームの法則とキルヒホッフの二つの法則）しかないことをすでに述べました．伝記によれば，キルヒホッフは 1824 年にケーニヒスベルク（現在のカリーニングラード）で生まれました．大学生時代にオームの法則を拡張した電気法則を提唱し，その内容を 1849 年に電気回路におけるキルヒホッフの法則としてまとめ上げました．2-2 節の式(2·14)のように行列を使ってまとめた回路方程式全体を眺めると，オームの法則の拡張になっていることがよくわかると思います．その後，大学教授となって分光学の世界でも黒体放射におけるキルヒホッフの放射法則を発見するなど，輝かしい成果を残しました.

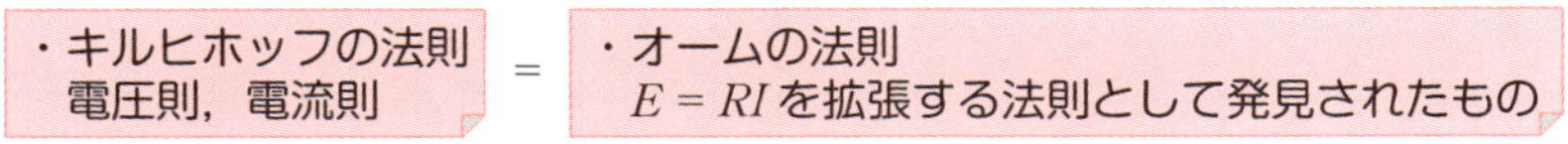

・キルヒホッフの法則
電圧則，電流則
=
・オームの法則
$E=RI$ を拡張する法則として発見されたもの

図 2·11 オームの法則とキルヒホッフの法則

2-3 電圧源，電流源

キーポイント

★電圧源

　端子電圧が常に一定の理想電源．流れる電流は接続される回路により決まります．電圧が 0 V の電圧源は，周辺回路にとっては短絡状態（Short Circuit）と同じです．

★電流源

　端子電流が常に一定の理想電源．端子に表れる電圧は接続される回路により決まります．電流が 0 A の電流源は，周辺回路にとっては開放状態（Open Circuit）と同じです．

電圧源の電圧が 0 V のときは短絡状態と等価です

S.C.（短絡） = 0 V

0 A

O.C.（開放）

電流源の電流が 0 A のときは開放状態と等価です

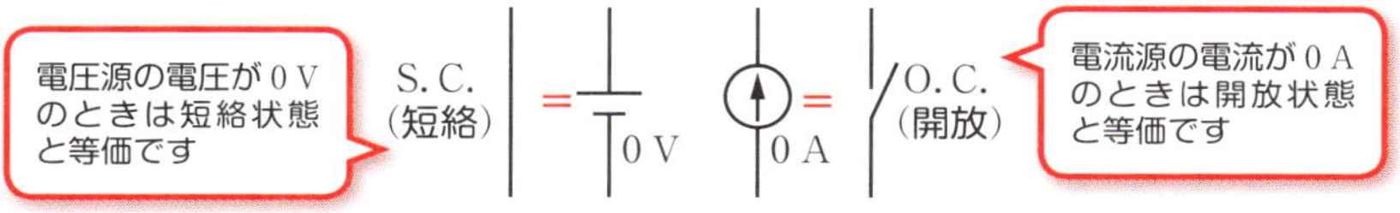

0 V の電圧源と 0 A の電流源

1 電圧源と電流源

　電源（Power Source, Power Supply）とは回路に電力を供給するための装置です．これには，大きく分けて2種類あります．あらかじめ**定められた電圧を出力する電圧源**（電流は任意）と，あらかじめ**定められた電流を出力する電流源**（電圧は任意）です．どちらも理想的な動作をする理論上の理想電源です．では実際の電源はどうかというと，例えば直流電源の代表であるバッテリ（蓄電池）には必ず内部抵抗があり，これを等価な働きをする回路で置き換えると（これを等価回路と呼びます），一定電圧を出力する定電圧源と内部抵抗とを直列接続した回路で表すことができます（**図2・12**）．

　では，電流源とはどのような物でしょうか．残念ながら，バッテリのようにこ

電圧源に近いのがバッテリ（蓄電池）

電流源は電子回路などの等価回路でよく用いられます

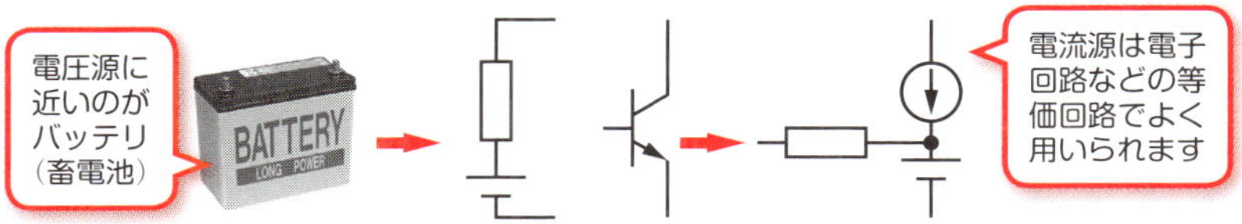

図 2・12 ■電圧源と電流源はどこにある？

れが電流源だという身近な例を挙げることができません．つまり身近には存在しないのです．しかし，あえて挙げるとすればリニア新幹線の車体にも使われる「超電導コイル」がそれに近いといえます．運転開始前に1 000 A という大電流を充電すると，外部からのエネルギーの供給なしでほぼ1日中その電流を流し続けることができるというもので，これで車両にある強力な電磁石を実現しています．超電導コイルはあくまで特殊な一例であり，電気回路の理論において電流源を考える意味は実は別のところにあります．

例えば，電子回路でよく用いられるトランジスタという素子は，非線形な特性をもっています．トランジスタにはベース(B)，コレクタ(C)，エミッタ(E)という三つの端子があり，ベースとエミッタの間にある一定のベース電流を流した状態で別の電源でコレクタとエミッタ間に電圧をかけると，その電圧を変化してもコレクタに流れる電流はベース電流で決まるほぼ一定値に保たれるという性質があります．この性質をうまく利用してアンプなどを実現しているのです．こういった回路の設計ではトランジスタ回路の一部を理想的な電流源で表すことがあるのです．このように非線形な電子回路では電流源を等価回路モデルとしてよく使います．

では，非線形な電子回路を学ばない人は電流源を知る必要はないのでしょうか．答えは「いいえ」です．さらに「それは，もったいない！」．電圧源と電流源は仮想的なものでありながら，相互に補い合って回路理論全体をわかりやすく便利で使いやすくするのに役立ちます．電流源というものがたとえ実際に存在しなくても，そのような特性をもつ理想的な電源を仮定することで，電気回路の理論の幅の厚みがぐっと増すのです．それをまず体験してもらいましょう．

2 テブナンの等価電圧源回路

電源(電圧源または電流源)と抵抗よりなる2端子をもつ任意の回路は，「**電圧源と抵抗を直列接続したテブナンの等価電圧源回路**」により，あるいは「**電流源と抵抗を並列接続したノートンの等価電流源回路**」により標準等価回路で表すことができます．このことについて具体例を示して説明しましょう．

いま，一例として**図 2･13**(a)のような回路を考えることとし，そのテブナンの等価電圧源回路が図2･13(b)で与えられるものとしましょう．同図(a)の回路の等価回路が同図(b)であるとは，出力端子 A, B 間にどのような値の負荷抵抗

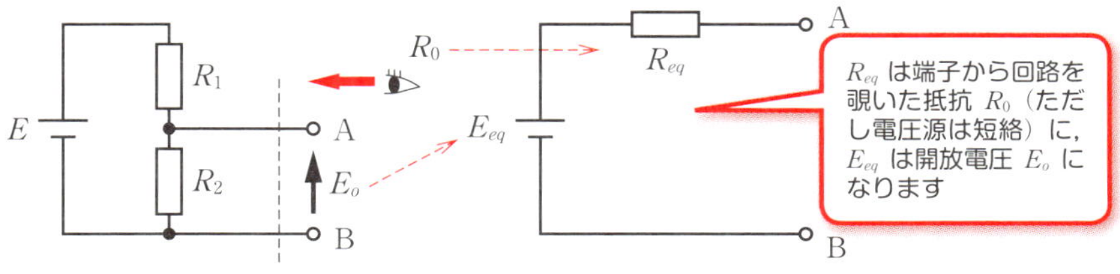

（a）元の回路 1　　（b）等価電圧源回路

図 2·13 ■ テブナンの等価電圧源回路の導出

R_L を接続して端子に表れる電圧や流れる電流を観察しても，両者の違いを発見できないことを意味します．それでは，そのような条件を満足するように等価回路のパラメータを決定してみましょう．

結論からいうと，二つの回路が等価であるためには，次の条件が必要十分条件となります．

> 条件 1　開放電圧 E_o（添え字は Open Circuit の O）が等しいこと．
> 条件 2　短絡電流 I_s（添え字は Short Circuit の S）が等しいこと．

これら二つの条件が成り立てば，線形な素子（ここでは抵抗）と電源よりなる回路であれば，任意の大きさの負荷抵抗 R_L に対しても二つの回路は同じふるまいをします．一般的な証明は後で行います．

まず，図 2·13(a)の元の回路 1 の開放電圧 E_o と短絡電流 I_s は

$$E_o = \frac{R_2}{R_1 + R_2} E \tag{2·19}$$

$$I_s = \frac{E}{R_1} \tag{2·20}$$

一方，（b）の等価電圧源回路の開放電圧 E_o と短絡電流 I_s は

$$E_o = E_{eq} \tag{2·21}$$

$$I_s = \frac{E_{eq}}{R_{eq}} \tag{2·22}$$

ここで式(2·19)～式(2·22)を連立して解くと

$$\left.\begin{aligned} E_{eq} &= \frac{R_2}{R_1 + R_2} E \\ R_{eq} &= \frac{R_1 R_2}{R_1 + R_2} = R_1 // R_2 = R_0 \end{aligned}\right\} \tag{2·23}$$

となります．このように，元の回路の形状によらず前述した考え方によって等価電圧源回路の E_{eq} と R_{eq} を定めることができます．ところで，式(2･23)を見ると，E_{eq} は元の回路の開放電圧 E_o そのものです．また，R_{eq} は元の回路に含まれる電源の値を0としたうえで，端子より覗きこんだ抵抗値を表しています．0Vの電圧源であれば短絡状態と同じ意味となり，抵抗 R_1 と R_2 は並列接続に見えます．以上のように，連立方程式を解かなくても，回路の備えている物理的な性質から，等価パラメータを直感的に知ることができるのです．

3 ノートンの等価電流源回路

次に，**図2･14**は，ノートンの等価電流源回路と呼ばれる標準等価回路の導出法を示したものです．

ここでも先と同じように，図2･14(a)の元の回路2の開放電圧 E_o と短絡電流 I_s は

$$E_o = R_1 I \tag{2･24}$$

$$I_s = \frac{R_1}{R_1 + R_2} I \tag{2･25}$$

一方，等価電圧源回路の開放電圧 E_o と短絡電流 I_s は

$$E_o = r_{eq} I_{eq} \tag{2･26}$$

$$I_s = I_{eq} \tag{2･27}$$

ここで式(2･24)～式(2･27)を連立して解くと

$$\left.\begin{aligned} I_{eq} &= \frac{R_1}{R_1 + R_2} I \\ r_{eq} &= R_1 + R_2 \end{aligned}\right\} \tag{2･28}$$

となります．元の回路の形状によらず上記の考え方によって等価電流源回路の I_{eq} と R_{eq} を定めることができます．ところで，式(2･27)を見ると，I_{eq} は元の回

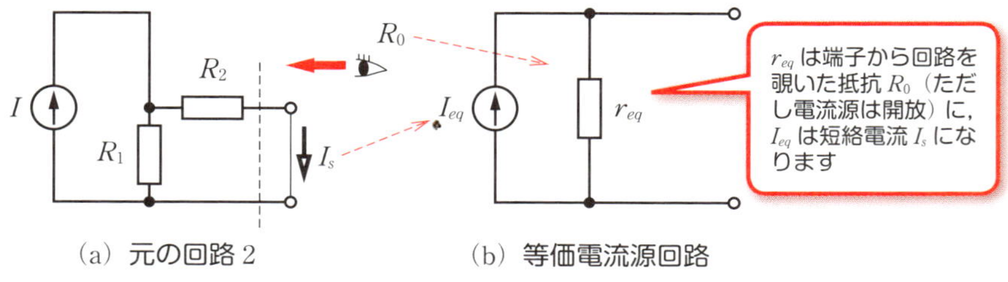

図2･14■ノートンの等価電流源回路の導出

路の短絡電流 I_S そのものです．また，R_{eq} は元の回路に含まれる電源を開放したうえで，端子より覗きこんだ抵抗値を表しています．この場合は電流源ですので開放することにより抵抗 R_1 と R_2 は直列接続に見えます．以上のように，等価電流源回路の場合にも，回路の備えている物理的な性質から等価パラメータを直感的に知ることができます．

4 電圧源と電流源の相互変換

テブナンの等価電圧源回路とノートンの等価電流源回路を**図 2･15** に再掲します．これらは相互に等価変換することが可能です．その条件は双方の回路で開放電圧と短絡電流がともに等しくなる条件より，以下のように与えられます．

$$E_{eq}=I_{eq}R_{eq} \quad \text{かつ} \quad R_{eq}=r_{eq} \tag{2·29}$$

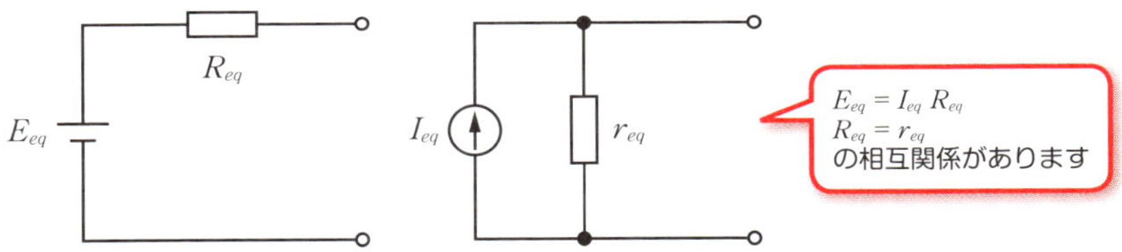

図 2･15■等価電圧源回路と等価電流源回路の相互変換

なお，この条件式を恒等式を使ってより一般的に導く方法を後に例題 1 として挙げました．

まとめ

等価電圧源回路の電圧源 E_{eq} は，元の回路の開放電圧 E_o となります．

等価電流源回路の電流源 I_{eq} は，元の回路の短絡電流 I_s となります．

等価抵抗 R_{eq} は両回路とも $R_{eq}=E_o/I_s$ で与えられます．

例題 1

図 2·15 の二つの回路にそれぞれ負荷として抵抗 R_L を接続し，どんな場合にも二つの回路が等しくふるまうための条件を恒等式を用いて導出しなさい.
（ヒント：負荷に発生する電圧を R_L を用いて表し，両者が等しくなる条件式が R_L によらずに恒等的に成り立つ条件を求めればよい.）

解答 R_L の両端の電圧が等しくなる条件より

$$\frac{R_L}{R_{eq}+R_L}E_{eq}=\frac{r_{eq}R_L}{r_{eq}+R_L}I_{eq}$$

この式を R_L を含む項と含まない項とに分けて整理すると，R_L に関する恒等式が得られます.

$$(r_{eq}I_{eq}-E_{eq})R_L+(R_{eq}I_{eq}-E_{eq})r_{eq}=0 \qquad (2·30)$$

この式が R_L に関わらず成り立つための必要十分条件は，（　）内がともに 0 であることです．したがって式(2·29)の条件式が得られます.

例題 2

図 2·16 の回路の電流 I と電圧 V を求めなさい．ただし，式(2·29)で与えられる電流源と電圧源の等価変換の方法を利用して，二つある電源を電圧源または電流源に揃えることによって，回路計算を楽にする工夫をしなさい.

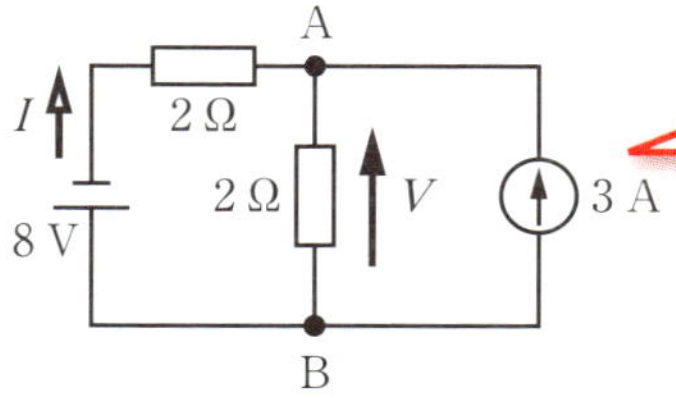

電流源に揃える場合と電圧源に揃える場合について考えてみてください

図 2·16

解答　(1)　電流源に揃える場合

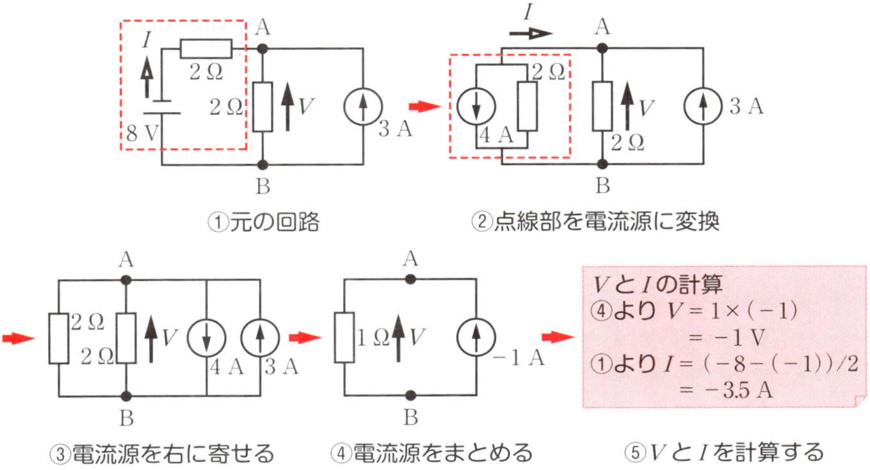

図 2・17■電源を電流源に揃える場合の解法

(2)　電圧源に揃える場合

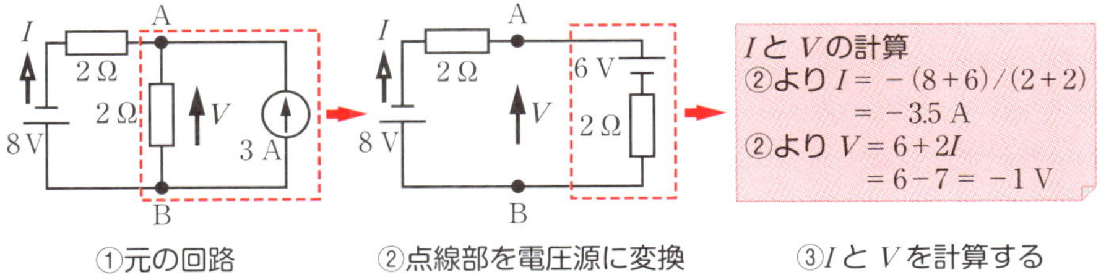

図 2・18■電源を電圧源に揃える場合の解法

例題 4

図 2・19 で示すように，箱 A, B にはそれぞれある線形回路で構成された電源回路のテブナンの等価電圧源回路とノートンの等価電流源回路が入っている．箱と端子のみにアクセスできる条件で，これらを区別する方法を見出しなさい．（ええっ，できるのかな？）
（米国 IEEE の出版した問題集で見つけたまじめなクイズ問題）

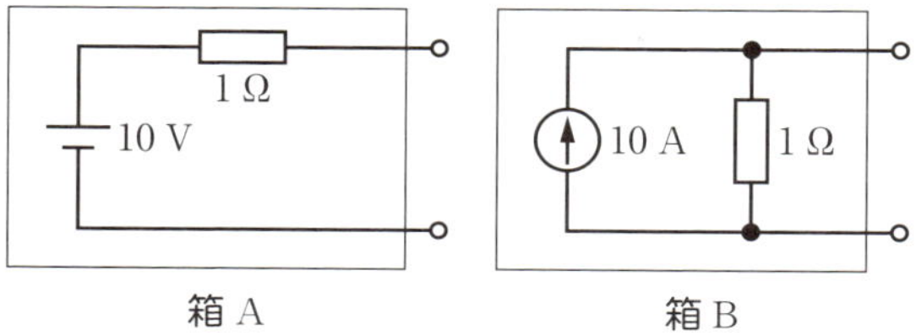

図 2・19

解答 まず，端子を開放した状態で両者の消費電力を比べると，A は 0 W，B は 100 W であり，B の箱の方が暖かいはずです．次に，両者の端子をともに短絡すると A の消費電力は 100 W，B は 0 W となり，暖かさが入れ換わります．電力に関しては，次節で説明する重ね合わせや両者の等価性は一般的には成り立ちません．IEEE は世界最大の電気電子情報分野の学会です．さすが，とんちの効いたまじめな問題ですね．

2-4 重ね合わせの理

キーポイント

★重ね合わせの理

一つの回路の中に複数の電圧源や電流源が混在する場合，一つずつ別々に存在するとして計算し，後からそれらの結果を重ね合わせる解法です．電気回路の数学モデルのもつ線形性を利用したテクニックです．

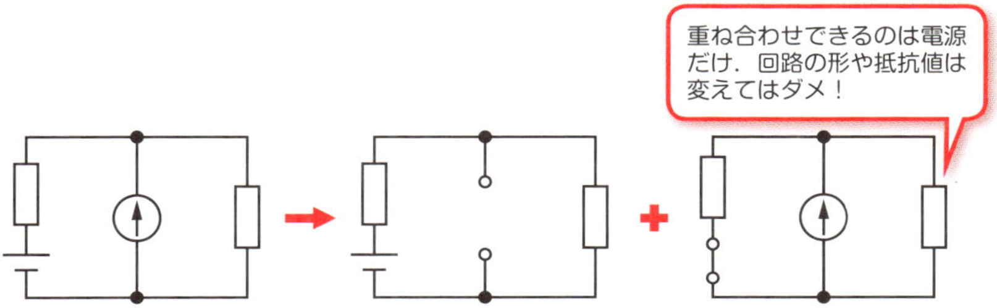

重ね合わせできるのは電源だけ．回路の形や抵抗値は変えてはダメ！

1 重ね合わせのルール

一つの回路の中に電源が一つの場合には，電流を求めるのも楽そうですが，複数の電源が複数のループとともに存在する場合は一般には KCL や KVL を駆使して方程式を立て，連立方程式を解く必要があります．

そこで，ここでは少し別の見方をしてみましょう．**重ね合わせの理**(または重ねの理，重畳(ちょうじょう)定理)と呼ばれる便利な道具を皆さんに授けたいと思います．線形回路網のもつ数学的な性質に基づく定理で，「**複数の電源を含む回路では，電源が一つずつ独立に存在する場合の各部の電流，電圧を個別に求め，最後にこれらを足して電流，電圧を求めることができる**」という，知っているととても便利な定理です．ただし，大事な約束があります．対象とする電源以外の無視すべき電源は，その都度，その値を 0 としなければなりません．「値を 0 にする」とは，もしも無視すべき電源が電圧源であれば短絡に，電流源であれば開放にするという約束です．

何はともあれ，例を通して使い方を説明しましょう．先と同じ図 2·16 の回路を使って説明します．この回路には，電圧源と電流源が一つずつ含まれています．

そこで，**図 2·20** で示すように元の回路を回路 A と回路 B に分解します．回路 A は左側の電圧源のみ考慮し（そのまま残し）右側の電流源は 0 A（つまり開放）としたものです．一方，回路 B は右側の電流源のみ考慮し（そのまま残し）

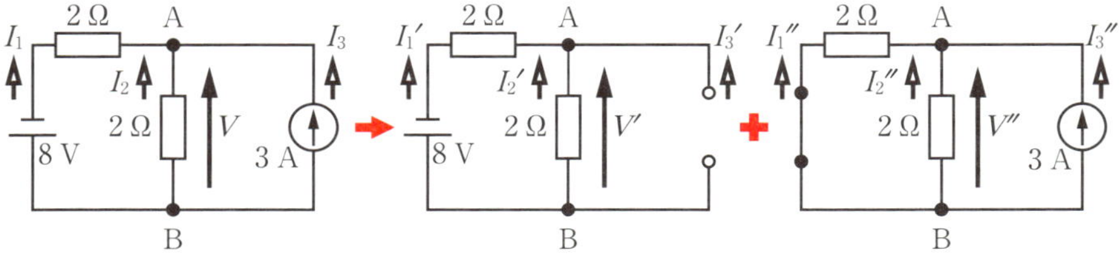

(a) 元の回路を分解　(b) 回路 A：左の電圧源を考慮（右の電流源は開放）　(c) 回路 B：右の電流源を考慮（左の電圧源は短絡）

図 2·20■重ね合わせの理による回路の分解

左側の電圧源は0 V（つまり短絡）としたものです．

　元の回路のAB間の電圧をV，各部の電流をI_1，I_2，I_3

　回路AでのAB間の電圧をV'，各部の電流をI_1'，I_2'，I_3'　(2·31)

　回路BでのAB間の電圧をV''，各部の電流をI_1''，I_2''，I_3''

と定義して，二つの回路でそれぞれ電流や電圧を求めるものとすると，次の関係が成り立ちます．これが重ね合わせの理です．

$$V = V' + V'',\quad I_1 = I_1' + I_1'',\quad I_2 = I_2' + I_2'',\quad I_3 = I_3' + I_3'' \tag{2·32}$$

元の回路と分解した二つの回路の電圧と電流の関係を**表 2·2** にまとめました．

この例からわかるように，**電源が複数個あっても，またそれが電圧源であっても電流源であっても，電源を 1 個ずつ含む回路に分解して考えることができます**．この考え方を発展させると，「電源をいくつかのグループに分けて，あるグループを考慮するときには他のグループの値を 0 に設定(電流源は開放，電圧源は短絡)し，二番目以降は順次立場を入れ換えて同様に行う」．というように，電源の効果をグループごとに分けて考えることも可能です．次節ではこの考え方をうまく使って導いたテブナンの定理を紹介します．

表 2·2 ■重ね合わせの理の計算例

	元の回路		回路 A		回路 B	
電　圧	V	−1 V	V'	−4 V	V''	3 V
枝電流	I_1	−3.5 A	I_1'	−2 A	I_1''	−1.5 A
	I_2	0.5 A	I_2'	2 A	I_2''	−1.5 A
	I_3	3 A(電流源)	I_3'	0 A(開放)	I_3''	3 A(電流源)

まとめ

複数電源を含む回路は電源ごとに回路を分解できます．このとき，回路接続や抵抗値は変えてはいけません．分解できるのは電源だけです．

そのとき，考慮する電源以外は「0」とします（電圧源は短絡，電流源は開放）．

いくつかに分解した回路で別々に電圧，電流を計算したら，それらをそれぞれ重ね合わせ（足し合わせ）ます．

電力については重ね合わせは効かないので注意すること．

例題 1

図 2·21 の回路を重ね合わせの理を用いて解くとき，電圧源 V_1，電圧源 V_2，抵抗それぞれの電圧，電流，電力（極性は電源の出力電力を正，抵抗の消費電力を正にとる）について，重ね合わせが成り立つかどうかを調べなさい．

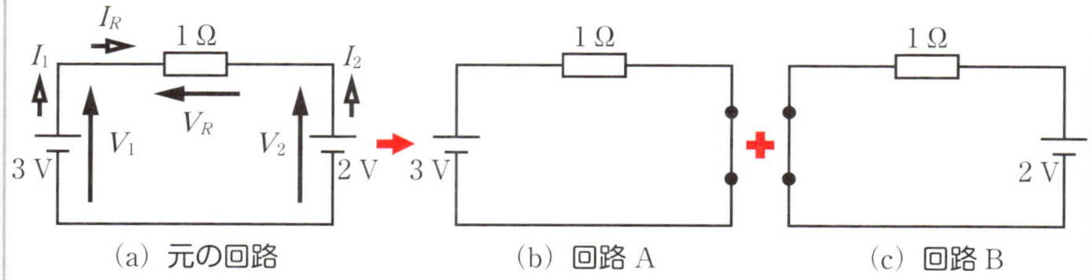

図 2·21

解答　各素子の電圧，電流，電力の計算結果を**表 2·3** に示します．電圧，電流についてはいずれも重ね合わせが成り立っていますが（○印），電力については成り立っていないことがわかります（×印）．一つずつよく確認してみてください．

表 2·3■複数の電圧源を含む回路での重ね合わせの理

	回路 A（左電源のみ）	回路 B（右電源のみ）	回路全体（元の回路）	重ね合わせの成否
電圧 V_1	3 V	0 V（短絡）	3 V	○
電流 I_1	3 A	−2 A	1 A	○
電力 P_1	9 W	0 W	3 W	×
電圧 V_2	0 V（短絡）	2 V	2 V	○
電流 I_2	−3 A	2 A	−1 A	○
電力 P_2	0 W	4 W	−2 W	×
電圧 V_R	3 V	−2 V	1 V	○
電流 I_R	3 A	−2 A	1 A	○
電力 P_R	9 W	4 W	1 W	×

線形回路における電圧，電流は一般的に重ね合わせの理が成り立ちますが，電力については成り立ちません

例題 2

図 2·22 の回路を重ね合わせの理を用いて解くとき，電流源 I_1，電流源 I_2，抵抗それぞれの電圧，電流，電力（極性は電源の出力電力を正，抵抗の消費電力を正にとる）について，重ね合わせが成り立つかどうかを調べなさい．

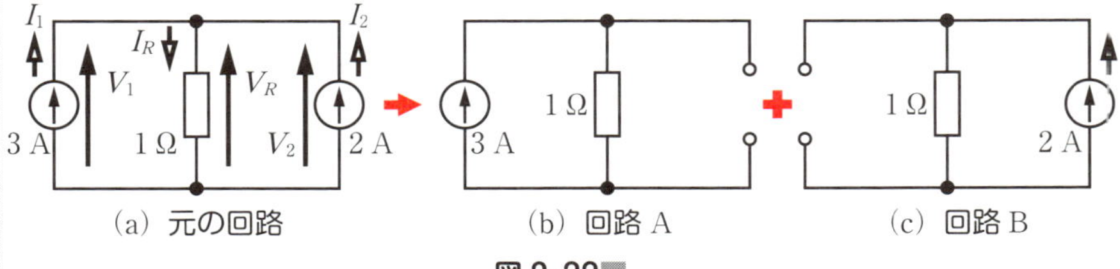

図 2·22■

解答 各素子の電圧，電流，電力の計算結果を**表 2・4** に示します．ここでも電圧，電流についてはいずれも重ね合わせが成り立っていますが（○印），電力については成り立っていないことがわかります（×印）．一つずつよく確認してみてください．

表 2・4 複数の電流源を含む回路での重ね合わせの理

	回路 A（左電源のみ）	回路 B（右電源のみ）	回路全体（元の回路）	重ね合わせの成否
電圧 V_1	3 V	2 V	5 V	○
電流 I_1	3 A	0 A（開放）	3 A	○
電力 P_1	9 W	0 W	15 W	×
電圧 V_2	3 V	2 V	5 V	○
電流 I_2	0 A（開放）	2 A	2 A	○
電力 P_2	0 W	4 W	10 W	×
電圧 V_R	3 V	2 V	5 V	○
電流 I_R	3 A	2 A	5 A	○
電力 P_R	9 W	4 W	25 W	×

ここでも線形回路の電圧，電流は一般的に重ね合わせの理が成り立ちますが，電力については成り立ちません

例題 3

図 2・23 の回路を重ね合わせの理を用いて解くとき，電圧源 V_1，電流源 I_2，二つの抵抗それぞれの電圧，電流，電力（極性は電源の出力電力を正，抵抗の消費電力を正にとる）について，重ね合わせが成り立つかどうかを調べなさい．

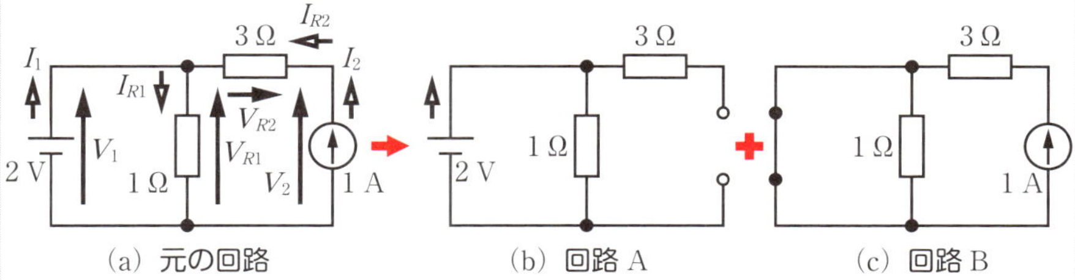

図 2・23

解答 各素子の電圧，電流，電力の計算結果を**表 2･5**に示します．ここでも電圧，電流についてはいずれも重ね合わせが成り立っていますが（○印），電力については成り立っているところ（○* 印）と，成り立っていないところ（×印）とがあることがわかります．この回路構成の場合，抵抗 R_1 での消費電力は電圧源 2 V のみに依存し，一方抵抗 R_2 での消費電力は電流源 3A のみに依存するので，互いに干渉せず，結果的に抵抗での消費電力については重ね合わせが成り立っています．しかし，一般的には電力についての重ね合わせが常に成り立つとはいえません．

表 2･5 電圧源と電流源を含む回路での重ね合わせの理

	回路 A（左電源のみ）	回路 B（右電源のみ）	回路全体（元の回路）	重ね合わせの成否
電圧 V_1	2 V	0 V（短絡）	2 V	○
電流 I_1	2 A	−1 A	1 A	○
電力 P_1	4 W	0 W	2 W	×
電圧 V_2	2 V	3 V	5 V	○
電流 I_2	0 A（開放）	1 A	1 A	○
電力 P_2	0 W	3 W	5 W	×
電圧 V_{R1}	2 V	0 V	2 V	○
電流 I_{R1}	2 A	0 A	2 A	○
電力 P_{R1}	4 W	0 W	4 W	○*
電圧 V_{R2}	0 V	3 V	3 V	○
電流 I_{R2}	0 A	1 A	1 A	○
電力 P_{R2}	0 W	3 W	3 W	○*

電圧と電流については常に重ね合わせが成り立ちます．この回路の例では，たまたま二つの抵抗での消費電力間に干渉がなく，重ね合わせが成り立っていますが（○*），特別な事例なので，要注意です

補足➡電流，電圧は重ね合わせが成り立ちますが，電力は一般には重ね合わせが成り立ちません．2-3 節の例題 4 に示した IEEE の問題は，まさにこの盲点をついた問題だったといえます．

2-5 テブナンの定理

キーポイント

★テブナンの定理とは

複雑な回路網(ネットワーク)において,「ある枝に流れる電流だけ」を求めたい場合に用いるテクニックで,重ね合わせの理を用いて証明することができます.ブリッジ回路などのやや複雑な回路の電流計算に適しています.これを知っていると,難しい問題もたちどころに簡単になる場合があり,大変に便利な道具です.定理の証明に用いているのは「重ね合わせの理」のみですが,そこから導かれる定理はまるで手品のようです.後ほど証明しますのでよく味わってくださいね.

1 テブナンの定理の使い方

複雑な回路において,回路の枝電流をすべて知る必要はなく,ある特定の枝電流だけを効率よく求めたいときに大変に便利な定理です.証明は後回しにして,まずは例を通して定理の使い方を見ていきましょう.

図 2・24 は,テブナンの定理を使って,ある線形回路網の中のある枝電流 I を求めたい場合の手順を示したものです.【手順①】回路網には任意の電圧源や電流源,抵抗が含まれています.求めたい電流 I が流れる枝の抵抗を r とします.【手順②】その r を回路網の外に引き出し,残された回路網を N とします.このとき,r をあえて回路網 N に残して,導線だけを引き出しても構いません.引き出した部分の両端を端子 A, B とし,I は A から B に向かって流れるものとします.【手順③】次に引き出した部分を端子 A, B で切断し,切り口に表れた電圧を E_o とします.【手順④】また,N に含まれる電源の値をすべて 0 とした回路網を改めて N_0 と定義し(すなわち電圧源は短絡,電流源は開放とします),その切り口から覗いた等価抵抗を R_0 とします.【手順⑤】最後に,テブナンの等価電圧源回路に,上記の手順③で一旦切り離した抵抗 r を再び接続して回路を構成します.この回路から,I は次式によって求めることができます.

$$I = \frac{E_o}{R_0 + r} \tag{2・33}$$

E_o:開放端子電圧,R_0:等価抵抗,r:外部に取り出した抵抗

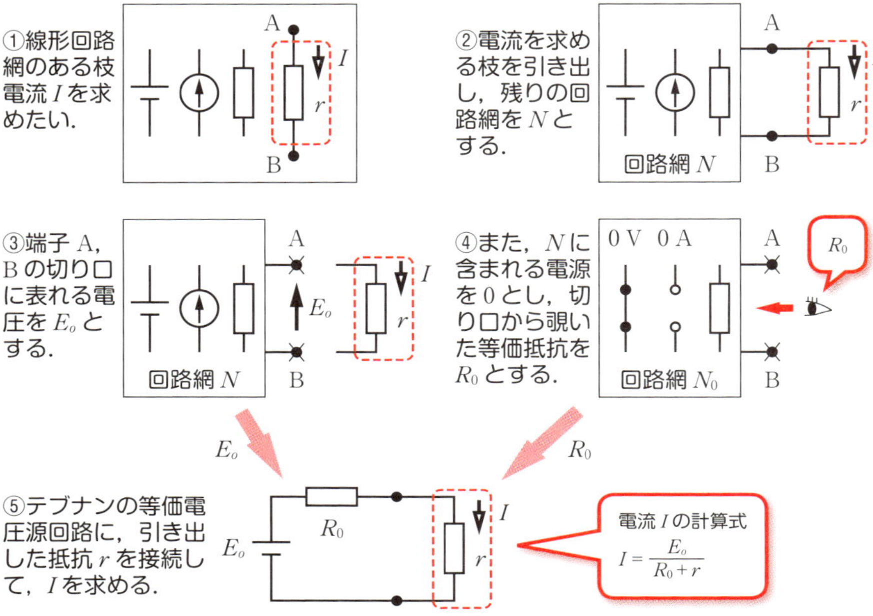
①線形回路網のある枝電流 I を求めたい.
A
B
I
r
②電流を求める枝を引き出し，残りの回路網を N とする.
回路網 N
A
B
I
r
③端子 A，B の切り口に表れる電圧を E_o とする.
回路網 N
A
B
E_o
I
r
④また，N に含まれる電源を 0 とし，切り口から覗いた等価抵抗を R_0 とする.
0 V　0 A
回路網 N_0
A
B
R_0
E_o
R_0
⑤テブナンの等価電圧源回路に，引き出した抵抗 r を接続して，I を求める.
E_o
R_0
I
r
電流 I の計算式
$I=\dfrac{E_o}{R_0+r}$

図 2·24■テブナンの定理の適用手順

2 テブナンの定理の証明

テブナンの定理は，重ね合わせの理によって証明できます．回路の変形の手順を**図 2·25** に示します．【①元の回路】は図 2·24 の手順②の回路です．【②電圧源 2 個の追加】互いに逆向きの 2 個の電圧源を挿入しても回路の状態は変わりません．その後，この回路を二つの回路に分解します．【③回路 A】こちらのグループには，回路網 N に元々含まれていた電源のすべてと，手順②で加えた E_1 を考慮します．一方，E_2 は回路 B の方で考慮するため，ここでは短絡とします．この結果，回路網 N の端子 A，B 間には E_o が表れ，E_1 の起電力 E_o とつり合うので互いに相殺し，回路の起電力は 0 となり，$I'=0$ となります．【④回路 B】回路 B では E_2 のみを考慮し，その他の電源は 0(電圧源は短絡，電流源は開放)とします．この結果，回路網 N は N_0 となるため抵抗 R_0 と等価となり，回路内の起電力は$E_2=-E_o$ となります．これに抵抗 r が直列接続された回路となり I'' が求められます．【⑤電流の合成】重ね合わせの理によって本来は $I=I'+I''$ ですが，回路 A で $I'=0$ となることがわかっているので，$I=I''=E_o/(R_0+r)$ とな

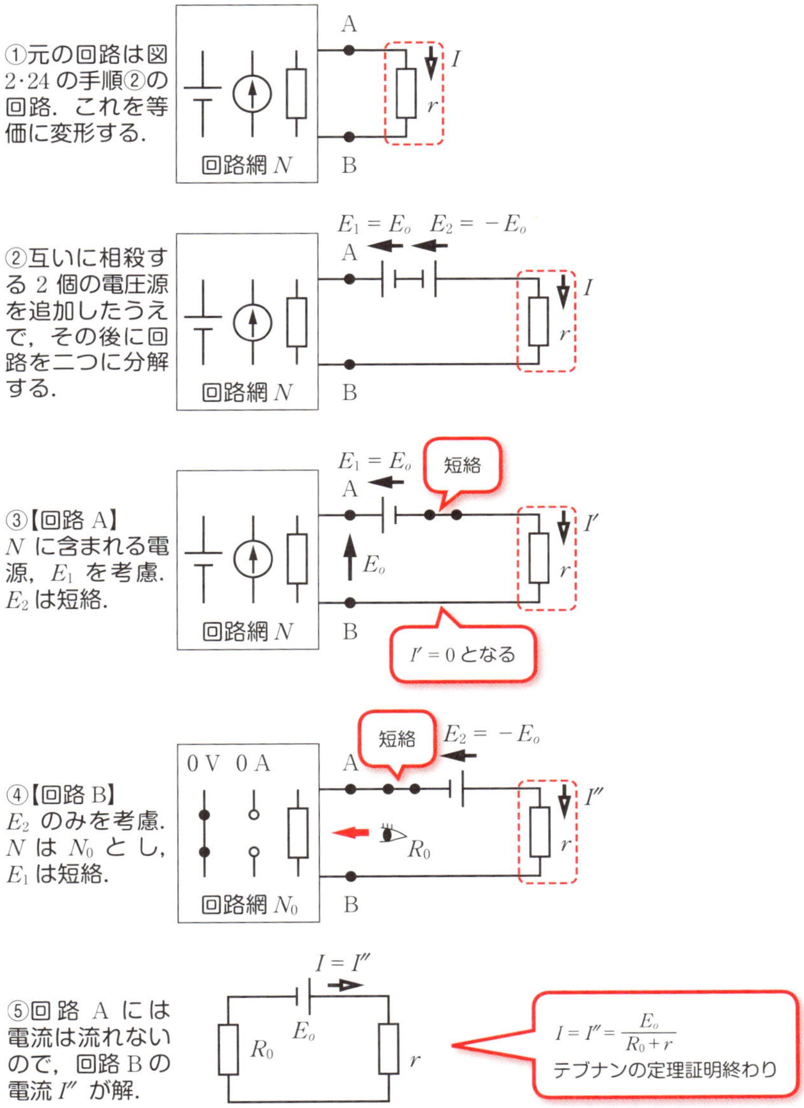
①元の回路は図2·24の手順②の回路．これを等価に変形する．
A
I
r
回路網 N
B
②互いに相殺する2個の電圧源を追加したうえで，その後に回路を二つに分解する．
E1 = Eo　E2 = −Eo
A
I
r
回路網 N
B
③【回路A】
N に含まれる電源，E1 を考慮．E2 は短絡．
E1 = Eo
短絡
A
I′
Eo
r
回路網 N
B
I′ = 0 となる
④【回路B】
E2 のみを考慮．N は N0 とし，E1 は短絡．
0 V　0 A
短絡
E2 = −Eo
A
I″
R0
r
回路網 N0
B
⑤回路Aには電流は流れないので，回路Bの電流 I″ が解．
I = I″
R0
Eo
r
I = I″ = Eo / (R0 + r)
テブナンの定理証明終わり

図 2·25■テブナンの定理の証明

り，式(2·33)が証明されました．

上記の証明の中での非常にうまいアイデアは，手順②で元の回路の状態に変化を与えないように E_o と $-E_o$ の直列回路を直列に挿入しておいてから，重ね合わせの理を使って回路Aと回路Bに分解し，回路Aでは回路網 N に含まれたすべての電源の影響を外部に付け加えた2個の電源のうちの一つである E_1 によって「一手に」相殺し，最終的な公式には E_2 のみが寄与するようにしている点です．何とも技巧的で見事な方法によって導かれた定理だと思いませんか．拍手，拍手．

まとめ

テブナンの定理の式 $I=E_o/(R_0+r)$ と使い方は覚えておくと便利．

例題 1

図 2·26 の回路において電流 I をテブナンの定理を用いて求めなさい．

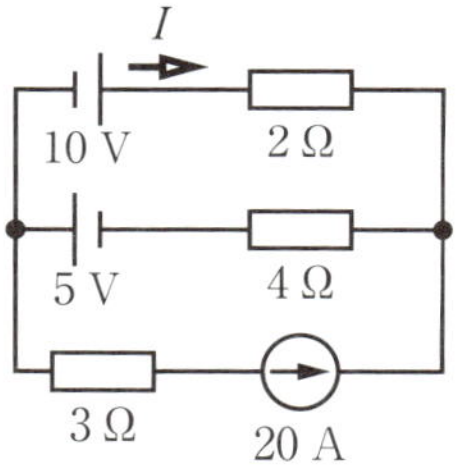

図 2·26

解答 この例では，抵抗 2 Ω を外部抵抗として扱うと，回路の切断箇所に表れる開放電圧 E_o は，**図 2·27** から $E_o=-(4\times20)+5+10=-65$ V となります．また，切断箇所から覗きこんだ回路網 N_0 の等価抵抗は，二つの電圧源を短絡，一つの電流源を開放とすることにより，図より $R_0=4$ Ω となります．したがって，テブナンの定理により I は，$I=-65/(4+2)=-65/6$ A となります．電流の向きに注意してください．

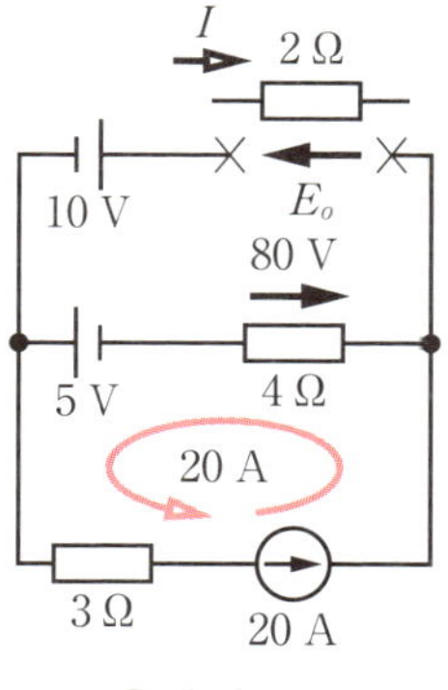

図 2·27

補足➡重ね合わせの理，テブナンの定理，電圧源と電流源の変換などのテクニックが使えると，検算できるだけでなく回路の見方を広げることができます．

2-6 ブリッジ回路

キーポイント

★ブリッジ回路

図のように R_1～R_4 の四つの抵抗をひし形状に組み，R_1 と R_2 の間の端子 C と，R_3 と R_4 の端子 D の間に R_5 で橋（ブリッジ）を掛けるように接続した回路をブリッジ回路と呼びます．

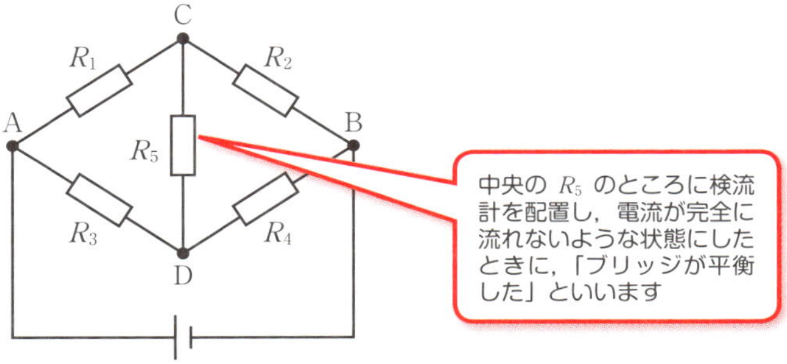
C
R_1
R_2
A
B
R_5
R_3
R_4
D
中央の R_5 のところに検流計を配置し，電流が完全に流れないような状態にしたときに，「ブリッジが平衡した」といいます

ブリッジ回路

★ブリッジ回路の平衡条件

ブリッジ回路において，ブリッジ部の両端 C, D の電位が等しくなると，R_5 に印加される電圧は 0 になるので電流は流れなくなります．この条件をブリッジ回路の平衡条件と呼びます．ホイートストンブリッジはこの平衡条件を作り出すことにより，既知の抵抗読取り値をもとに未知の抵抗値を測定する計測器で，ブリッジ回路の代表的な応用例です．

1 ブリッジ回路の平衡条件

キーポイントで述べたとおり，**中央のブリッジ部分の C，D 端子間に全く電流が流れなくなった状態**を「**ブリッジが平衡した状態**」と呼びます．一般にはこの部分に検流計（ガルバノメータ）と呼ばれる感度の高い電流計を接続し，抵抗値を可変して検流計の針の振れを 0 になるように調節します．この仕組みで未知の抵抗値を測定する測定器に**ホイートストンブリッジ**があります．ブリッジ回路の図で，R_1, R_3 を既知抵抗，R_2 を既知の可変抵抗（直読目盛り付き）とし，R_4 に測定対象とする未知抵抗をつなぎます．この状態で R_2 の可変抵抗を調節し検流計の針が振れない平衡状態を作ります．では次に，このときに抵抗値間に成り立つ条件を調べてみましょう．

「ブリッジが平衡する」とは，端子 C, D 間に電流が流れないことです．そのためには C, D の電位が等しく，C, D 間の電圧が 0 となる必要があります．**図 2・28** は平衡状態にあるブリッジ回路を示しています．平衡状態では C と D は同電位なので，この意味では「短絡」状態にあることと同じです．しかし，C, D 間には電流が流れないので，こちらの意味では「開放」状態にあることと同じです．このときの電流分布は，図 2・28 のように電流 I_1 が R_1, R_2 を，電流 I_2 が R_3, R_4 を経由して流れ，それらの和が電源 E より供給されます．ここで，閉路 ACDA と，CBDC にそれぞれ KVL を適用すると，次の回路方程式が得られます．

閉路 ACDA：$R_1 I_1 + R_5 \cdot 0 + R_3 \cdot (-I_2) = 0$

閉路 CBDC：$R_2 I_1 + R_4 \cdot (-I_2) + R_5 \cdot 0 = 0$

これらより，$R_1 I_1 = R_3 I_2$ と $R_2 I_1 = R_4 I_2$ の関係が得られ，辺々の比を取ると，$R_1/R_2 = R_3/R_4$ の関係が得られます．したがって，次の「ブリッジ回路の平衡の条件式」が得られます．

$$R_1 R_4 = R_2 R_3 \tag{2・34}$$

また，別の見方から式 (2・34) を導くこともできます．先の図 2・28 で電源の負側に当たる B 点を零電位点と定義すると，C の電位は電源電圧 E を抵抗 R_1 と R_2 によって分圧したものとみなすことができるので E に分圧比 $R_2/(R_1+R_2)$ を掛けたものであると考えられます．一方，D の電位も同様にして E に分圧比 $R_4/(R_3+R_4)$ を掛けたものであると考えられます．C と D の電位はブリッジの平衡時には等しくなるので両者を等しいと置くことにより，式 (2・34) が得られます．ぜひ自分で確かめてみて下さい．このように，一つの現象でも色々な角度から説

図 2・28 ■平衡状態でのブリッジ回路の電流分布

> 平衡時は C, D は同電位なのでこの意味では C, D 間は「短絡」と同じですが，一方，電流は流れないので，こちらの意味では C, D 間は「開放」と同じです

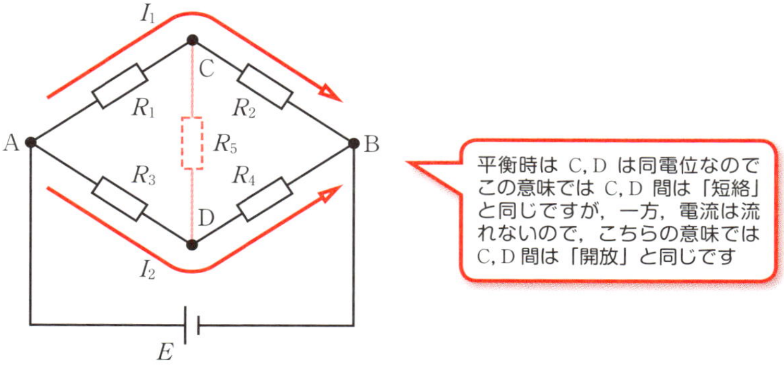

明することができ，一つひとつ納得していくことによって回路のおもしろさがわかってくるのです．

2 ブリッジ回路の不平衡時の電流を求める

ブリッジ回路が平衡しているときには回路を簡単に解くことができましたが，不平衡時には簡単にはいきません．その理由は，電源Eから見ると，5個の抵抗は直列でも並列でもなく，オームの法則を適用しようにも直接には適用できないためです．そこで，以下ではブリッジ回路のように少し複雑な回路を解く際によく用いられる方法を二つ紹介しましょう．

(1) △-Y 変換で回路の形を変える方法

この方法は，すでに1-7節で説明した**△-Y 変換をブリッジ回路の △ 接続の部分に適用して Y 接続に変換することによって抵抗間の接続を直列または並列とし，合成抵抗を求めやすくする方法**です．式(1·17)を用いて**図 2·29**(a)の閉路 ACDA 部分の △ 接続回路を Y 接続に変換すると，図2·29(b)の回路になります．変換後の回路では端子 A, B 間の抵抗を抵抗の直列接続または並列接続の公式を使って求めることができるので，その結果を用いて電源電流I_Sが求められます．さらに上下の経路の分流比より，C を通る電流と D を通る電流の計算ができ，それぞれに 6 Ω，3 Ω を掛けることにより C, D の電位も計算できます．次に C, D 間の電位差を求め，これを 2 Ω で割ることにより C, D 間に流れる電流を求めることができます．手順は難しくはありませんが，計算はかなり面倒そうです．そこで次に，ブリッジ回路に特に適した方法として

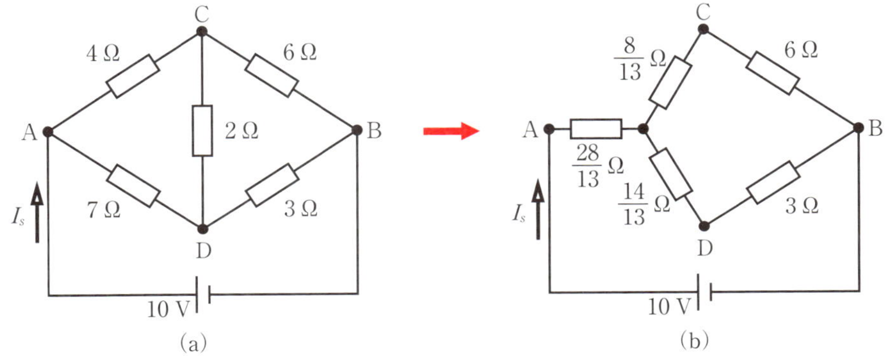

図 2·29 △-Y 変換によるブリッジ回路の変形

テブナンの定理の適用による方法を紹介しましょう．

(2) テブナンの定理を適用する方法

テブナンの定理の鮮やかさを実感するためにも，まず初めにループ電流法による最もオーソドックスな方法での解き方を示します．

ループ電流 I_1, I_2, I_3 を**図 2・30**(a)のように定義します．すると，各経路に沿って以下の回路方程式が成り立ちます．

$$
\begin{aligned}
&2(I_1+I_2)+7(I_1-I_3)+4I_1=0\\
&2(I_1+I_2)+3(I_2+I_3)+6I_2=0\\
&7(I_3-I_1)+3(I_3+I_2)=10
\end{aligned}
\qquad (2\cdot35)
$$

上式を行列で表し，逆行列を用いて解くと

$$
\begin{bmatrix} 13 & 2 & -7 \\ 2 & 11 & 3 \\ -7 & 3 & 10 \end{bmatrix}\begin{bmatrix} I_1 \\ I_2 \\ I_3 \end{bmatrix}=\begin{bmatrix} 0 \\ 0 \\ 10 \end{bmatrix}
$$

$$
\begin{bmatrix} I_1 \\ I_2 \\ I_3 \end{bmatrix}=\frac{1}{\varDelta}\begin{bmatrix} 101 & -41 & 83 \\ -41 & 179 & -53 \\ 83 & -53 & 139 \end{bmatrix}\begin{bmatrix} 0 \\ 0 \\ 10 \end{bmatrix}
$$

ただし，$\varDelta=\det[R]=1430-42-42-539-117-40=650$

$$
\therefore\quad I=I_1+I_2=\frac{1}{650}(830-530)=\frac{300}{650}=\frac{6}{13}
$$

オーソドックスな方法で確実にこのくらいの計算ができるようにしておきましょう．しかし，やや計算が面倒ですね．そこで，テブナンの定理の登場です．

図 2・30 に，テブナンの定理を適用して I を求めるための等価回路を示します．まず I の流れる枝を取りだして 2 Ω の抵抗ごと線を切断し，切り口に表れる開

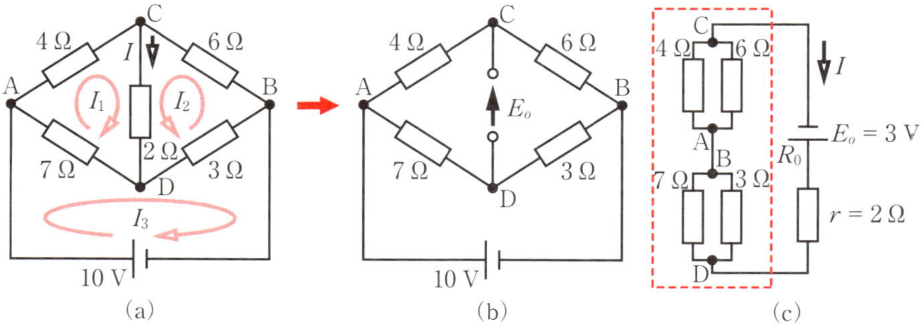

図 2・30 ブリッジ回路へのテブナンの定理の適用

放電圧 E_o を求めます．C と D の電位の差から $E_o=6-3=3$ V と求められます．次に，切り口から元の回路を覗きこんだ等価抵抗 R_0 を求めます．ただし電圧源は「短絡」とするので $R_0=4/\!/6+7/\!/3=24/10+21/10=45/10\ \Omega$ となります．取り出した枝の抵抗 2 Ω を外部抵抗 r として扱うと，I はテブナンの定理より次式で計算できます．

$$I=\frac{E_o}{R_0+r}=\frac{3}{\dfrac{45}{10}+2}=\frac{30}{65}=\frac{6}{13}\ \text{A} \tag{2·36}$$

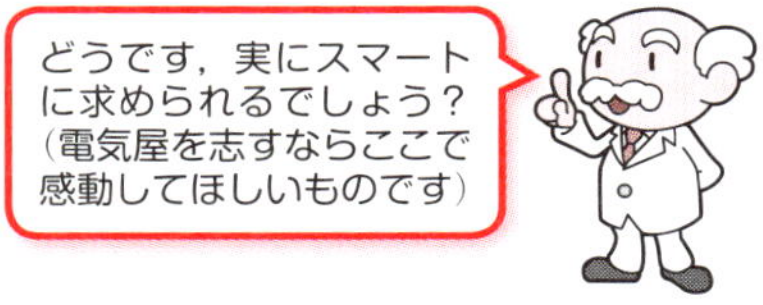

どうです，実にスマートに求められるでしょう？
(電気屋を志すならここで感動してほしいものです)

まとめ

・ブリッジの平衡条件

$R_1R_4=R_2R_3$　対角に位置する抵抗値どうしの積が等しい．

・不平衡時の電流計算

ループ電流法，△-Y 変換，テブナンの定理が便利．

例題 1

図 2·30 では，I の流れる枝を外に取り出す際に，抵抗 2 Ω ごと取り出した．では抵抗 2 Ω を取り出さずに配線だけを取り出した場合，テブナンの定理の適用の仕方はどの部分がどのように変わるか．

解答　元の回路に 2 Ω を残したままでも，切り口に表れる開放電圧 E_o は変わらず，C と D の電位差より $E_o=3$ V となります．一方，切り口から覗いた等価抵抗 R_0 を考える際には，回路に残した 2 Ω がその他の部分に対して直列となるので，$R_0=4/\!/6+7/\!/3+2=24/10+21/10+2=65/10\ \Omega$ となります．また，外部抵抗はないので $r=0\ \Omega$ となります．これらをテブナンの定理の式に代入すると

$$I=\frac{E_o}{R_0+r}=\frac{3}{\dfrac{65}{10}+0}=\frac{30}{65}=\frac{6}{13}\ \text{A} \tag{2·37}$$

となり，式(2·36)と等しい結果を得ることができます．

例題 2

図 2・30 において，C, D 間に 2 Ω の抵抗に加えて C から D に向けて 5 V の電圧源が入っていた場合，I はどうなるか．テブナンの定理を適用して求めなさい．

解答　例題 1 と同様に，配線だけを外に引き出すものとして考えると，配線の切り口に表れる開放電圧 E_o は，C, D 間の電位差に加えて，5 V だけ大きくなります．したがって $E_o=3+5=8$ V となります．I をより強める方向（C から D の向き）に電圧源 5 V が入っているので E_o がその分だけ大きくなる点に注意が必要です．等価抵抗 R_0 を考えるときは電圧源は短絡とみなすため前問と変化なく $R_0=65/10$ Ω です．また外部抵抗 r もありませんから $r=0$ Ω です．したがって，テブナンの定理を適用すると

$$I=\frac{E_o}{R_0+r}=\frac{8}{\frac{65}{10}+0}=\frac{80}{65}=\frac{16}{13}\text{ A} \tag{2・38}$$

と求めることができます．

例題 3

図 2・31 の回路において，テブナンの定理を用いて電流 I を求めなさい．

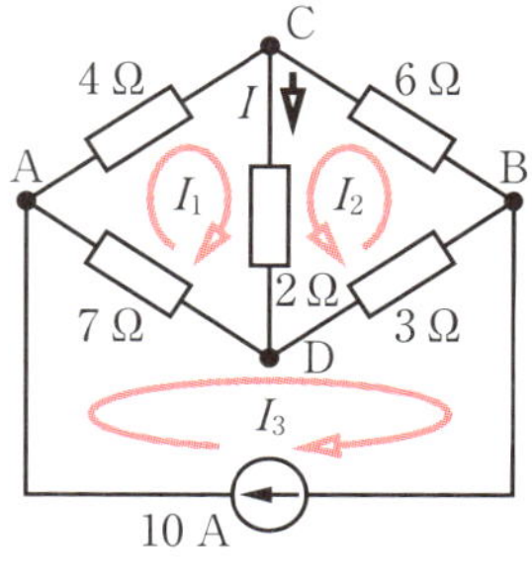

図 2・31

解答 抵抗 2 Ω を回路網の外に取り出して外部抵抗 r として扱うことにします．このとき経路 ACB，経路 ADB には電流が 5 A ずつ分流するので，端子 C, D 間に現れる開放電圧 E_o は，$E_o=6\times5-3\times5=15$ V となります．また，端子 C, D から覗いた等価抵抗 R_0 は，電流源を開放とすることにより $R_0=(4+7)/\!/(6+3)=99/20$ Ω となります．外部抵抗は $r=2$ Ω となります．したがって，テブナンの定理により

$$I=\frac{E_o}{R_0+r}=\frac{15}{\frac{99}{20}+2}=\frac{300}{139}\text{ A}$$

と求めることができます．ループ電流法でも解いてみて下さい．

練習問題

① 2-1 節の例題 3 を抵抗行列 [R] の逆行列を式(2･6)の左右両辺の左側から掛けることにより I_a, I_b, I_c を求めなさい.
易☆☆★難

② **図 2･32** の回路において電圧計の指示値を求めなさい.
易☆☆★難

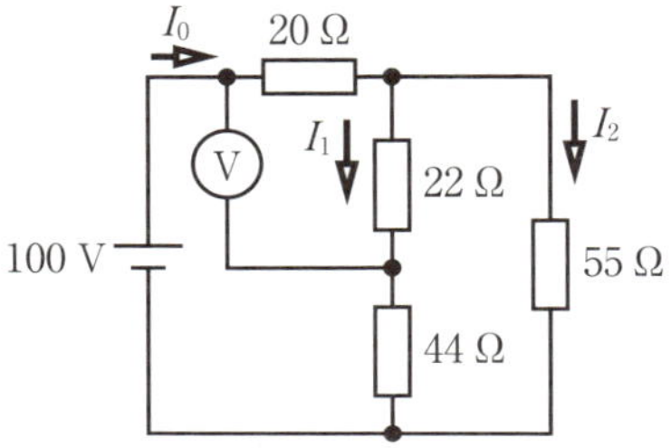

図 2･32

③

(1) **図 2･33** の回路におけるループ電流 I_1, I_2, I_3 を未知数として回路方程式を求めなさい.

(2) 回路パラメータを $R_1=1\,\Omega$, $R_2=2\,\Omega$, $R_3=3\,\Omega$, $R_4=4\,\Omega$, $R_5=5\,\Omega$, $E_1=10\,\mathrm{V}$, $E_2=20\,\mathrm{V}$ とするとき，各電流を求めなさい. また，電源電流 I_{E1}, I_{E2} を求めなさい.
易☆☆★難

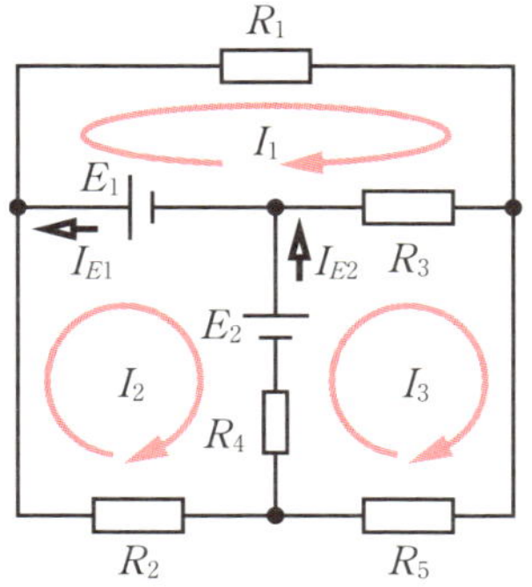

図 2･33

④ **図 2·34** の回路で，抵抗 R の電力が最大となるときの R の抵抗値を求めなさい．ただし，「電圧の内部抵抗と負荷抵抗が等しいとき負荷の電力は最大となる」ことはわかっているものとする． 易☆☆☆難

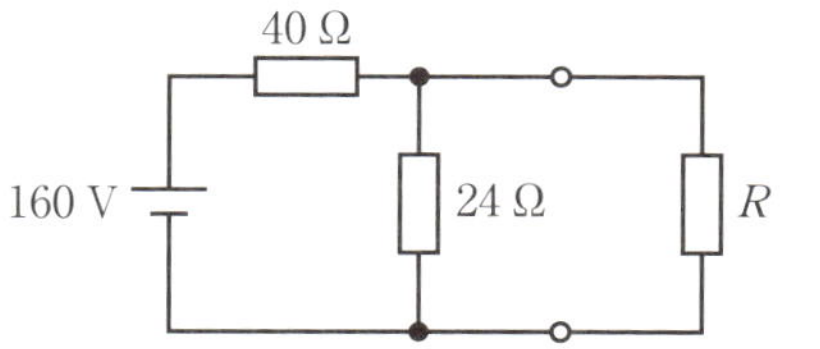

図 2·34

⑤ **図 2·35** の回路において，テブナンの定理を用いることにより，電流 I を求めなさい． 易☆☆☆難

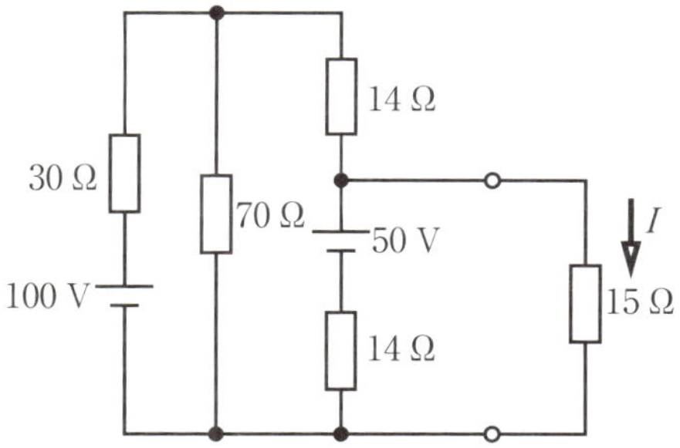

図 2·35

⑥ **図 2·36** の回路で電流を $I = 100$ mA とするには，抵抗値 R をいくらにすればよいか．R を求めなさい． 易☆☆☆難

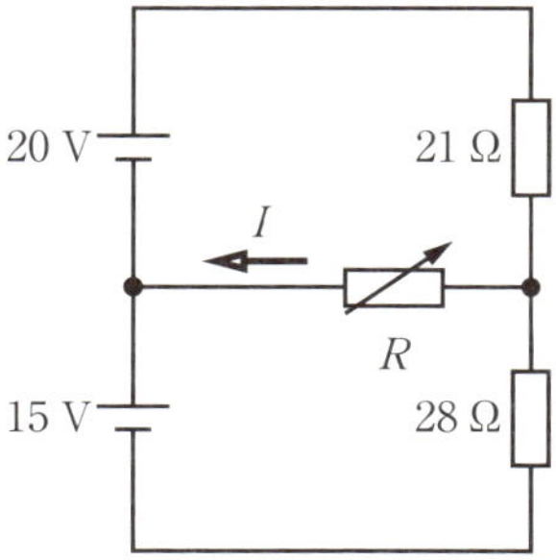

図 2·36

⑦ **図 2·37** のブリッジ回路の A, B 間の等価抵抗 R_{eq} を求めなさい. 易☆☆☆難

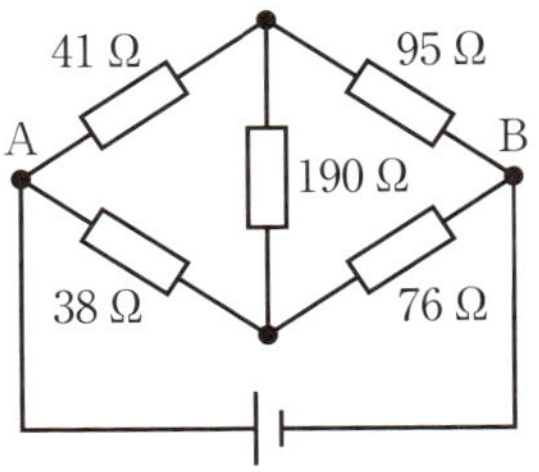

図 2·37

⑧ 問題②で示した回路（**図 2·38**）において,「ループ電流法」を適用して解きなさい. 易☆☆☆難

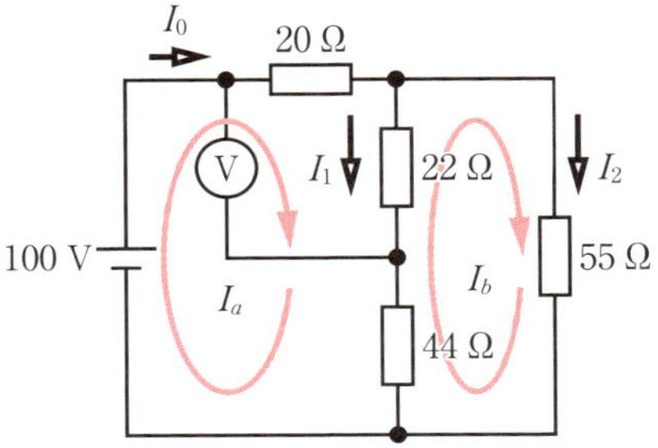

図 2·38

⑨ 問題⑤に「重ね合わせの理」を適用して解きなさい. 易☆☆☆難

⑩ 問題⑥において, テブナンの定理を適用して R を含む形で I を求めた後に, 与えられた条件より R を決定しなさい. 易☆☆☆難

⑪ 問題⑦に「ループ電流法」を適用して解きなさい（電源電圧を E として, 回路方程式をたてます. 最終的に E は消去されます）. 易☆☆☆難

Date　・　・

3章

交流の基礎

3-1　交流とは

3-2　正弦波交流

3-3　フェーザ表示とフェーザ図

3-4　交流基本回路

3-5　交流回路の複素計算

本章は直流回路から交流回路につながる大切な部分です．まず，交流波形の種類と特徴を知ることから始め，私たちが日常使っている交流波形がどのようにつくられ，またそれをどのように表すかを学びます．時間に対して変化する交流を扱うのは，想像するだけでも難しいことなので正弦波形（sin）を基本にして考えます．sin を数学として取り扱う際の微積分など基本的な計算は繰り返し勉強しておいてください．

交流回路で登場する素子は直流回路で扱った抵抗 R のほかに，インダクタ L とキャパシタ C だけです．それらの素子に正弦波交流が加えられると電圧と電流がどのように変化するかをしっかりと理解しましょう．そして最後に，正弦波形を複素平面上のフェーザとして表せることを理解できれば，交流回路を学ぶうえでの準備が整ったことになります．

電気回路を学ぶ過程では，交流回路のところで挫折する人も少なくありません．前章までの直流回路で学んだことは交流回路でも同じように適用できるので，直流と交流の橋渡しとなる本章をしっかりと理解してください．

3-1 交流とは

キーポイント

交流は難しい！と恐れる必要はありません．直流で勉強したオームの法則もキルヒホッフの法則もそのまま成り立ちます．目に見えない電気でも，電池のような直流はイメージしやすいでしょう．でも，時間とともに変化している交流は全くイメージがわかないかもしれません．ここではそんな交流のイメージをつかんでみましょう．

すべては
オームの法則に通じる

1 直流とさまざまな交流波形

自然界で発生する多くの電流・電圧は直流ですが，人類は発電機を発明したことで交流を手に入れることができました．私たちが電気を利用するとき，交流であることがさまざまな場面で有効に働き，交流による送電や回路が発達してきました．**図 3·1**(a)に示すように，**時間と無関係に一定値を示す直流**（DC：Direct Current）に対し，**時間とともに一定間隔で同じ波形を繰り返す**ものを**交流**（AC：Alternating Current）といいます．代表的な波形には，正弦波交流(b)，のこぎり波交流(c)，三角波交流(d)，方形波交流(e)などがあります．

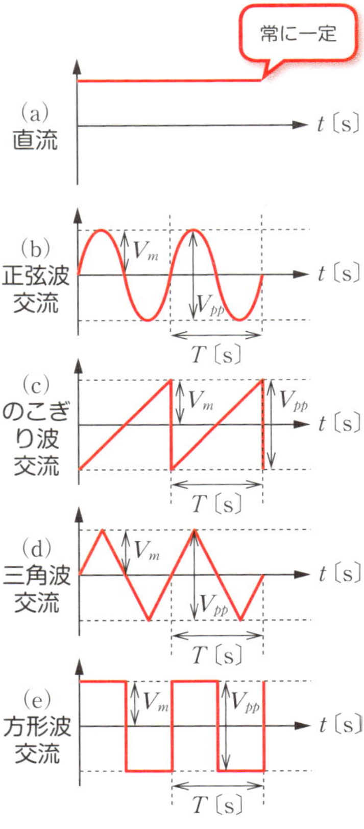

図 3·1 さまざまな波形（電圧）

2 交流の表し方

交流は図 3·1(b)から(e)に示したように大きさが時々刻々と変化しているので，その波形の特徴を直流と同じよう表すことはできません．そこで，交流の特徴を表すための方法が決められています．

補足➡方形波は矩形波，パルス波とも呼ばれます．

(1) 周 期

交流は一定間隔で同じ波形を繰り返します．一つの繰返しを1サイクル（cycle）といい，この**変化に要する時間** T〔s〕を**周期**（period）といいます．図3·1(b)から(e)の各交流では図中に示した長さになります．

(2) 周波数

交流波形が1秒間に繰り返すサイクル数を**周波数** f（frequency）といい，単位には**ヘルツ**〔Hz〕を用います．したがって，周期 T〔s〕と周波数 f〔Hz〕との間には次の関係が成り立ちます．

$$f = \frac{1}{T} \text{〔Hz〕} \tag{3·1}$$

$$\text{〔Hz〕} = \frac{1}{\text{〔s〕}}$$

私たちが暮らしの中で使っている電源の周波数は，50 Hz（おもに東日本）と60 Hz（おもに西日本）の2種類で一般的に商用周波数といいます．また，音声周波数などは20 Hz～20 kHzの範囲であり，ラジオや携帯電話の送受信で使われる周波数はM（$\times 10^6$）Hz，G（$\times 10^9$）Hzなどになります．

(3) 最大値

交流波形が示す最大の値を**最大値**（maximum value）または**波高値**と呼び，V_m や I_m で表します（図3·1(b)～(e)を参照）．

(4) ピークピーク値

最大値と最小値との差を**ピークピーク値**（peak-to-peak value）といい，V_{pp} や I_{pp} で表します（図3·1(b)～(e)を参照）．

(5) 瞬時値

時間とともに時々刻々と変化する値を表すものを**瞬時値**（instantaneous value）と呼び，通常 v や i の小文字斜体で表します．例えば，正弦波の電圧の瞬時値は

$$v = V_m \sin \omega t \tag{3·2}$$

で表され，時刻 t における電圧が決まります．詳細については次節で説明します．

補足⇒ 1800年代後半に大阪で60 Hz仕様のアメリカ製発電機が導入され，その後直流送電が行われていた東京に50 Hz仕様のドイツ製発電機が導入されたため，東日本と西日本の周波数の違いが形成されました．

まとめ

・直流と交流

直流の場合，電圧 1.5 V といえば電源に関する情報が伝わります．しかし，交流の場合，電圧の最大値 1.5 V といっても，波形の形は？周波数は？など，情報は不十分です．交流を扱う際にはこれらの情報が重要になります．

・周波数と周期

$$f=\frac{1}{T} \quad (f：周波数〔\mathrm{Hz}〕,\ T：周期〔\mathrm{s}〕)$$

例題 1

図 3·2，**図 3·3** の電圧波形の最大値，ピークピーク値，周期，周波数を求めなさい．

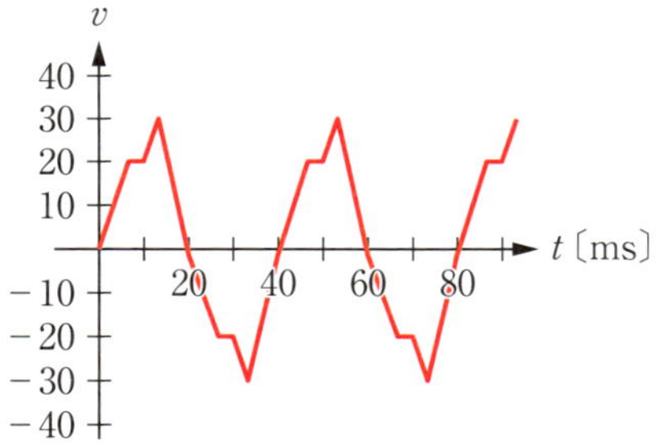

図 3·2

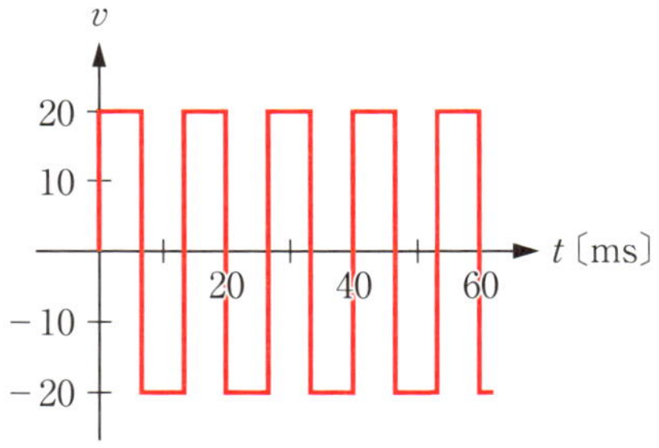

図 3·3

解答　図 3·2 の波形の各部の値は**図 3·4** に示すように最大値 V_m は 30 V，ピークピーク値 V_{pp} は 60 V，周期 T は 40 ms，周波数 f は

$$f=\frac{1}{T}=\frac{1}{40\times10^{-3}}=25\ \mathrm{Hz}$$

となります．

図 3·3 の波形の各部の値は**図 3·5** に示すように最大値 V_m は 20 V，ピークピーク値 V_{pp} は 40 V です．また，3 サイクルで 40 ms なので，周期 T は 40/

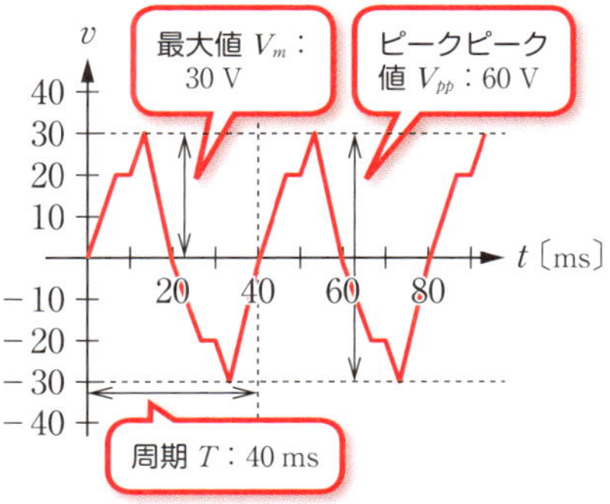

図 3·4

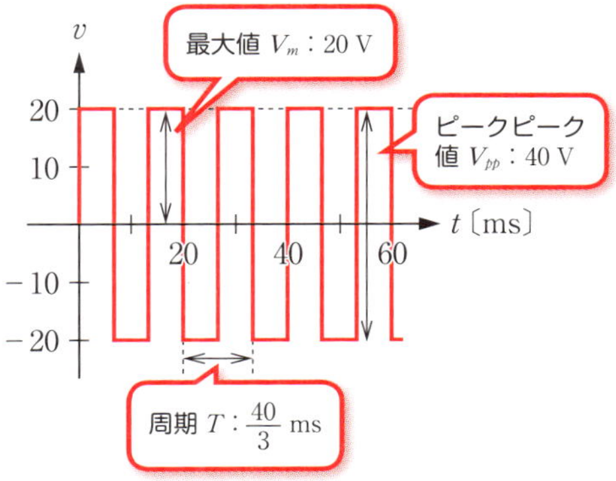

図 3·5

3≒13.3 ms となり，周波数 f は

$$f=\frac{1}{T}=\frac{1}{\frac{40\times10^{-3}}{3}}=75\ \mathrm{Hz}$$

となります．

3-2 正弦波交流

キーポイント

正弦波交流は交流発電機の回転運動から生まれました．正弦波交流の姿を人々に伝えるにはどうしたらよいでしょうか．

もし，あなたが恋人の姿を伝えるなら，背は高い？体重は？丸顔？イケメン？美人？などなど，なんとなくのイメージです．

でも，私が"恋人"の正弦波交流をあなたに伝えるなら，振幅は○○，周波数は○○，位相は○○の"スリーサイズ"を伝えれば，あなたは確実にその姿を描くことができます．

こんな正弦波交流は，電気が作る幸せを皆さんに届けています．

> 私って
> 正弦波美人？
> バスト
> ウエスト
> ヒップ

1 正弦波交流の発生

正弦波交流電圧は**図 3・6**(a)のように磁界中でコイルを回転して発生させることができます．この電圧はフレミングの右手の法則に従い発生する誘導起電力なので，磁界に対する導体の移動方向が変わるごと（半回転）に起電力の向きも変化します．スリップリングを介してこのコイルを抵抗 R に接続すると，抵抗 R の両端に交流電圧が発生します．そのとき発生する電圧の大きさや周波数は磁界の強さと図3・6(b)のように回転角速度 ω〔rad/s〕によって決まります．以下に

> 単位時間にコイルと鎖交する磁束が多いほど大きな電圧が発生します．すなわちコイルが X-X′ に平行のとき 0 V で，垂直のとき正または負の最大電圧 E_m となります

(a)　　　　　(b)

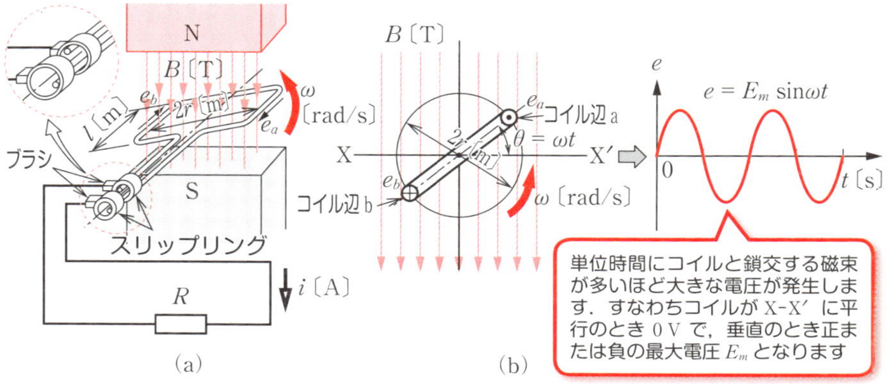

図 3・6 ■正弦波交流の発生

補足 ➡ コイルを貫く磁束を鎖交磁束 ϕ〔Wb〕といいます．磁束と垂直な面を S〔m²〕とすると，磁束密度は $B=\phi/S$〔T〕です．

発生する電圧を求めてみます．

磁束密度 B〔T〕とコイルの鎖交磁束 ϕ は，コイルが囲む面積を $l\times 2r=S$〔m^2〕とすれば

$$\phi=BS\cos\theta\text{〔Wb〕} \qquad (3\cdot3)$$

次に，誘導起電力の大きさは，コイルを貫く磁束の時間的に変化する量とコイルの巻数 N の積に比例します．ここでは，巻数は $N=1$ とします．したがって，電圧 e は $\theta=\omega t$ とすれば

$$e=-N\frac{d\phi}{dt}=\omega BS\sin\omega t\text{〔V〕} \qquad (3\cdot4)$$

ここで，$\omega BS=E_m$ とすると

$$e=E_m\sin\omega t\text{〔V〕} \qquad (3\cdot5)$$

の正弦波交流電圧が発生します．

2 正弦波交流の瞬時値

交流にはいろいろな波形がありますが，私たちの周りで実際に使われている電圧・電流は主に正弦波です．正弦波交流はあらゆる波形の基本をなすものです．

図3·7 の正弦波交流の瞬時値は式(3·2)で示したように

$$v=V_m\sin\omega t \qquad (3\cdot6)$$

と表すことができます．v は任意の時刻 t における電圧を表しており，この式で V_m は**電圧の最大値**または**振幅**と呼びます．また，弧度法では1回転の角度は 2π〔rad〕$=360°$ であるため，ω は**角速度**または**角周波数**と呼ばれ，単位時間当たりの回転角として単位は〔rad/s〕になります．したがって，1サイクルを完了するのに要する時間 T〔s〕が周期なので

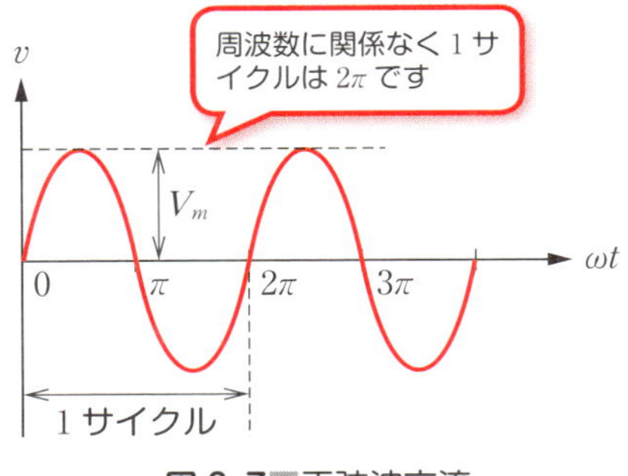

図3·7 正弦波交流

補足➡どのような波形も正弦波の組合せで表すことができます．これをフーリエ級数展開といいます．

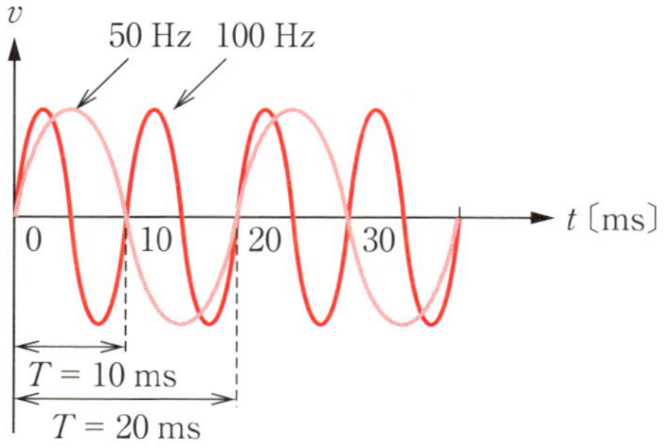

図 3･8▩横軸を時間とした場合の周波数が異なる正弦波交流

$$\omega = 2\pi f = \frac{2\pi}{T} \text{〔rad/s〕} \tag{3·7}$$

が成り立ちます．

また，図 3･7 のように ωt を基準として正弦波を描く場合，例えば周波数が 50 Hz でも 100 Hz でも，1 サイクルは 2π なので横軸に関しては全く同じ波形で描かれます．一方，横軸 ωt〔rad〕を t〔ms〕に置き換えて 50 Hz と 100 Hz の正弦波を描くと，**図 3･8** のようになり異なる波形であることがわかります．

（1） 位　相

式(3･6)の瞬時値は 0 rad から始まることを示し図 3･7 のように図示されますが，図 3･7 の**正弦波**が全体的に左側や右側に**移動する場合の移動量**を**位相角**または**位相** θ（phase）として表します．すなわち，0 rad に対して θ ずれていることを示すには

$$v = V_m \sin(\omega t + \theta) \tag{3·8}$$

として表すことができます．したがって，**図 3･9** のように位相が $\theta = +\theta_1$ の場合，正弦波形は 0 rad の軸に対して左側に移動します．このとき，$v_0 = V_m \sin \omega t$ に対して位相が「**進んでいる**（**進み位相**）」といいます．反対に位相が $\theta = -\theta_2$ の場合は，v_2 は位相が「**遅れている**（**遅れ位相**）」といいます．特に複数の正弦波の**位相が同じ場合**は，**同相**または**同位相**といいます．

（2） 平均値

任意の交流波形の**平均値**（mean value）とは，**波形の絶対値について積分し，周期 T にわたって平均した値**をいいます．正弦波の場合は，**図 3･10** のように半周期 $T/2$ の面積を $T/2$ で平均すればよいので，平均値 V_a は以下

補足➡位相の考え方，求め方は交流を扱ううえでの重要ポイントです．位相が $-\pi < \theta < \pi$ の範囲であれば，$\omega t = 0$ rad での波形の符号が正なら進み，負なら遅れになります．

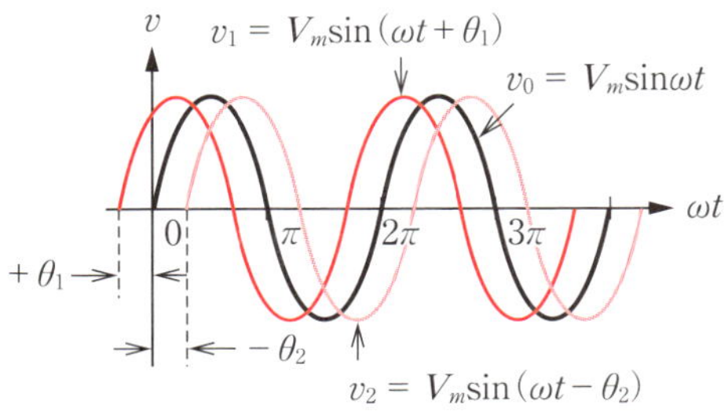

図 3·9 正弦波の位相

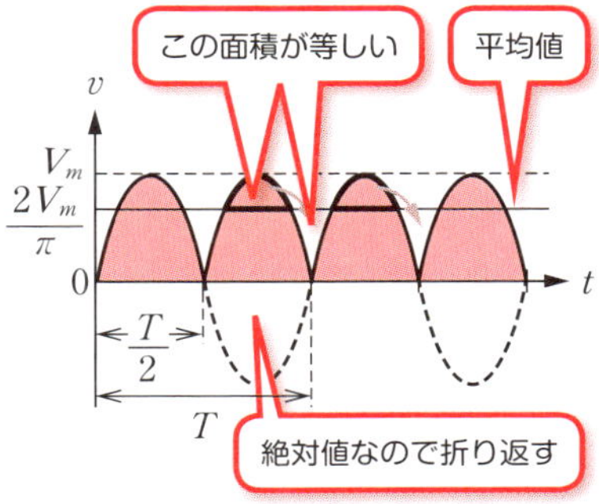

図 3·10 正弦波の平均値

のような計算になります．

$$V_a=\frac{1}{T}\int_0^T|V_m\sin\omega t|\,dt=\frac{2}{T}\int_0^{\frac{T}{2}}V_m\sin\omega t dt=\frac{2V_m}{T}\left[-\frac{1}{\omega}\cos\omega t\right]_0^{\frac{T}{2}}$$

$$=\frac{2V_m}{T}\left(\frac{1}{\omega}+\frac{1}{\omega}\right)=\frac{4V_m}{\omega T}=\frac{2}{\pi}V_m\quad〔\mathrm{V}〕\qquad(3\cdot9)$$

式(3·7)より $T=\frac{2\pi}{\omega}$

すなわち，**最大値 V_m に $2/\pi$ を掛けたものが正弦波の平均値**となります．

（3） 実効値

交流の電圧・電流を同じ発熱量（消費電力）を発生する**直流の電圧・電流の大きさで表した値**を交流の**実効値**（effective value）といいます．実際に交流の実効値を求めるには，**図 3·11** のように直流および交流電源を接続します．スイッチ S を a 側に閉じたときに抵抗 R で消費する電力と b 側に閉じたときに抵抗 R で消費する電力が等しくなるように，可変抵抗を調整したときの電圧・電流は交流と同じ電力を供給する値となり，これが実効値です．

交流電源での電圧 v，電流 i とすると，抵抗 R で消費される電力の瞬時値 p は

$$p=vi=i^2R \qquad (3\cdot10)$$

前項で説明したように p の平均値 P_a を求めると

$$P_a=\frac{1}{T}\int_0^T p dt=\frac{1}{T}\int_0^T i^2Rdt \qquad (3\cdot11)$$

一方，交流における電力と同じ値になるように可変抵抗を調整したとき，電圧 V，電流 I が得られたとすると，そのときの電力 P_d は

$$P_d=I^2R \qquad (3\cdot12)$$

補足➡平均値は波形の面積を長方形に形を変え，1 辺の長さ T としたときのもう 1 辺の長さに相当します．

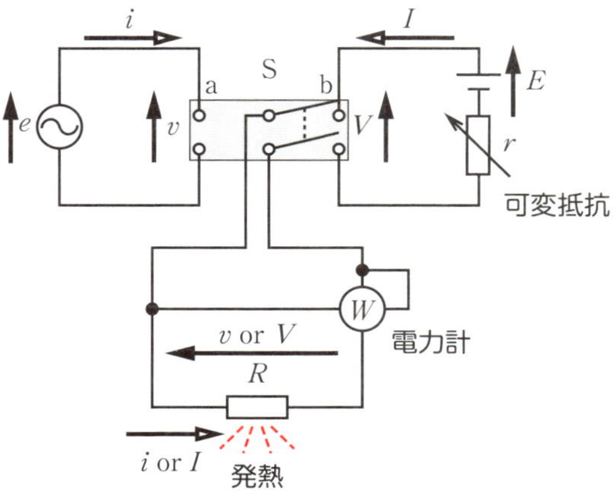

図 3・11 交流の実効値

ここで，実効値の定義より交流での電力と直流での電力は等しいので

$$P_d = P_a$$

式(3・11)と式(3・12)から

$$I^2R = \frac{1}{T}\int_0^T i^2 R\,dt \tag{3・13}$$

$$I = \sqrt{\frac{1}{T}\int_0^T i^2\,dt} \tag{3・14}$$

すなわち，電流の実効値は瞬時値 i の 2 乗の平均値の平方根になり，大文字の I，V を使って表します．また，RMS（root mean square value）という表記も使われます．

ここで，正弦波電流の瞬時値を $i = I_m \sin\omega t$ とすれば実効値 I は

> **倍角の公式**
> $\sin^2\theta = \dfrac{1-\cos 2\theta}{2}$

$$I = \sqrt{\frac{1}{T}\int_0^T (I_m \sin\omega t)^2 dt} = \sqrt{\frac{I_m{}^2}{T}\int_0^T \sin^2\omega t\,dt}$$

$$= \sqrt{\frac{I_m{}^2}{2T}\int_0^T (1-\cos 2\omega t)\,dt} = \sqrt{\frac{I_m{}^2}{2T}\left[t - \frac{1}{2\omega}\sin 2\omega t\right]_0^T}$$

$$= \sqrt{\frac{I_m{}^2}{2T}T} = \frac{I_m}{\sqrt{2}} \tag{3・15}$$

となり，電流の**最大値 I_m の $\dfrac{1}{\sqrt{2}}$** となります．また，正弦波電圧の実効値も同様に $V = \dfrac{V_m}{\sqrt{2}}$ となります．

実効値は実用的に最も重要であり，通常，交流電圧の大きさを表す際には実効値が用いられます．したがって，日常使っている商用電圧 100 V は実効値で，その最大値は $V_m=100\sqrt{2}=141$ V になります．

（4） 交流波形を表す諸量

平均値や実効値のほかに交流波形を表す代表的な量として

$$波高率=\frac{最大値}{実効値},\quad 波形率=\frac{実効値}{平均値}$$

などがあります．

代表的な交流波形についてまとめると**表 3・1** のようになります．

表 3・1 交流波形の諸量

	実効値	平均値	波高率	波形率
正弦波	$\frac{1}{\sqrt{2}}$	$\frac{2}{\pi}$	1.414	1.11
方形波	1.0	1.0	1.0	1.0
三角波	$\frac{1}{\sqrt{3}}$	$\frac{1}{2}$	1.732	1.155

＊実効値，平均値は最大値に対する値

まとめ

・正弦波交流

$v=V_m\sin(\omega t+\theta)$ の 3 要素は，最大値 V_m，角周波数 ω，位相 θ．

・平均値

波形の面積を周期で割った値，正弦波交流の平均値は $V_a=\frac{2V_m}{\pi}$，$I_a=\frac{2I_m}{\pi}$

・実効値（RMS）

交流の電圧・電流で発生する発熱量を，同じ発熱量を発生する直流の電圧・電流で表した値．正弦波交流の実効値は $V=\frac{V_m}{\sqrt{2}}$，$I=\frac{I_m}{\sqrt{2}}$

＊商用電源の周波数は 50 Hz（東日本），60 Hz（西日本），実効値は 100 V，最大値は 141 V．

例題 1

(1) 最大値 150 V，周波数 50 Hz，位相 0 rad の正弦波電圧の瞬時値を表す式を示し，その波形を**図 3·12** と**図 3·13** に描きなさい．

(2) 実効値 50 V，周波数 100 Hz，進み位相 $\pi/3$〔rad〕の正弦波電圧の瞬時値を表す式を示し，その波形を図 3·12 と図 3·13 に描きなさい．

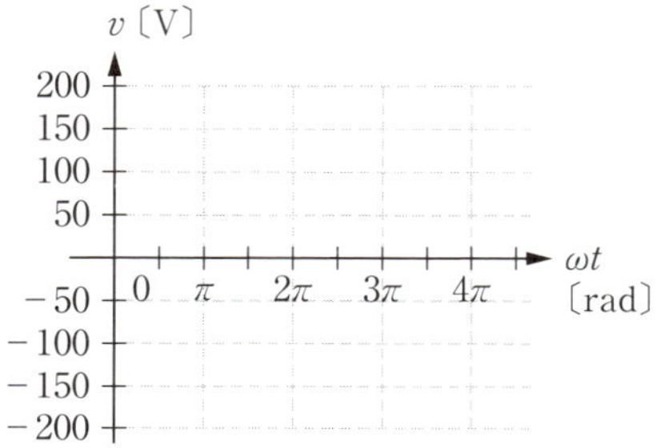

図 3·12 ωt に対する交流波形

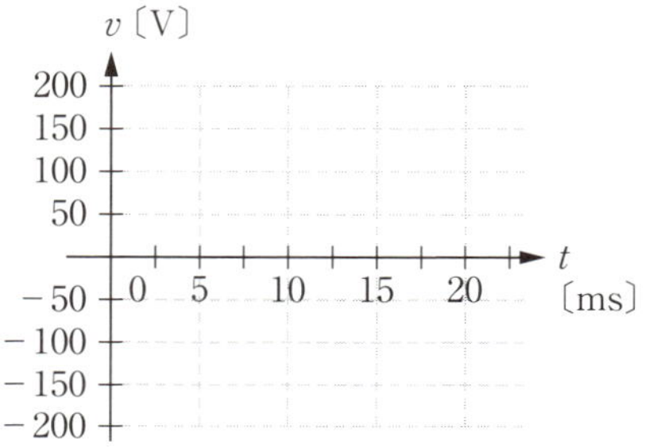

図 3·13 t に対する交流波形

解答

① $v = V_m \sin(2\pi ft + \theta)$ にあてはめると，瞬時値は $v = 150\sin(100\pi t)$．周期は 20 ms となり，**図 3·14** と**図 3·15** のように描かれます．

② $v = V_m \sin(2\pi ft + \theta)$ にあてはめると，瞬時値は $v = 50\sqrt{2}\sin\left(200\pi t + \dfrac{\pi}{3}\right)$．

周期は 10 ms，位相 $\dfrac{\pi}{3}$〔rad〕を時間で表すと $\dfrac{10}{2\pi} \times \dfrac{\pi}{3} = 1.67$ ms となり，図 3·14 と図 3·15 のように描かれます．

1 周期 10 ms が 2π〔rad〕に相当します

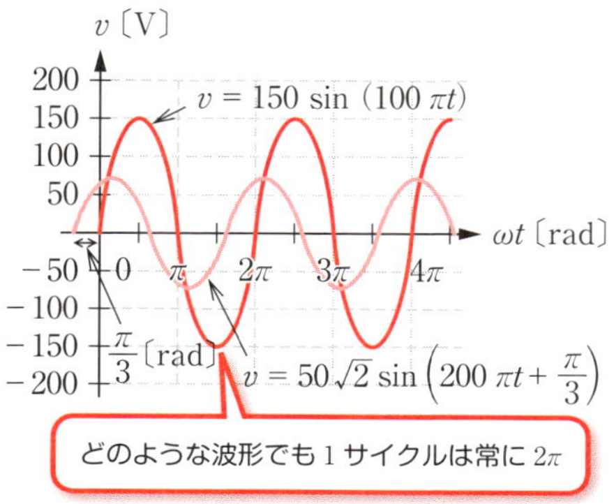

図 3·14 ωt に対する交流波形

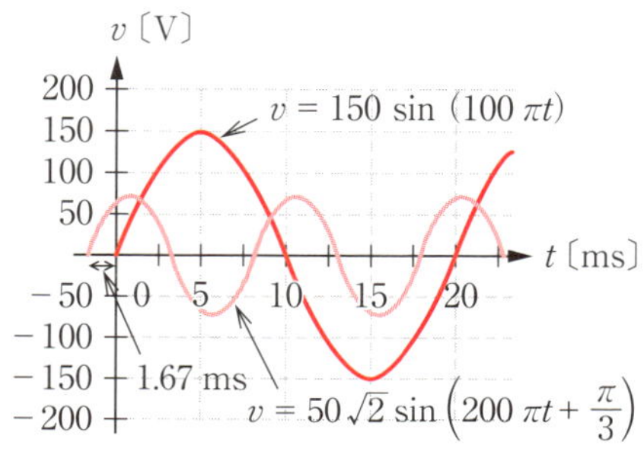

図 3·15 t に対する交流波形

3-3 フェーザ表示とフェーザ図

キーポイント

交流回路の位相はカーレース！どの車が進んでいるか，どの車が遅れているのか，はたまた同着か？　それをわかりやすく判定するのがフェーザ表示とフェーザ図，これで一目瞭然！

ただし，基準となるフェーザはしっかりと決めること.

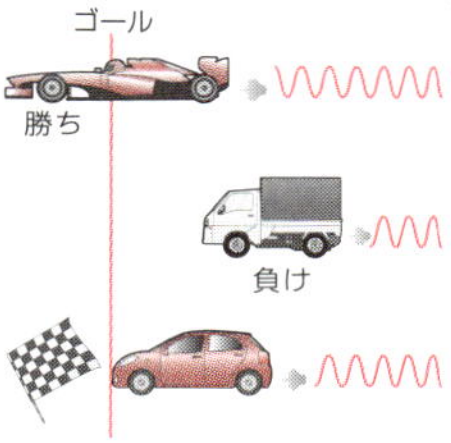

1 フェーザ表示

正弦波交流電圧は $v = V_m \sin(\omega t + \theta)$ で表され，位相 θ が重要な役目を果たします．この位相をもう少しわかりやすく表す方法として**フェーザ表示**があります．図3·6で説明したように，コイルの回転によって正弦波交流が発生します．これをもう少し簡単に描くと，回転角度と正弦波交流の関係は**図3·16**のように表すことができます．すなわち，左図の矢印で示したフェーザ V_m が反時計回りに角速度 ω で回転したときの V_m の縦軸（y 軸）方向の値を，角度 ωt を横軸にとって展開すると，右図の正弦波交流のようになります．なお θ は $t=0$ における位相です．したがって，以下に示すように，一定の角速度で回転するフェーザ V_m と最大値 V_m の正弦波交流とは互いに対応することがわかります．

$$V_m \sin(\omega t + \theta) \iff V_m \angle \theta \qquad (3\cdot 16)$$

ただし，**電気回路におけるフェーザ表示では，最大値 V_m の代わりに実用的に重要な実効値 V を用います**．また，フェーザ表示は大きさと位相を含むことを示すため，$\dot{V}$ や $\dot{I}$ のように記号にドットをつけて表し，θ には〔°〕

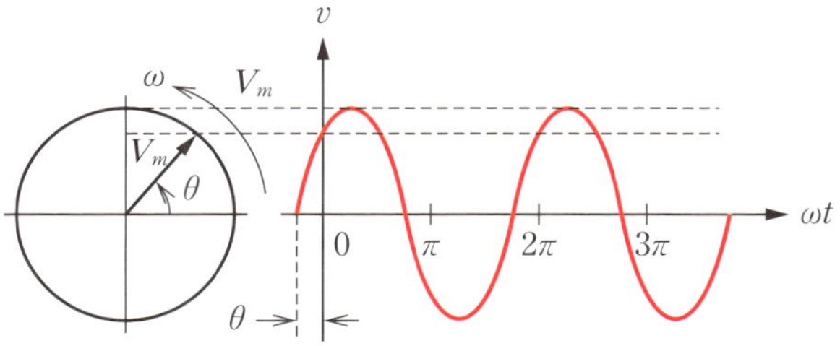

図3·16■正弦波交流のフェーザ表示

補足➡フェーザ（phasor）は，Phase vector を短縮した造語で，これまでベクトルまたは回転ベクトルと呼ばれていました.

または〔rad〕が用いられます．

重要です

$$V_m \angle \theta \quad \Rightarrow (\text{電気回路では}) \Rightarrow \quad \dot{V} = V(\text{実効値}) \angle \theta = \frac{V_m(\text{最大値})}{\sqrt{2}} \angle \theta \qquad (3\cdot17)$$

フェーザは大きさと位相角の情報をもつことになりますが，瞬時値のように角周波数の情報はもっていません．したがって，瞬時値表示からフェーザ表示にすることは簡単ですが，フェーザ表示から瞬時値表示にするためには角周波数が必要となります．

ωが必要

$$v = V_m \sin(\omega t + \theta) \quad \Longleftrightarrow \quad \dot{V} = \frac{V_m}{\sqrt{2}} \angle \theta = V \angle \theta \qquad (3\cdot18)$$

2 フェーザ図

図 3·17 の瞬時波形は図中に示す手順によりフェーザで表示することができます．このフェーザ図を描くと**図 3·18** のようになります．同図では矢印の長さは実効値になり，$\dot{V}_1$ は $\dot{V}_0$ よりも θ_1 位相が進んでいることを，また，$\dot{V}_2$ は $\dot{V}_0$ よりも θ_2 位相が遅れていることを示しています．このような**基準となる $\dot{V}_0$** は**基準フェーザ**と呼びます．

次に，図 3·17 の瞬時波形 v_1 と v_2（対応するフェーザは $\dot{V}_1$ と $\dot{V}_2$）を加えた合成電圧は**図 3·19** のように $v_1 + v_2$（フェーザは $\dot{V}_1 + \dot{V}_2$）の波形になります．ここで注意するのは，**フェーザを加えた $\dot{V}_1 + \dot{V}_2$ の大きさはそれぞれの実効値を単純に加えた値 $V_1 + V_2$ ではない**ということです．フェーザ量とスカ

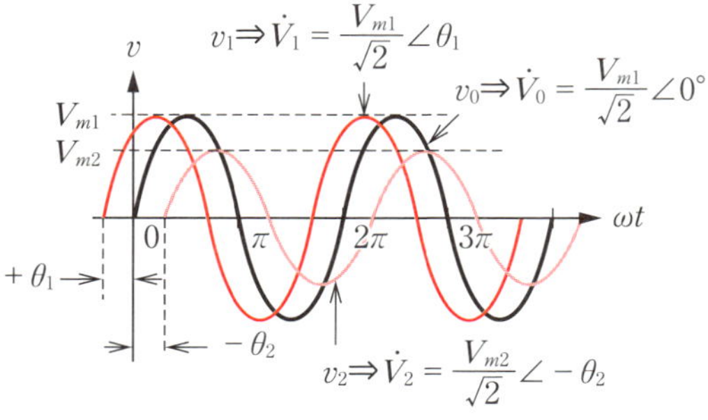

図 3·17 瞬時値のフェーザによる表示

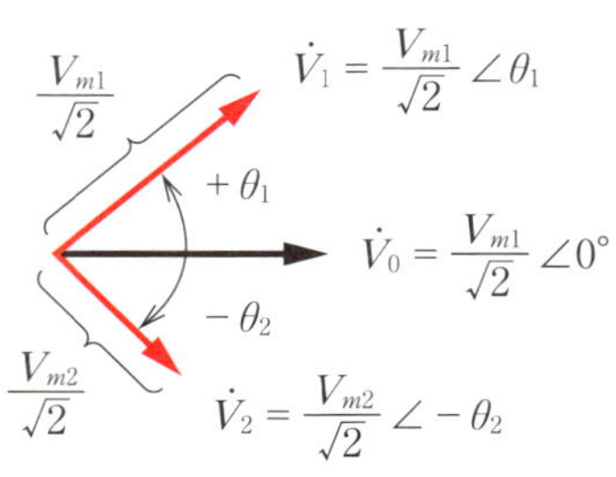

図 3·18 フェーザ図

Q ①$v = 141 \sin(314t + \pi/3)$〔V〕をフェーザ表示すると？
②$\dot{V} = 50 \angle \pi/6$〔V〕（$\omega = 100$ rad/s）を瞬時値表示すると？

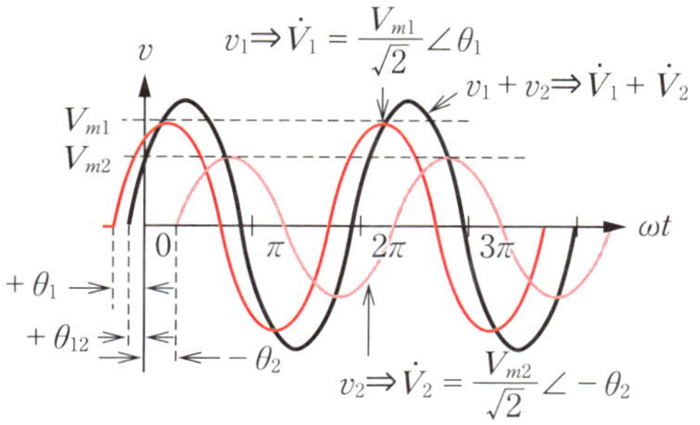

図 3・19 $\dot{V}_1$ と $\dot{V}_2$ の合成

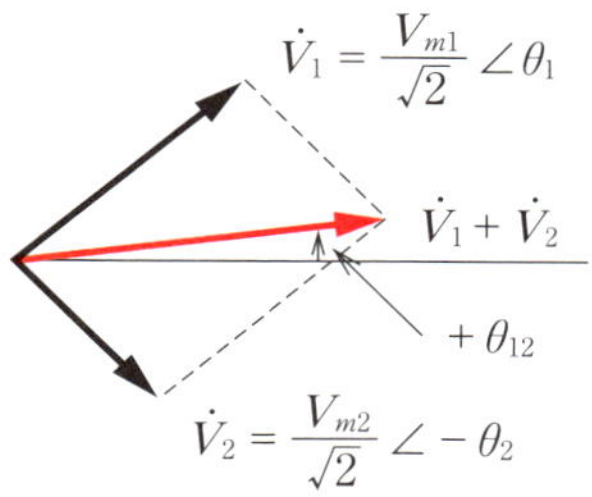

図 3・20 フェーザの合成

ラ量は全く別のものであり，混同して計算することはできません．図 3・19 の波形に対応するフェーザ図は**図 3・20** のようになり，作図で簡単に求めることができます．合成電圧 $\dot{V}_1 + \dot{V}_2$ を数式で求める方法は，例題 1 の補足で説明します．

まとめ

・瞬時値表示とフェーザ表示の変換

$$v = V_m \sin(\omega t + \theta) \iff \dot{V} = V \angle \theta$$

・フェーザ表示の合成

フェーザの合成には位相が含まれます．一般に $\dot{V}_1 + \dot{V}_2 \neq V_1 + V_2$ であることに注意．

例題 1

次の正弦波交流電圧をフェーザにより表示してフェーザ図を描きなさい．さらに $v_1 + v_2$ の合成フェーザ図を作図で示しなさい．

① $v_1 = 100\sqrt{2} \sin\left(\omega t - \frac{\pi}{6}\right)$〔V〕

② $v_2 = 200\sqrt{2} \sin\left(\omega t + \frac{\pi}{3}\right)$〔V〕

A：①$\dot{V} = 141/\sqrt{2} \angle \pi/3 = 100 \angle \pi/3$〔V〕
②$v = 50\sqrt{2} \sin(100t + \pi/6) = 70.7 \sin(100t + \pi/6)$〔V〕

解答　フェーザ表示は実効値表示ですので

①　$\dot{V}_1 = 100\angle -\dfrac{\pi}{6}$，②　$\dot{V}_2 = 200\angle \dfrac{\pi}{3}$

各フェーザと合成フェーザ $\dot{V}_1 + \dot{V}_2$ は，**図 3･21** のようになります．

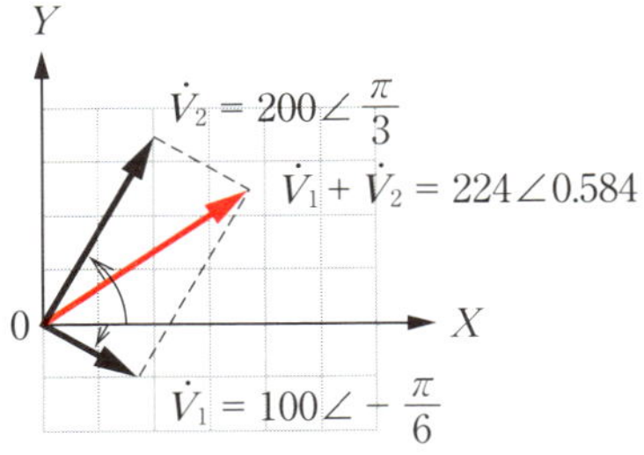

図 3･21 フェーザ図

補 足 ▶

合成フェーザを直交座標系で計算すると，原点 0 からのフェーザ $\dot{V}_1$ と $\dot{V}_2$ の座標（X, Y）は

$$\dot{V}_1 = \left(100\cos\left(-\frac{\pi}{6}\right),\ 100\sin\left(-\frac{\pi}{6}\right)\right) = (86.6,\ -50)$$

$$\dot{V}_2 = \left(200\cos\left(\frac{\pi}{3}\right),\ 200\sin\left(\frac{\pi}{3}\right)\right) = (100,\ 173.2)$$

となります．

したがって，合成フェーザの座標は

$$\dot{V}_1 + \dot{V}_2 = (86.6,\ -50) + (100,\ 173.2) = (186.6,\ 123.2)$$

これをフェーザで表すと

$$\dot{V}_1 + \dot{V}_2 = \sqrt{186.6^2 + 123.3^2}\angle\tan^{-1}\left(\frac{123.2}{186.6}\right) = 224\angle 33.4^\circ$$

$$= 224\angle 0.584\ \text{〔V〕}$$

フェーザ図を描くときは〔°〕で表す方がわかりやすいです

ラジアンで表すとこのようになります

三角関数の合成については 3-5 節交流回路の複素計算で説明します．

補足➡フェーザの合成を数値で求めるためには直交座標表示に直して計算する必要があります．

3-4 交流基本回路

キーポイント

電気回路の交流で使用する素子は，抵抗以外にインダクタとキャパシタです．これらを扱うためには，正弦波交流を表す sin と cos の微分と積分だけはしっかりとマスターしてください．

$$\int \sin\theta d\theta = -\cos\theta, \quad \int \cos\theta d\theta = \sin\theta,$$

$$(\sin\theta)' = \frac{d}{d\theta}\sin\theta = \cos\theta,$$

$$(\cos\theta)' = \frac{d}{d\theta}\cos\theta = -\sin\theta$$

なんか，面倒くさい！ と思わないで，実は簡単なこと！ 微分や積分で正弦波が $\pi/2$ だけ左か右に移動しているだけなのです．

1 抵抗のみの回路

図 3・22 の回路に示すように抵抗 R に $v = V_m \sin\omega t$ を加えると，回路に流れる電流 i は以下のようになります．

$$i = \frac{v}{R} = \frac{V_m \sin\omega t}{R} = \frac{V_m}{R}\sin\omega t \qquad (3 \cdot 19)$$

したがって，**図 3・23** の波形からわかるように**抵抗 R に正弦波電圧を印加しても電流と電圧に位相差はありません**．これを**同相**といい，フェーザ図は**図 3・24** のようになります．

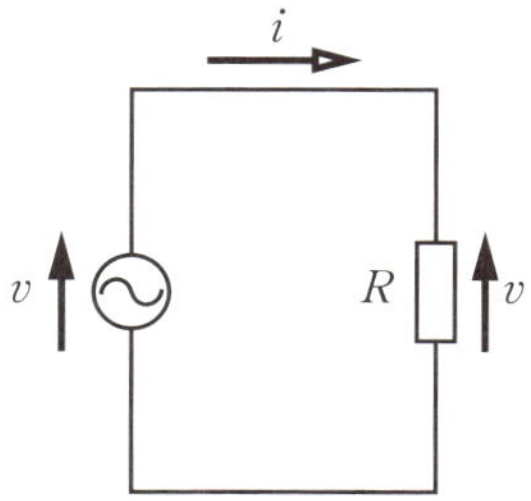

図 3・22 抵抗のみの回路

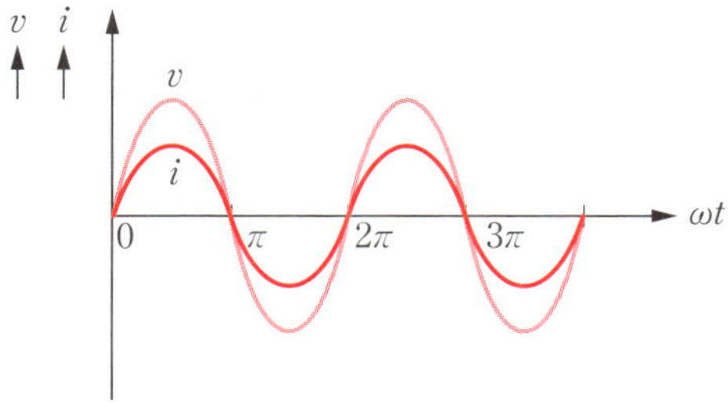

図 3・23 抵抗 R における電圧波形と電流波形

図 3・24 フェーザ図

補足⇒積分定数は？ たとえば積分定数が存在すると，電流は純粋に脈動するにもかかわらず，直流分が存在することになってしまいます．実際には直流分はありませんので，回路で扱う定常状態（十分に時間経過した状態）の計算では積分定数は使わないと考えた方がよいでしょう．

電流の実効値は $V=\dfrac{V_m}{\sqrt{2}}$ とすると，$I=\dfrac{V}{R}$ となります．

2 インダクタのみの回路

図 3･25 の回路に示すようにインダクタンス L をもつインダクタに $v=V_m \sin \omega t$ を加えると，L に電流 i が流れることによって電源と平衡を保つように電圧 v が誘導されます．

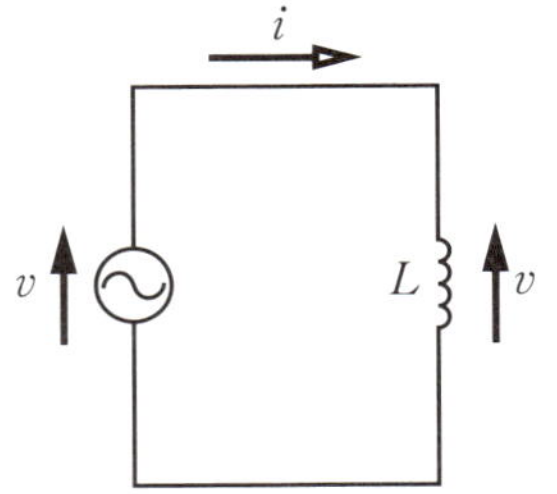

図 3･25■インダクタのみの回路

$$v=L\frac{di}{dt}$$

すなわち

$$V_m \sin \omega t = L\frac{di}{dt}$$

$\int L\frac{di}{dt}dt$

$$\int V_m \sin \omega t dt = -\frac{V_m}{\omega}\cos \omega t dt = \int L di = iL$$

位相が $\frac{\pi}{2}$ 遅れます

$$i=-\frac{V_m}{\omega L}\cos \omega t = \frac{V_m}{\omega L}\sin\left(\omega t-\frac{\pi}{2}\right) \tag{3･20}$$

これより，**インダクタンス L に正弦波電圧を印加すると**，**図 3･26** のように**電圧に対して電流は位相が $\pi/2$ 遅れ**，フェーザ図は**図 3･27** のようになります．また，このとき電流の実効値は

$$I=\frac{V_m}{\omega L\sqrt{2}}=\frac{V}{\omega L} \tag{3･21}$$

ここで，オームの法則で抵抗 R に相当する部分の ωL をリアクタンス，特に**誘導リアクタンス**と呼び X_L と記します．単位は〔Ω〕になります．

$$X_L=\omega L=2\pi f L \text{〔Ω〕} \tag{3･22}$$

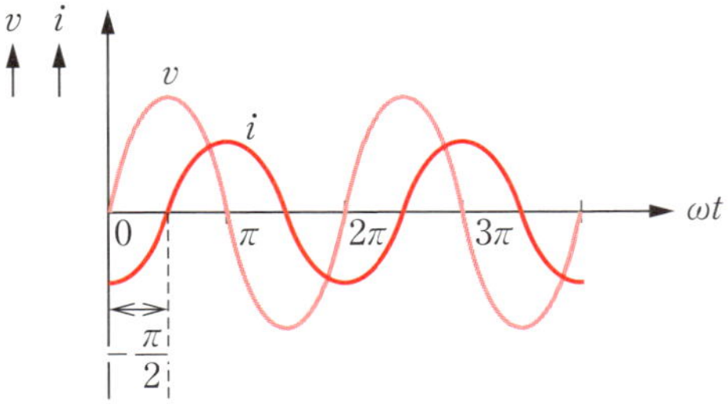

図 3･26■インダクタ L における電圧波形と電流波形

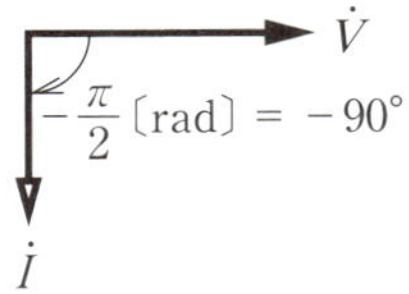

図 3･27■フェーザ図

補足➡ $-\cos \omega t=\sin(\omega t-\pi/2)$ は $\sin \omega t$ を右に $\pi/2$ ずらすと $-\cos \omega t$ になることを示しています．

角周波数 ω が小さくなると $X_L=0\ \Omega$ に近づき，ω が大きくなると $X_L=\infty\ \Omega$ に近づきます．

インダクタの重要な特性です

3 キャパシタのみの回路

図 3・28 の回路に示すようにキャパシタンス C をもつキャパシタに $v=V_m\sin\omega t$ を加えると，C に電流 i が流れることによって蓄えられる電荷 q は

$$q=Cv=CV_m\sin\omega t$$

なので電流 i は

$$i=\frac{dq}{dt}=C\frac{dv}{dt}$$

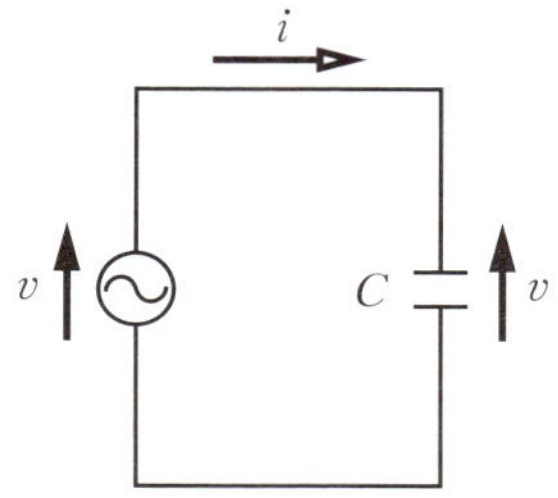

図 3・28■キャパシタのみの回路図

すなわち

位相が $\frac{\pi}{2}$ 進みます

$$i=C\frac{d}{dt}V_m\sin\omega t=V_m\omega C\cos\omega t=V_m\omega C\sin\left(\omega t+\frac{\pi}{2}\right) \tag{3・23}$$

これより，キャパシタンス C に正弦波電圧を印加すると，**図 3・29** のように電圧に対して電流は位相が $\pi/2$ 進み，フェーザ図は**図 3・30** のようになります．また，このとき電流の実効値は

$$I=\frac{\omega CV_m}{\sqrt{2}}=\omega CV=\frac{V}{\dfrac{1}{\omega C}} \tag{3・24}$$

ここで，オームの法則の R に相当する部分 $\dfrac{1}{\omega C}$ をリアクタンス，特に容量リアクタンスと呼び X_C と記します．単位は〔Ω〕になります．

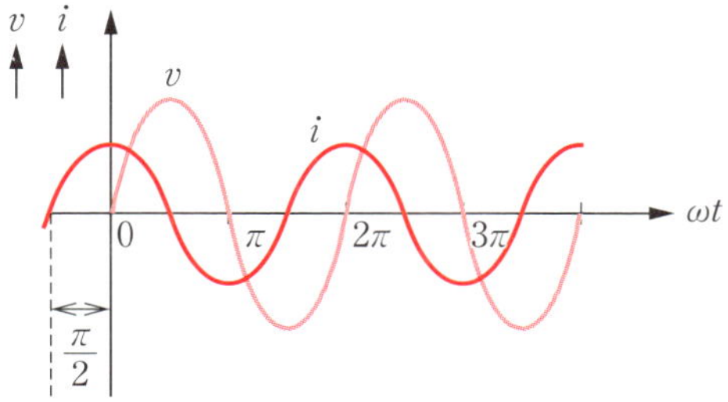

図 3・29■キャパシタ C における電圧波形と電流波形

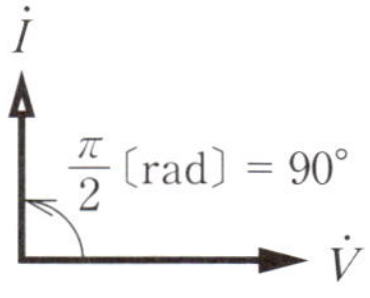

図 3・30■フェーザ図

補足➡ $\cos\omega t=\sin(\omega t+\pi/2)$ は $\sin\omega t$ を左に $\pi/2$ ずらすと $\cos\omega t$ になることを示しています．

$$X_C = \frac{1}{\omega C} = \frac{1}{2\pi f C} \text{〔}\Omega\text{〕} \tag{3·25}$$

角周波数 ω が大きくなると $X_C = 0\ \Omega$ に近づき，ω が小さくなると $X_C = \infty\ \Omega$ に近づきます．

キャパシタの重要な特性です

4 RLC 直列回路

図 3·31 のように，前述したそれぞれの素子 R, L, C を電源に直列に接続すると，電圧方程式は次のように求められます．

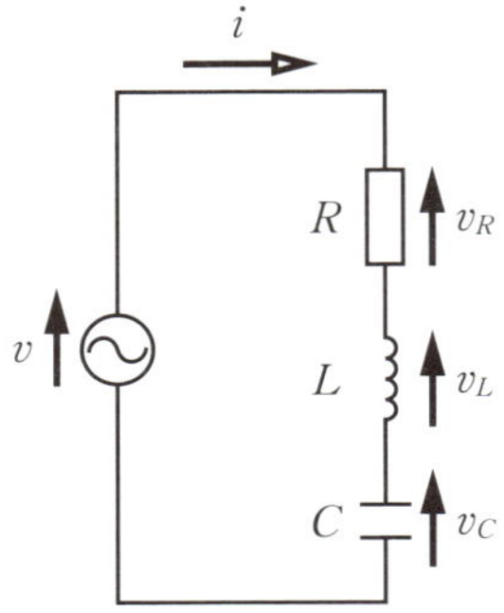

図 3·31 RLC 直列回路

抵抗について

$$v_R = Ri$$

インダクタンス L について

$$v_L = L\frac{di}{dt}$$

キャパシタンス C については，電流が

$$i = C\frac{dv_C}{dt}$$

で表されるので

$$v_C = \frac{1}{C}\int idt$$

となります．したがって

$$v = v_R + v_L + v_C = Ri + L\frac{di}{dt} + \frac{1}{C}\int idt \tag{3·26}$$

ここで，電流 $i = I_m \sin\omega t$ とすると

$$\begin{aligned} v &= RI_m \sin\omega t + L\frac{d}{dt}I_m \sin\omega t + \frac{1}{C}\int I_m \sin\omega t dt \\ &= RI_m \sin\omega t + \omega L I_m \cos\omega t - \frac{I_m}{\omega C}\cos\omega t \\ &= RI_m \sin\omega t + I_m\left(\omega L - \frac{1}{\omega C}\right)\cos\omega t \end{aligned} \tag{3·27}$$

図 3·32 のような方法で三角関数 sin と cos を合成すると

$$v = I_m\sqrt{R^2 + \left(\omega L - \frac{1}{\omega C}\right)^2}\sin(\omega t + \theta) \tag{3·28}$$

補足➡ sin と cos の合成は三角関数の加法定理に基づきます．
$\sin(\alpha \pm \beta) = \sin\alpha\cos\beta \pm \cos\alpha\sin\beta$

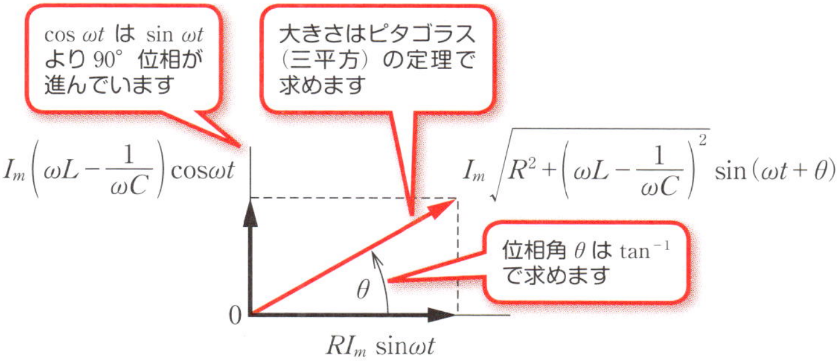

図 3・32▒三角関数 sin と cos の合成方法

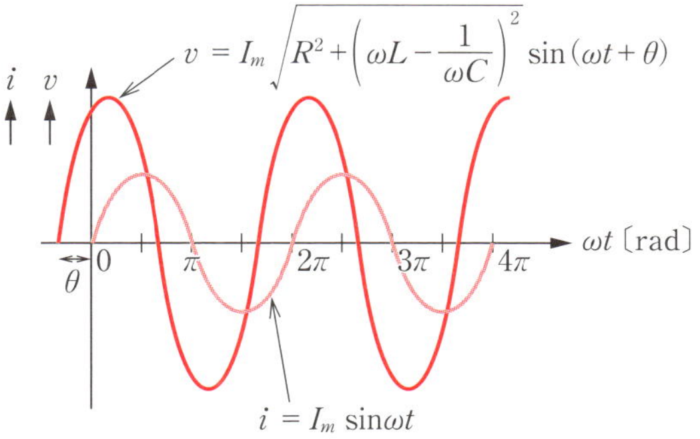

図 3・33▒*RLC* 直列回路の電流・電圧波形

電圧と電流の波形は**図 3・33** のようになり，電流に対する電圧の位相角は

$$\theta=\tan^{-1}\left(\frac{\omega L-\dfrac{1}{\omega C}}{R}\right)\ \text{〔rad〕} \qquad (3\cdot29)$$

ここで，θ の極性は $\omega L-\frac{1}{\omega C}$ の正負で決まります．$\omega L-\frac{1}{\omega C}>0$ なら**電圧より電流が遅れる**ことになります（**誘導性**）．$\omega L-\frac{1}{\omega C}<0$ なら**電圧より電流が進む**ことになります（**容量性**）．$\omega L-\frac{1}{\omega C}=0$ であれば電圧と電流が同相となります．すなわち，電圧と電流の位相は，インダクタンス L，キャパシタンス C，角周波数 ω によって変化することがわかります．

式(3・28)より，電源電圧の最大値は

補足➡$A=\tan\theta$ から θ を求めるとき $\theta=\tan^{-1}(A)$ とします．$\tan^{-1}$ はアークタンジェントと呼びます．電卓のどの位置にあるか確認してください．

$$V_m = I_m\sqrt{R^2+\left(\omega L-\frac{1}{\omega C}\right)^2} \tag{3·30}$$

$$Z = \frac{V_m}{I_m} = \frac{V}{I} = \sqrt{R^2+\left(\omega L-\frac{1}{\omega C}\right)^2} \tag{3·31}$$

ここで Z は RLC 直列回路のインピーダンスと呼び，電圧と電流の比となります．単位は〔Ω〕です．

まとめ

・抵抗に正弦波電圧を加えると電圧と電流は同相．

・インダクタに正弦波電圧を加えると電圧より電流が $\pi/2$ 遅れます．

・キャパシタに正弦波電圧を加えると電圧より電流が $\pi/2$ 進みます．

・RLC 直列回路のインピーダンス Z と位相角 θ は

$$Z = \sqrt{R^2+\left(\omega L-\frac{1}{\omega C}\right)^2} \quad 〔\Omega〕$$

$$\theta = \tan^{-1}\left(\frac{\omega L-\frac{1}{\omega C}}{R}\right) \quad 〔\mathrm{rad}〕$$

このとき，電圧と電流の関係は

$\omega L > \frac{1}{\omega C}$ の場合，電流の位相は電圧より遅れます（誘導性）．

$\omega L < \frac{1}{\omega C}$ の場合，電流の位相は電圧より進みます（容量性）．

$\omega L = \frac{1}{\omega C}$ の場合，電流の位相は電圧と同相となります．

例題 1

図 3・34 の RL 直列回路に流れる電流が $i=5\sin 100\pi t$ であるとき，電源電圧 e を求めなさい．

（ヒント）　式(3・26)を参考にしてみましょう．

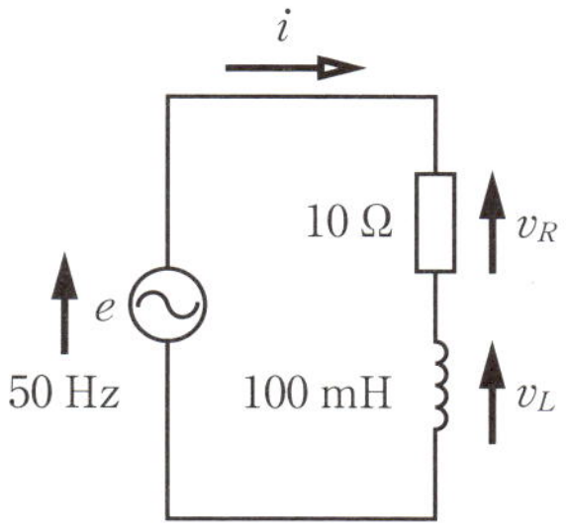

図 3・34■RL 直列回路

解答

$$e=v_R+v_L=Ri+L\frac{di}{dt}=RI_m\sin\omega t+L\frac{d}{dt}I_m\sin\omega t$$

$$=RI_m\sin\omega t+\omega LI_m\cos\omega t=I_m\sqrt{R^2+(\omega L)^2}\sin(\omega t+\theta)$$

$$\theta=\tan^{-1}\left(\frac{\omega L}{R}\right)$$

数値を代入して計算します．

$$e=I_m\sqrt{R^2+(\omega L)^2}\sin(\omega t+\theta)$$

$$=5\sqrt{10^2+(100\pi\times 100\times 10^{-3})^2}\sin(100\pi t+\theta)=165\sin(100\pi t+\theta)$$

$$\theta=\tan^{-1}\left(\frac{\omega L}{R}\right)=\tan^{-1}\left(\frac{100\pi\times 100\times 10^{-3}}{10}\right)=1.26\text{rad}=72.3°$$

$$e=165\sin(100\pi t+1.26)$$

電源電圧の実効値は 116.7 V で，電流は電圧より 1.26 rad 遅れています．

3-5 交流回路の複素計算

キーポイント

ついに出た．電気回路の最終兵器！

交流回路での複素数“j”は魔法の道具です．これを理解すれば鬼に“j”，いや金棒！微分や積分をせずに，回路計算がぐっと楽に，ぐっと楽しく？なります．

ここでは，“j”のもつ意味を理解してください（“j”は数学で学んだ“i”に相当します）．

1 正弦波の微積分と複素平面の関係

（1） 複素数表示

複素数を使うと sin の微分と積分を行う必要がなくなります．3-4 節で説明したように，正弦波の微分や積分は位相が $\pi/2$ だけ正または負に移動すること，すなわち基準波形に対して“進む”か“遅れる”ことです．例えば，位相角 0 の $\sin\theta$ に対して，$\cos\theta$ は $\sin\theta$ から見ると位相が $\pi/2$ 進んでいます．

すなわち，$\sin\theta$ を微分すると $\cos\theta$ になり，これをフェーザで考えると**図 3・35** のような $\pi/2$ の左回転となります．さらに図に示すように，$\cos\theta$ を微分すると $-\sin\theta$ になります．

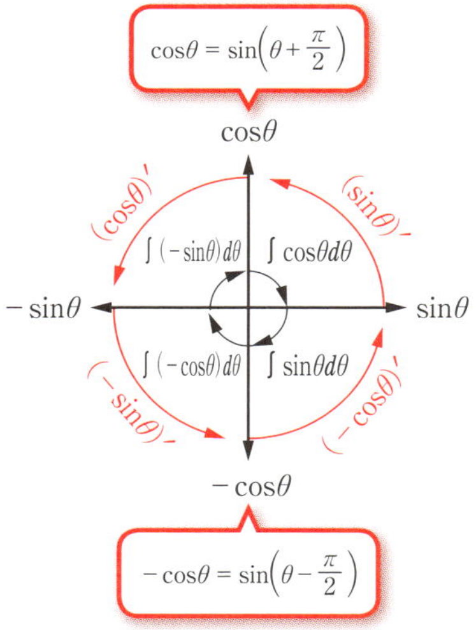

図 3・35 正弦波の微分・積分

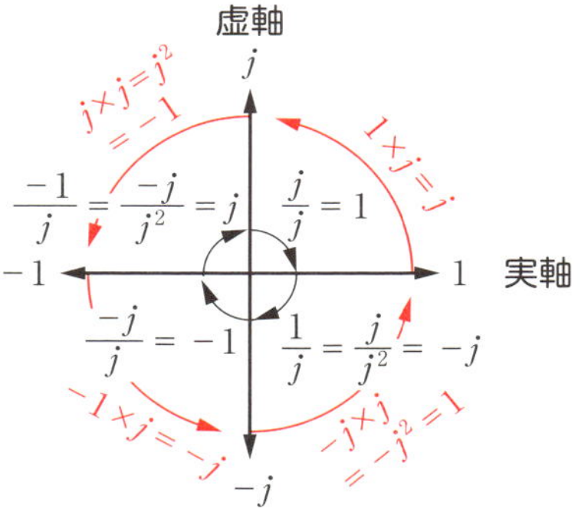

図 3・36 複素平面におけるフェーザの回転

補足⇒電気回路では虚数単位“i”を電流記号の“i”と混同しないように，“i”の代わりに“j”を用います．

一方，sin θ を積分すると，今度は $-\cos\theta$ となりフェーザは $\pi/2$ だけ右回転し，さらに $-\cos\theta$ を積分すると $-\sin\theta$ となり $\pi/2$ 右回転します．このように，正弦波の微分・積分は位相を $\pi/2$ ずらすことにほかなりません．

さて，ここで**図 3·36** の複素平面のフェーザについて考えてみましょう．

実数の 1 を示すフェーザに j を掛けると j になり，さらに j を掛けると j^2，すなわち -1 になり，フェーザは左回転することがわかります．一方，実数 1 を j で割ると $1/j$，すなわち $-j$ になりフェーザは $\pi/2$ 右回転します．さらに，j で割ると $-j/j$ で -1 になります．

ここで重要なことは，正弦波の微分・積分と同じように，j の掛け算・割り算によってもフェーザの回転を行うことができるということです．すなわち，j の掛け算は微分と同じ役割をし，j で割ることにより積分と同じ役割するので

$$\frac{d}{dt} \Rightarrow j\omega, \qquad \int dt \Rightarrow \frac{1}{j\omega} \tag{3·32}$$

のように対応させることができます．

(2) 複素数表示とフェーザ図

複素平面においてフェーザ $\dot{A}=a+jb$ を描くと，**図 3·37** のようになります．ここで，$\dot{A}$ に j を掛けたものを $\dot{B}$ とすると

$$\dot{B}=j\dot{A}=ja+j^2b=-b+ja \tag{3·33}$$

となり，$\pi/2$ だけ左に回転します．同様に，$\dot{A}$ を j で割ったものを $\dot{C}$ とすると

$$\dot{C}=\frac{\dot{A}}{j}=-j\dot{A}=b-ja \tag{3·34}$$

となり，$\pi/2$ だけ右に回転します．

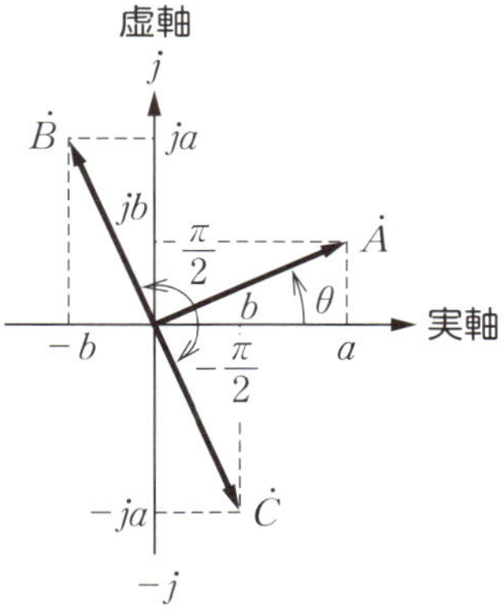

図 3·37 複素数表示とフェーザ図

また，フェーザ $\dot{A}$ の長さは，実効値に相当し

$$A=|\dot{A}|=|a+jb|=\sqrt{(a+jb)(a-jb)}$$
$$=\sqrt{a^2+b^2} \tag{3·35}$$

共役の複素数を掛けると，ピタゴラス（三平方）の定理と同じように大きさが求められます

フェーザ $\dot{A}$ のなす角度 θ は位相角に相当し

$$\theta=\tan^{-1}\left(\frac{b}{a}\right) \tag{3·36}$$

となります．以上の関係から複素数表示と極座標表示を次のように相互変換することができます．

補足➡複素平面は実軸（real axis）と虚軸（imaginary axis）で構成されます．
補足➡極座標とは原点 O と半直線 OX を基準とし任意の点 P の位置を O からの距離と角度 θ で表すものです．

$$\dot{A} = a + jb = \sqrt{a^2+b^2}\angle\tan^{-1}\left(\frac{b}{a}\right) = A\angle\theta$$

$$\dot{A} = A\angle\theta = \sqrt{a^2+b^2}(\cos\theta + j\sin\theta) = a + jb \qquad (3\cdot37)$$

重要な変換です．図 3·37 のフェーザ図で理解しましょう

また，オイラーの公式

$$\varepsilon^{\pm j\theta} = \cos\theta \pm j\sin\theta$$

を使って，指数関数の極座標表示として

$$\dot{A} = A\angle\theta = \sqrt{a^2+b^2}(\cos\theta + j\sin\theta) = \sqrt{a^2+b^2}\,\varepsilon^{j\theta} = A\varepsilon^{j\theta} \qquad (3\cdot38)$$

と表すこともできます．

2 複素数表示による交流基本回路の計算

(1) 抵抗のみの回路

3-4-1 項での説明と同様に，抵抗は電源の周波数によらず一定ですので，電圧と電流の位相は同相になります．

式の中に j はありません

$$v = Ri \quad \Rightarrow \quad \dot{V} = R\dot{I}_R,\ \dot{I}_R = \frac{\dot{V}}{R} \qquad (3\cdot39)$$

(2) インダクタのみの回路

図 3·38 の回路における電圧と電流の関係は，式(3·32)から複素数表示によって式(3·40)のように表されます．

$$v = L\frac{di}{dt} \Rightarrow \dot{V} = j\omega L\dot{I}_L = jX_L\dot{I}_L$$

$$\dot{I}_L = \frac{\dot{V}}{j\omega L} = -j\frac{\dot{V}}{\omega L} = -j\frac{\dot{V}}{X_L} \qquad (3\cdot40)$$

ここで，X_L はインダクタの誘導リアクタンスです．この複素数表示からフェーザ図を描くと，**図 3·39** のように電源電圧 $\dot{V}$ に対して電流 $\dot{I}_L$ は位相が

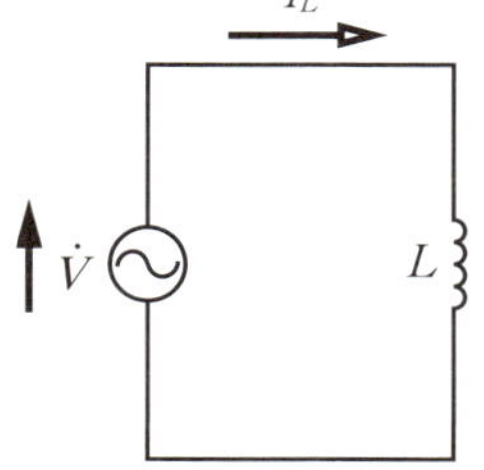

図 3·38■インダクタのみの回路

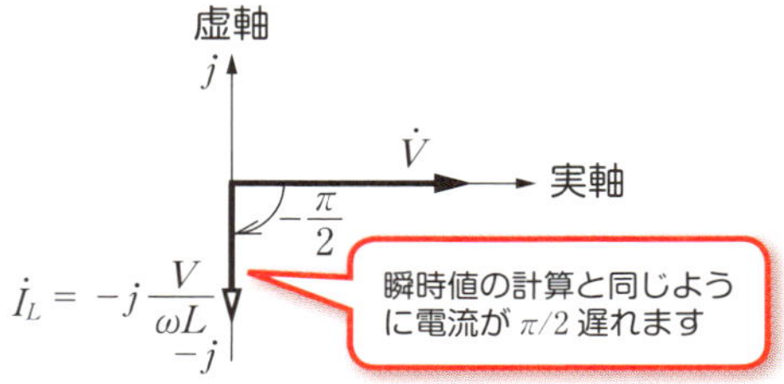

図 3·39■インダクタのみの回路のフェーザ図

補足⇒指数関数で表示した場合，割り算や掛け算の計算が簡単になります．

$\pi/2$ 遅れています．3-4-2 項に示した瞬時値による計算と比較してください．

（3） キャパシタのみの回路

図 3･40 の回路における電圧と電流の関係は，式(3･32)から複素数表示によって次式のように表されます．

$$v_C=\frac{1}{C}\int idt \Rightarrow \dot{V}=\frac{1}{j\omega C}\dot{I}_C=-j\frac{1}{\omega C}\dot{I}_C=-jX_C\dot{I}_C$$

$$\dot{I}_C=j\omega C\dot{V}=j\frac{1}{X_C}\dot{V} \qquad (3･41)$$

ここで，X_C はキャパシタの容量リアクタンスです．この複素数表示からフェーザ図を描くと，**図 3･41** のように電源電圧 $\dot{V}$ に対して電流 $\dot{I}_C$ は位相が $\pi/2$ 進んでいます．3-4-3 項に示した瞬時値による計算と比較してください．

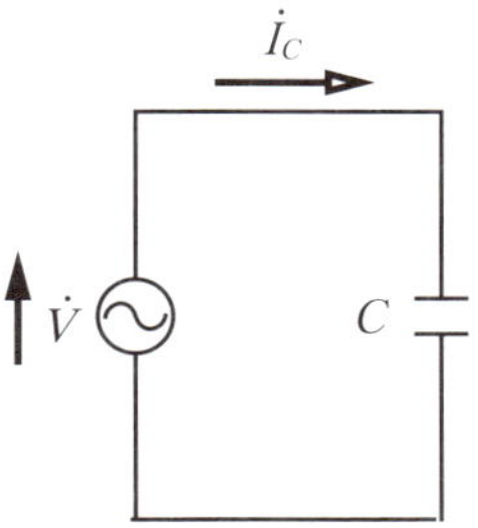

図 3･40▩キャパシタのみの回路

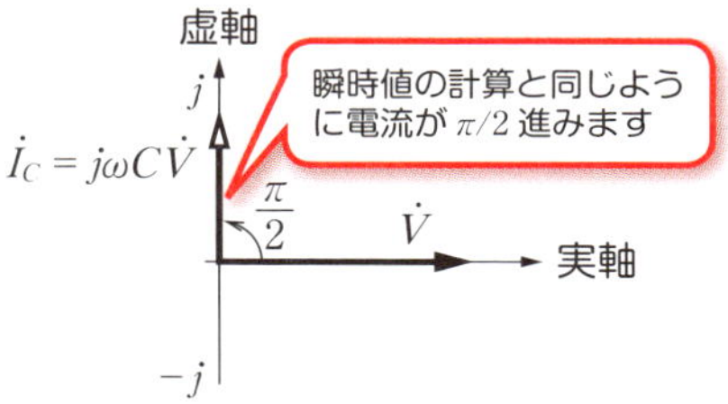

図 3･41▩キャパシタのみの回路のフェーザ図

（4） *RLC* 直列回路の合成インピーダンス

図 3･42 のような *RLC* 直列回路の複素数表示は前述した(1)から(3)を直列接続すれば求められます．したがって，*RLC* 直列回路の合成インピーダンス $\dot{Z}$ は

$$\dot{Z}=\dot{Z}_R+\dot{Z}_L+\dot{Z}_C$$

$$=R+j\omega L+\frac{1}{j\omega C}=R+j\omega L-j\frac{1}{\omega C}$$

$$=R+j\left(\omega L-\frac{1}{\omega C}\right)〔\Omega〕 \qquad (3･42)$$

詳細は次章としますが，交流回路を理解するうえで重要な式です．

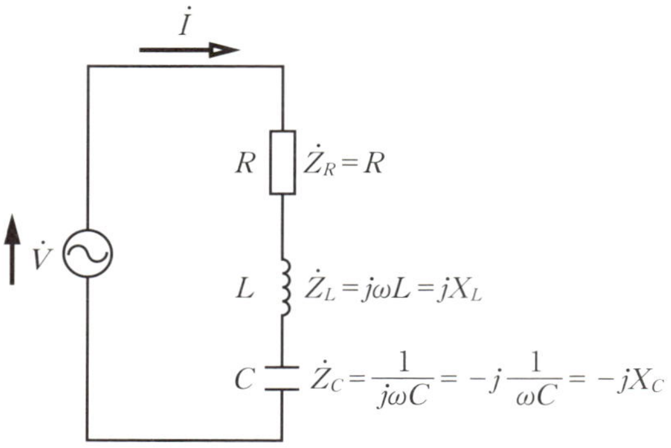

図 3·42■RLC 直列回路の合成インピーダンス

まとめ

・正弦波の瞬時値の微積分と複素数表示の関係

$$\frac{d}{dt} \Rightarrow j\omega, \quad \int dt \Rightarrow \frac{1}{j\omega}$$

・複素数表示

フェーザ表示と同様に文字記号にドットを付け $\dot{A}$ のように表します．実効値はスカラ量であるためドットを付けず A または絶対値記号を付けて $|\dot{A}|$, $|a+jb|$ のように表します．

・複素数表示とフェーザ表示の変換

$$\dot{A} = a + jb = A(\cos\theta + j\sin\theta) \quad \Leftrightarrow \quad \dot{A} = A\angle\theta = A\varepsilon^{j\theta}$$

・インダクタの誘導リアクタンス X_L とインピーダンス $\dot{Z}_L$

$$X_L = \omega L\ 〔\Omega〕, \quad \dot{Z}_L = j\omega L = jX_L\ 〔\Omega〕$$

・キャパシタの容量リアクタンス X_C とインピーダンス $\dot{Z}_C$

$$X_C = \frac{1}{\omega C}\ 〔\Omega〕, \quad \dot{Z}_C = \frac{1}{j\omega C} = -j\frac{1}{\omega C} = -jX_C\ 〔\Omega〕$$

例題 1

(1)　次の複素数の計算をしなさい．

① $10 + j20 + 20 - j50$　② $(2 - j3) \times (4 + j8)$　③ $(26 + j7)/(3 - j4)$

(2) 次のインピーダンスの複素数表示はフェーザ表示に，フェーザ表示は複素数表示に変換しなさい．

① $\dot{Z}=10+j20$　② $\dot{Z}=40-j40$　③ $\dot{Z}=100\angle\dfrac{\pi}{4}$　④ $\dot{Z}=50\varepsilon^{-j\frac{\pi}{3}}$

(3) 電圧 $\dot{V}=100$ V をインピーダンス $\dot{Z}=4-j8$〔Ω〕の回路に加えたとき，流れる電流 $\dot{I}$ を求め，フェーザ図を描きなさい．

(4) 周波数 50 Hz，キャパシタンス 10 μF の容量リアクタンス X_C を求めなさい．

解答　(1) 複素数の基本的計算をマスターしましょう．

① $10+j20+20-j50=(10+20)+(j20-j50)=30-j30$

② $(2-j3)\times(4+j8)=4(2-j3)+j8(2-j3)=8-j12+j16+24=32+j4$

③ $\dfrac{26+j7}{3-j4}=\dfrac{(26+j7)(3+j4)}{(3-j4)(3+j4)}=\dfrac{50+j125}{9+16}=2+j5$

(2) フェーザ図を描いて考えてみましょう（**図 3・43**）．

① $\dot{Z}=10+j20=\sqrt{10^2+20^2}\angle\tan^{-1}\left(\dfrac{20}{10}\right)$

$=22.4\angle1.11=22.4\angle63.4°$

② $\dot{Z}=40-j40=\sqrt{40^2+40^2}\angle\tan^{-1}\left(-\dfrac{40}{40}\right)$

$=56.6\angle-0.785=56.6\angle-45°$

③ $\dot{Z}=100\angle\dfrac{\pi}{4}=100\left(\cos\left(\dfrac{\pi}{4}\right)+j\sin\left(\dfrac{\pi}{4}\right)\right)=70.7+j70.7$

④ $\dot{Z}=50\varepsilon^{-j\frac{\pi}{3}}=50\left(\cos\left(-\dfrac{\pi}{3}\right)+j\sin\left(-\dfrac{\pi}{3}\right)\right)=25-j43.3$

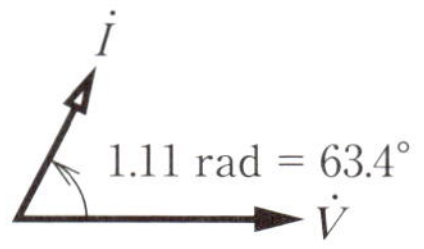

図 3・43■問題 (3) のフェーザ図

(3) オームの法則に基づき計算するだけです．

$$\dot{V}=\dot{I}\dot{Z}\quad\Rightarrow\quad\dot{I}=\frac{\dot{V}}{\dot{Z}}=\frac{100}{4-j8}=\frac{100(4+j8)}{(4-j8)(4+j8)}=\frac{100(4+j8)}{16+64}$$

$$=1.25(4+j8)=5+j10=11.2\angle1.11=11.2\angle63.4°\text{〔A〕}$$

電流の実効値は 11.2 A，位相は電圧より 63.4° 進みます．

(4) $X_C=\dfrac{1}{\omega C}=\dfrac{1}{2\pi\times50\times10\times10^{-6}}=318\ \Omega$

練習問題

① 次の文章の□に当てはまる語句を入れなさい．　易☆☆☆難

(1) 日本の家庭用コンセントの電圧は，実効値で□，最大値は□，である．また，周波数は西日本で□，東日本では□である．

(2) 瞬時値 $v=282.8\sin 628t$〔V〕の最大値 V_m は□，実効値 V は□，周波数 $f=$□で，その周期 $T=$□となる．

(3) **図 3・44** の電圧フェーザを複素数表示すると $\dot{V}=$□となり，この電圧を負荷インピーダンス $\dot{Z}=1.0-j2.0$〔Ω〕に加えると実効値電流 $I=$□が流れる．

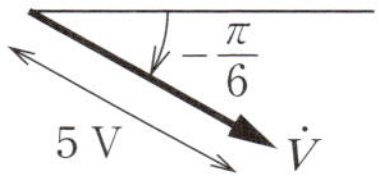

図 3・44

② **図 3・45** で示したのこぎり波の平均値 V_a と実効値 V を求めなさい．　易☆☆☆難

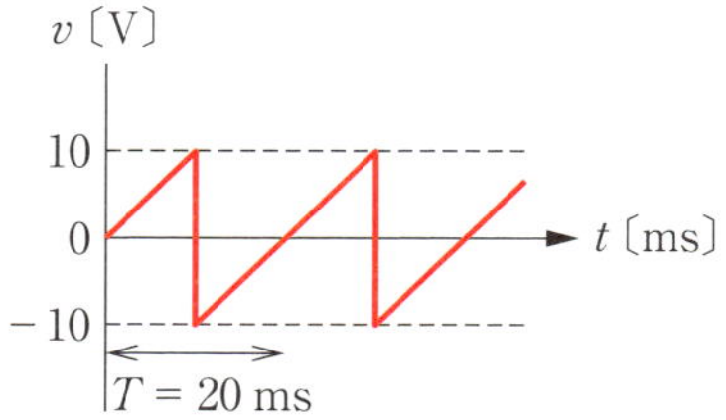

図 3・45

③ **図 3・46** で示した RC 並列回路に瞬時値 $v=200\sin(1\,000t)$〔V〕を印加した．このときの電流 i を瞬時値で表しなさい．　易☆☆☆難

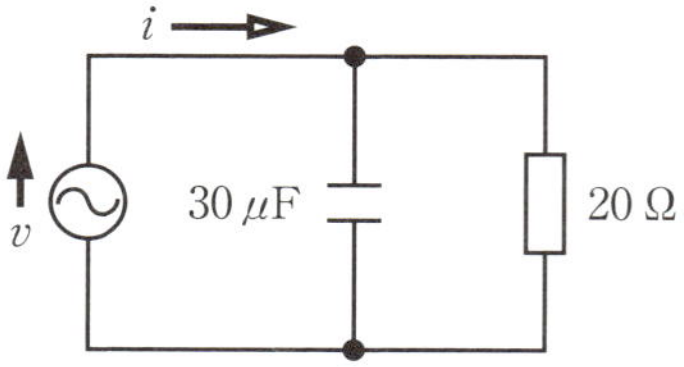

図 3・46

④ インダクタンスが2 mHのインダクタに5 kHzの正弦波交流を加えたときの誘導リアクタンスX_Lを求めなさい。 易☆☆☆難

⑤ 抵抗10 Ω，インダクタンス200 mH，キャパシタンス200 μFのRLC直列回路に50 Hzの正弦波交流を加えたときのインピーダンス$\dot{Z}$を求めなさい。 易☆☆☆難

⑥ **図3・47**で示した回路のインピーダンス$\dot{Z}$と位相角θを求めなさい。ただし，角周波数はωとします。 易☆☆☆難

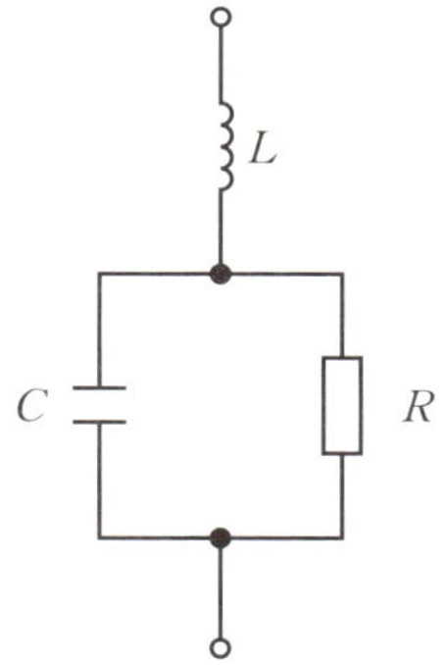

図3・47

⑦ **図3・48**で示した回路のインピーダンス$\dot{Z}$と位相角θを求めなさい。 易☆☆☆難

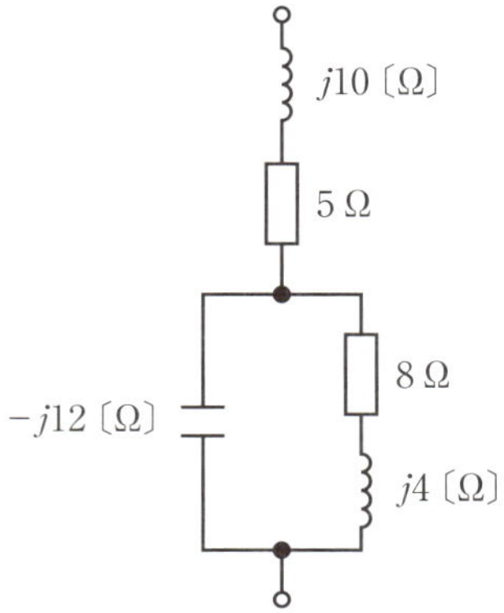

図3・48

Date　・　・

4章

交　流　回　路

4-1　交流回路とは

4-2　周波数特性と共振回路

4-3　交流回路における各種定理の適用

本章では，交流回路の電源の電圧や電流はもちろん，各素子における電圧や電流などの計算を行います．前章で学んだ抵抗，インダクタ，キャパシタを含んだ *RLC* からなる直列・並列回路が基本となりますので，それぞれの素子単体での動作が重要なポイントです．*RLC* 直列・並列回路の特徴を学ぶ際には電圧と電流の位相が鍵となり，それを理解するうえでフェーザが重要な役割を果たします．回路計算には“j”を用いますので，その使い方をもう一度復習しておいてください．

次に *RLC* 直列・並列回路の特殊な状態である共振現象について学びます．共振現象は私たちの身の回りの回路で実際に利用されており，ラジオの受信機の原理にもなっています．共振状態における回路の電圧，電流，位相の相互関係を理解しましょう．

交流回路は発電所から工場や会社，そして私たちの家庭までをつなぐエネルギー伝達のための手段でもあります．電気回路を学ぶうえでの重要な部分ですので，しっかりと理解してください．

4-1 交流回路とは

キーポイント

j を用いた複素数を学んだら，交流回路に怖いものなし！ j と位相 θ の切っても切れない関係．

複素表示で表される数値の実数部と虚数部の意味やさまざまな条件を満たすための j の役割，j のココロ！これを理解すれば回路は完璧！

1 *RLC* 直列回路

図 4·1 のような *RLC* 直列回路において，電圧について方程式を作ると

$$\dot{V}=\dot{V}_R+\dot{V}_L+\dot{V}_C=R\dot{I}+j\omega L\dot{I}+\frac{\dot{I}}{j\omega C}$$

$$=\left(R+j\left(\omega L-\frac{1}{\omega C}\right)\right)\dot{I}$$

$$=\dot{Z}\dot{I}\ \text{〔V〕} \qquad (4\cdot 1)$$

が成立します．ここでインピーダンス $\dot{Z}$ は

$$\dot{Z}=R+j\left(\omega L-\frac{1}{\omega C}\right)$$

$$=R+j(X_L-X_C)$$

$$=R+jX=Z\angle\theta\ \text{〔Ω〕} \qquad (4\cdot 2)$$

ただし，X は誘導リアクタンスと容量リアクタンスの合成リアクタンスです．

インピーダンスの大きさは

$$Z=\sqrt{R^2+\left(\omega L-\frac{1}{\omega C}\right)^2}\ \text{〔Ω〕} \qquad (4\cdot 3)$$

となります．式(4·2)の $\dot{Z}$ が電圧に対する電流の位相の進みや遅れを決めることになります．インピーダンス $\dot{Z}$ を複素平面上に表現すれば，**図 4·2** のようになります．まず，j の付いた虚数部について考えると，インダクタンスの大きさにより決まる $j\omega L$ **は上向きの矢印**，キャ

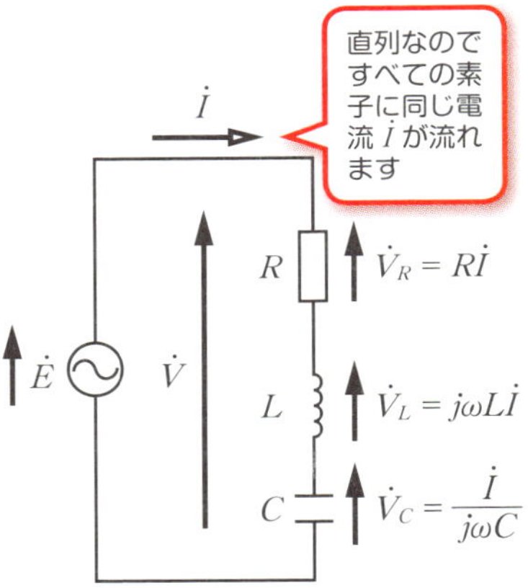

図 4·1 *RLC* 直列回路

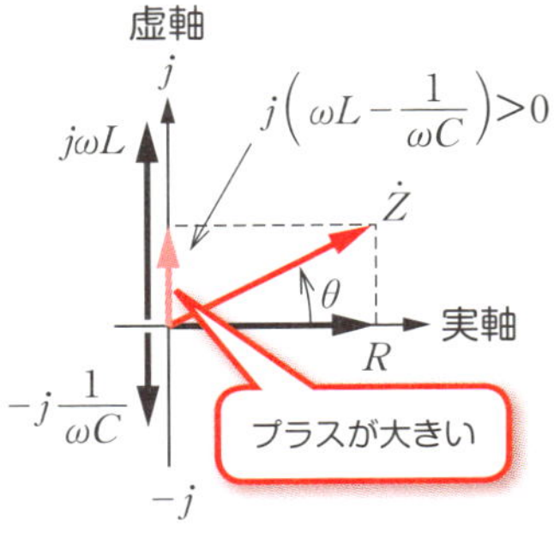

図 4·2 *RLC* 直列回路の複素インピーダンス（誘導性）

補足⇒ $\dot{Z}$ の大きさは共役の複素数を掛けて求めます．

$$Z=\sqrt{(R+j(\omega L-1/(\omega C)))(R-j(\omega L-1/(\omega C)))}=\sqrt{R^2+(\omega L-1/(\omega C))^2}$$

結果的には，各フェーザの大きさを各辺の長さとしたピタゴラス（三平方）の定理になります．

パシタンスの大きさによって決まる $-j\dfrac{1}{\omega C}$ は下向きの矢印となります．ここでは，$\omega L>\dfrac{1}{\omega C}$ の大きさとすると，図4·2のように虚数部は $j\left(\omega L-\dfrac{1}{\omega C}\right)$ となりトータルで上向きになります．この虚数部と実数部の和が複素インピーダンス $\dot{Z}$ になります．したがって，位相角 θ は

$$\theta=\tan^{-1}\left(\frac{\omega L-\dfrac{1}{\omega C}}{R}\right)>0 \qquad \left(\text{ただし } \omega L>\frac{1}{\omega C} \text{ の場合}\right) \qquad (4\cdot4)$$

となります．

一方，$\omega L<\dfrac{1}{\omega C}$ の場合は，**図4·3** のようになり，$\dot{Z}$ の虚数部 $j\left(\omega L-\dfrac{1}{\omega C}\right)$ は下向きなので

$$\theta=\tan^{-1}\left(\frac{\omega L-\dfrac{1}{\omega C}}{R}\right)<0$$

$$\left(\text{ただし } \omega L<\frac{1}{\omega C} \text{ の場合}\right) \qquad (4\cdot5)$$

となります．

この場合，インピーダンス $\dot{Z}$ は $\theta<0$ で第4象限に存在することになります．

また，特に $\omega L=\dfrac{1}{\omega C}$ となり，$j\left(\omega L-\dfrac{1}{\omega C}\right)=0$ の場合，$\dot{Z}$ は**図4·4** のように，実数部 R のみとなります．この条件は電流と電圧が同相となる回路の特別な状態を示し，実際の回路で応用されています．

さらに，RLC 直列回路の場合，各素子に流れる電流は同一なので，式(4·1)の電圧フェーザは各素子のインピーダンスに電流を掛けたものとなるため図4·2と相似になり**図4·5** のようになります．

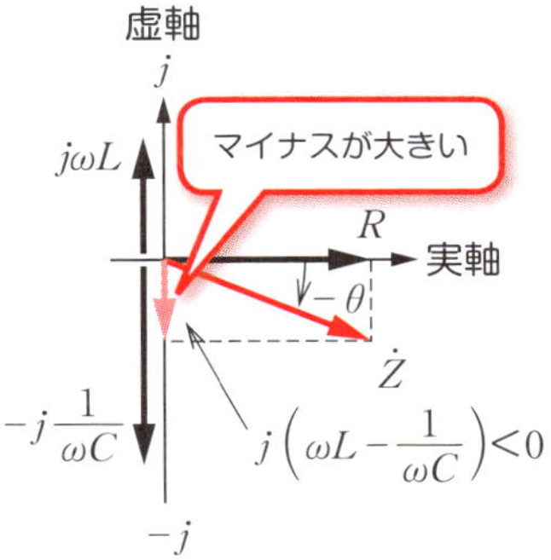

図4·3■ RLC 直列回路の複素インピーダンス（容量性）

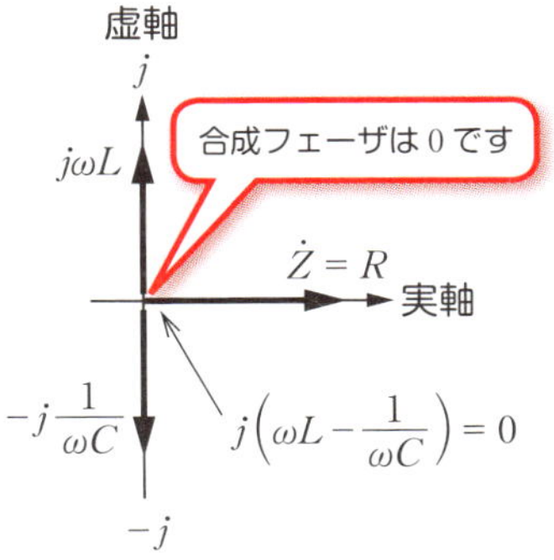

図4·4■ RLC 直列回路の複素インピーダンス（$\dot{Z}=R$）

さて，ここで式(4·2)のようにに回路のインピーダンスを $\dot{Z}=R+jX$〔Ω〕(誘導性)として考えた場合の電流 $\dot{I}$ は

$$\dot{I}=\frac{\dot{V}}{\dot{Z}}=\frac{\dot{V}}{R+jX}$$
$$=\frac{(R-jX)\dot{V}}{(R+jX)(R-jX)}=\frac{(R-jX)\dot{V}}{R^2+X^2}$$
$$=\left(\frac{R}{R^2+X^2}-j\frac{X}{R^2+X^2}\right)\dot{V}〔\mathrm{A}〕 \quad (4·6)$$

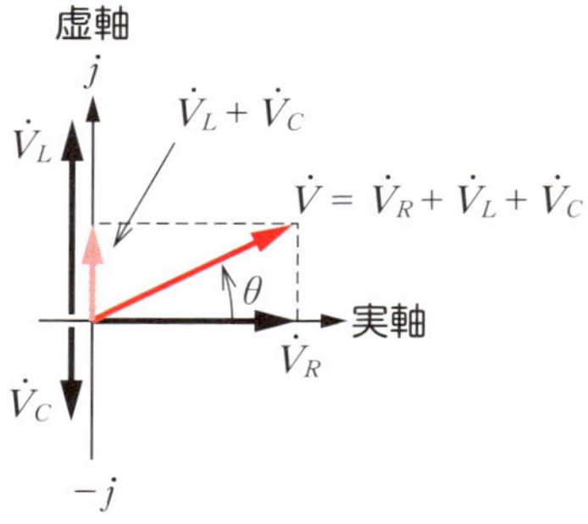

図 4·5 *RLC* 直列回路の電圧フェーザ図（誘導性）

ここで電流 $\dot{I}$ の位相角 θ は

マイナスを忘れずに

$$\theta=\tan^{-1}\left(\frac{-\dfrac{X}{R^2+X^2}}{\dfrac{R}{R^2+X^2}}\right)=\tan^{-1}\left(\frac{-X}{R}\right)<0 \quad (4·7)$$

フェーザ図は**図 4·6** のようになり，電流が電圧よりも遅れることがわかります.

同様にインピーダンスを $\dot{Z}=R-jX$〔Ω〕(容量性）とした場合，電流 $\dot{I}$ は

$$\dot{I}=\frac{\dot{V}}{\dot{Z}}=\frac{\dot{V}}{R-jX}=\frac{(R+jX)\dot{V}}{(R-jX)(R+jX)}$$
$$=\frac{(R+jX)\dot{V}}{R^2+X^2}$$
$$=\left(\frac{R}{R^2+X^2}+j\frac{X}{R^2+X^2}\right)\dot{V}〔\mathrm{A}〕 \quad (4·8)$$

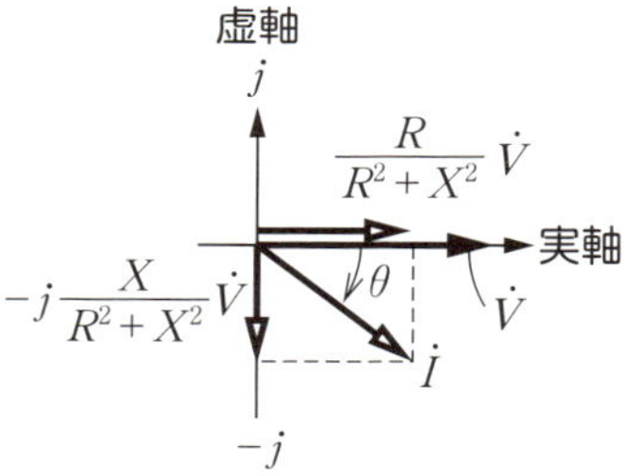

図 4·6 *RLC* 直列回路の電流フェーザ図（誘導性）

ここで電流 $\dot{I}$ の位相角 θ は

$$\theta=\tan^{-1}\left(\frac{\dfrac{X}{R^2+X^2}}{\dfrac{R}{R^2+X^2}}\right)=\tan^{-1}\left(\frac{X}{R}\right)>0 \quad (4·9)$$

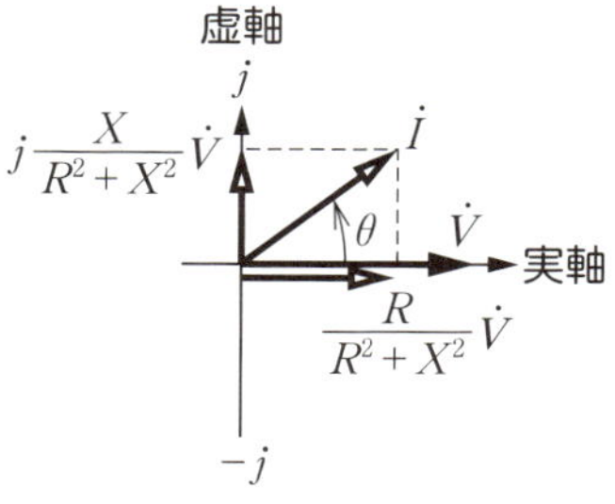

図 4·7 *RLC* 直列回路の電流フェーザ図（容量性）

フェーザ図は**図 4·7** のようになり，電流が電圧よりも進むことがわかります.

したがって，リアクタンス

$$X = X_L - X_C = \omega L - \frac{1}{\omega C}$$

の正負によって電圧に対する電流の“進み”，“遅れ”の位相が決まります．

2 *RLC* 並列回路

図 4･8 のような RLC 並列回路においては，各素子に同じ電圧 $\dot{V}$ が印加されるので，各素子の電流は図 4･8 のように求められます．したがって，回路の全電流 $\dot{I}$ は

$$\dot{I} = \dot{I}_R + \dot{I}_L + \dot{I}_C = \frac{\dot{V}}{R} + \frac{\dot{V}}{j\omega L} + j\omega C\dot{V} = \frac{\dot{V}}{R} - j\frac{\dot{V}}{\omega L} + j\omega C\dot{V}$$

$$= \left(\frac{1}{R} + j\left(\omega C - \frac{1}{\omega L}\right)\right)\dot{V} \ \text{〔A〕} \qquad (4\cdot10)$$

となります．ここで式(4･10)は電流と電圧の関係を表しており，オームの法則から

並列回路の場合，アドミタンスを用いると計算が簡単になる場合があります

$$\dot{I} = \frac{1}{\dot{Z}}\dot{V}$$

と考えることができます．ここで，**$1/\dot{Z}$ をアドミタンス $\dot{Y}$ といい単位は〔S〕（ジーメンス）**を用います．すなわち

$$\dot{Y} = \frac{\dot{I}}{\dot{V}} = \frac{1}{\dot{Z}} = \frac{1}{R} + j\left(\omega C - \frac{1}{\omega L}\right) = G + jB \ \text{〔S〕} \qquad (4\cdot11)$$

となります．特に，$\dot{Y}$ の実数部をコンダクタンス G〔S〕で，虚数部をサセプタンス B〔S〕で表します．

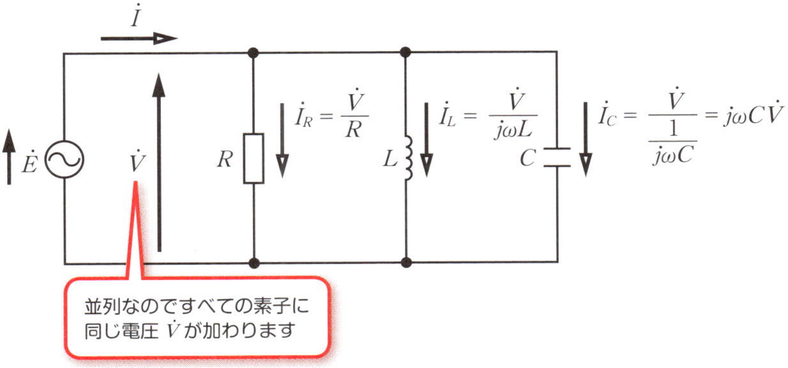

図 4･8 *RLC* 並列回路

補足➡コンダクタンス G は直流回路では $G=1/R$ となりますが，交流回路では一般にそうはなりませんので注意して下さい．

アドミタンス $\dot{Y}$ の位相角は

$$\theta=\tan^{-1}\left(\frac{\omega C-\dfrac{1}{\omega L}}{\dfrac{1}{R}}\right)=\tan^{-1}R\left(\omega C-\frac{1}{\omega L}\right) \tag{4·12}$$

となり，電圧と電流の位相差を表します．

以上から電流フェーザを描くと，**図 4·9** のようになります．$\dot{V}$ と抵抗 R に流れる電流フェーザ $\dot{I}_R$ は同相です．一方，キャパシタンス C とインダクタンス L に流れる電流は，それぞれ上向きの $\dot{I}_C$ と下向きの $\dot{I}_L$ になり，この合成電流が $\dot{I}_L+\dot{I}_C$ となります．よって，全電流 $\dot{I}$ は実軸の $\dot{I}_R$ と虚軸の $\dot{I}_L+\dot{I}_C$ を合成したものとなります．電圧 $\dot{V}$ に対する電流 $\dot{I}$ の遅れと進みはサセプタンス B の符号によって決まります．

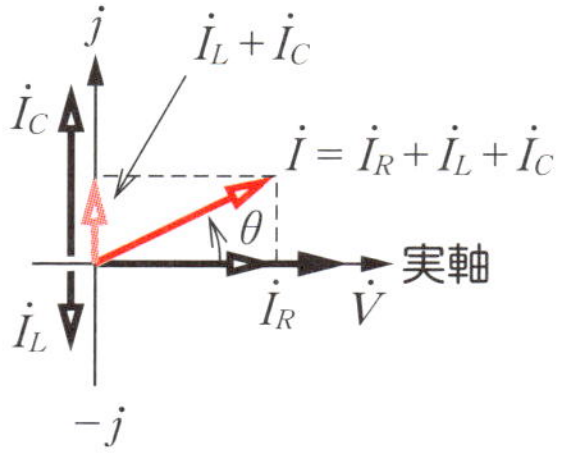

図 4·9 RLC 並列回路の電流フェーザ図

並列回路では

$\omega C>\dfrac{1}{\omega L}$ の場合，電流は電圧より位相が進む

$\omega C<\dfrac{1}{\omega L}$ の場合，電流は電圧より位相が遅れる

$\omega C=\dfrac{1}{\omega L}$ の場合，電流と電圧は同相

となります（3-4 節のまとめにある RLC 直列回路の場合と比較してください）．

3 その他の回路例

（1） *RC* 直列回路

図 4·10 の RC 直列回路において回路の各素子の電圧は

$$\dot{V}_R=R\dot{I}\,〔\mathrm{V}〕,\quad \dot{V}_C=\frac{\dot{I}}{j\omega C}\,〔\mathrm{V}〕 \tag{4·13}$$

$$\dot{V}=\dot{V}_R+\dot{V}_C=R\dot{I}-j\frac{\dot{I}}{\omega C}=\left(R-j\frac{1}{\omega C}\right)\dot{I}\,〔\mathrm{V}〕 \tag{4·14}$$

インピーダンスは

$$\dot{Z}=\frac{\dot{V}}{\dot{I}}=R-j\frac{1}{\omega C}\,〔\Omega〕$$

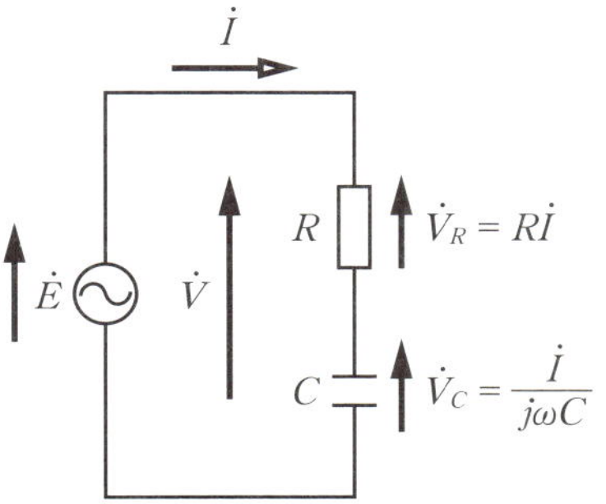

図 4･10▩RC 直列回路

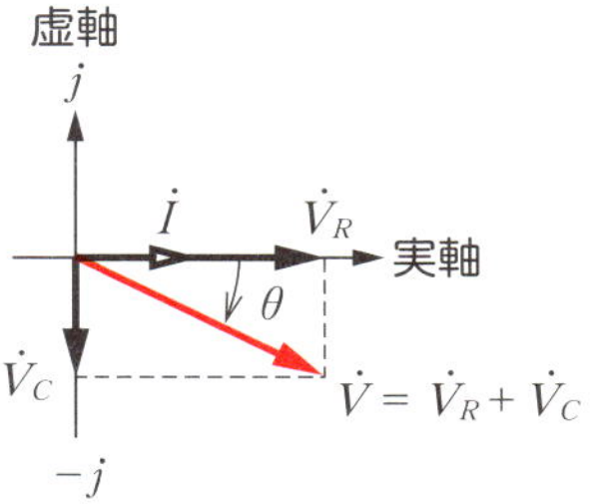

図 4･11▩RC 直列回路の電圧フェーザ図

$$Z = \sqrt{R^2 + \left(\frac{1}{\omega C}\right)^2} \text{〔}\Omega\text{〕} \tag{4･15}$$

$$\theta = \tan^{-1}\left(\frac{-\dfrac{1}{\omega C}}{R}\right) = \tan^{-1}\left(\frac{-1}{\omega CR}\right) \tag{4･16}$$

となり，電流と電圧のフェーザ図は**図 4･11** のようになります．電圧は電流より遅れます．

(2) *RC* 並列回路

図 4･12 の RC 並列回路において，各電流は

$$\dot{I}_R = \frac{\dot{V}}{R},\quad \dot{I}_C = j\omega C\dot{V} \tag{4･17}$$

回路の全電流 $\dot{I}$ は

$$\dot{I} = \dot{I}_R + \dot{I}_C = \dot{Y}\dot{V} = \left(\frac{1}{R} + j\omega C\right)\dot{V} \text{〔A〕} \tag{4･18}$$

ここでアドミタンス $\dot{Y}$ は

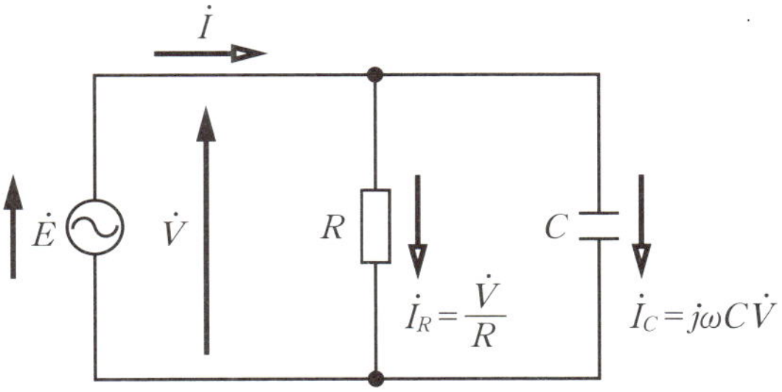

図 4･12▩RC 並列回路

$$\dot{Y}=\frac{1}{R}+j\omega C,\quad Y=\sqrt{\left(\frac{1}{R}\right)^2+(\omega C)^2}\quad \text{〔S〕} \tag{4·19}$$

位相角は

$$\theta=\tan^{-1}(\omega CR) \tag{4·20}$$

となり，フェーザ図は**図 4·13** のようになります．電流は電圧より進みます．

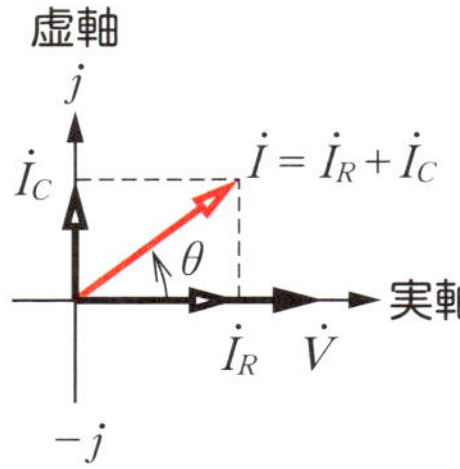

図 4·13 RC 並列回路の電流フェーザ図

次に，インピーダンス $\dot{Z}$ から同様に位相角を求めてみます．

$$\dot{Z}=\frac{1}{\dot{Y}}=\frac{1}{\frac{1}{R}+j\omega C}=\frac{R}{1+j\omega CR}=\frac{(1-j\omega CR)R}{(1+j\omega CR)(1-j\omega CR)}$$

$$=\frac{R}{1+(\omega CR)^2}-j\frac{\omega CR^2}{1+(\omega CR)^2} \tag{4·21}$$

$$\theta=\tan^{-1}\left(-\frac{\omega CR^2}{R}\right)=\tan^{-1}(-\omega CR) \tag{4·22}$$

式(4·20)のようにアドミタンス $\dot{Y}$ から求めた位相角 θ は正ですが，式(4·22)のインピーダンス $\dot{Z}$ から求めた位相角 θ は負になります．以下のようにインピーダンスは電圧を電流で割ったもの，アドミタンスは電流を電圧で割ったもの，すなわちインピーダンスは $\dot{I}$ が基準となり，アドミタンスは $\dot{V}$ を基準としたフェーザとなります．

$$\dot{Z}=\frac{\dot{V}}{\dot{I}},\quad \dot{Y}=\frac{\dot{I}}{\dot{V}} \tag{4·23}$$

図 4·14 は電流 $\dot{I}$ に対して $\dot{V}$ の位相が正であること，**図 4·15** は電圧 $\dot{V}$ に対して電流 $\dot{I}$ の位相が負であることを表しています．結果的に両者は同じ位相差を示すことになりますが，基準とするフェーザを明確にすることが重要です．

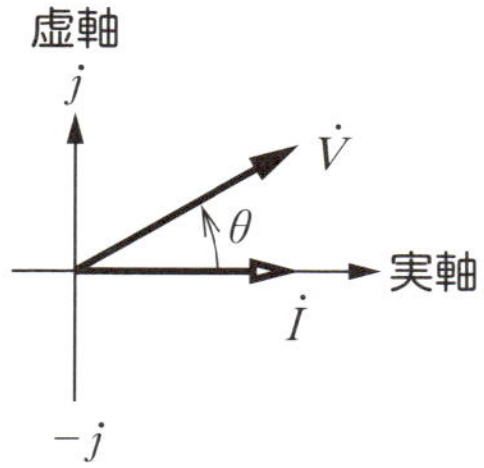

図 4·14 電流を基準としたフェーザ図

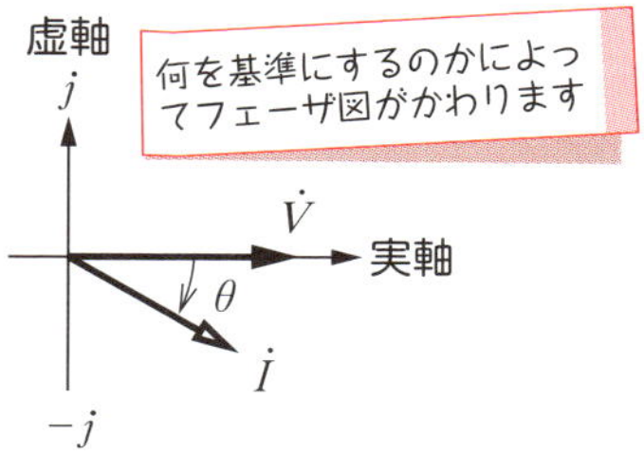

図 4·15 電圧を基準としたフェーザ図

まとめ

・RLC 直列回路のインピーダンス

$$\dot{Z}=R+j\left(\omega L-\frac{1}{\omega C}\right)=R+j(X_L-X_C)=R+jX\ [\Omega]$$

$$Z=\sqrt{R^2+\left(\omega L-\frac{1}{\omega C}\right)^2}\ [\Omega]$$

電流に対する電圧の位相差　$\theta=\tan^{-1}\left(\dfrac{\omega L-\dfrac{1}{\omega C}}{R}\right)$

$\omega L>\dfrac{1}{\omega C}$ の場合，電流は電圧より位相が遅れます．

$\omega L<\dfrac{1}{\omega C}$ の場合，電流は電圧より位相が進みます．

$\omega L=\dfrac{1}{\omega C}$ の場合，電流と電圧は同相となります．

・RLC 並列回路のアドミタンス

$$\dot{Y}=\frac{\dot{I}}{\dot{V}}=\frac{1}{\dot{Z}}=\frac{1}{R}+j\left(\omega C-\frac{1}{\omega L}\right)=G+jB\ [\mathrm{S}]$$

電圧に対する電流の位相差　$\theta=\tan^{-1}R\left(\omega C-\dfrac{1}{\omega L}\right)$

$\omega C>\dfrac{1}{\omega L}$ の場合，電流は電圧より位相が進みます．

$\omega C<\dfrac{1}{\omega L}$ の場合，電流は電圧より位相が遅れます．

$\omega C=\dfrac{1}{\omega L}$ の場合，電流と電圧は同相となります．

RLC 回路が回路の基本形です．この章を十分にマスターすればさまざまな回路を解くことができます．

例題 1

図 4・16 の RC 直列回路において電源電圧 $\dot{E}=100$ V，$f=50$ Hz のとき，電流 $\dot{I}$ とその実効値 I，位相角 θ を求めなさい．

また，回路の電圧フェーザを描きなさい．

注意：$\dot{E}=100$ V は，$\dot{E}=100+j0$ なので，実効値も $E=100$ V になります．

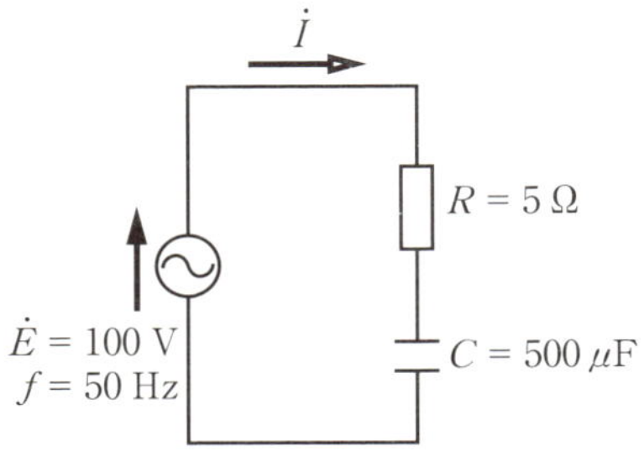

図 4・16 RC 直列回路

解答

回路のインピーダンスは

$$\dot{Z}=R-j\frac{1}{\omega C}=5-j\frac{1}{2\times\pi\times50\times500\times10^{-6}}=5-j6.37〔\Omega〕$$

$$\dot{I}=\frac{\dot{E}}{\dot{Z}}=\frac{100}{5-j6.37}=7.62+j9.71=12.3\angle51.9^\circ〔\mathrm{A}〕$$

よって実効値 $I=12.3$ A，位相角 $\theta=51.9^\circ$ となります．

フェーザ図を描くためには各部の電圧を求めなければならないので，抵抗 R の両端の電圧は

$$\dot{V}_R=R\dot{I}=5(7.62+j9.71)$$
$$=38.1+j48.6=61.7\angle51.9^\circ$$

キャパシタ C の両端の電圧は

$$\dot{V}_C=-jX_C\dot{I}=-j6.37(7.62+j9.71)$$
$$=61.9-j48.5=78.6\angle-38.1^\circ$$

となり，フェーザ図は**図 4・17** のようになります．

ここで，$\dot{V}_R+\dot{V}_C$ の和が電源電圧 $\dot{E}$ であることに気づいてください．

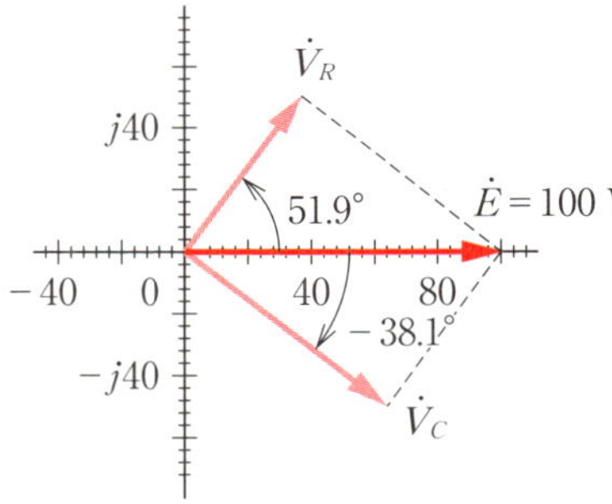

図 4・17 RC 直列回路の電圧フェーザ図

例題2

図4・18の RLC 並列回路に周波数 $f=50$ Hz，電流 $\dot{I}=40$ A が流れている．各素子に流れる電流を求めフェーザ図を描きなさい．

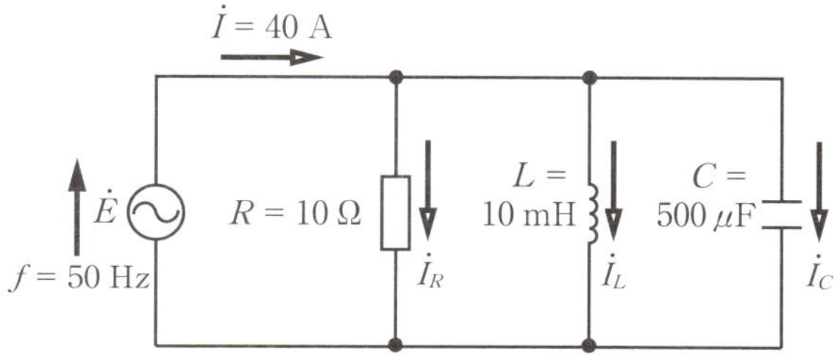

図4・18 RLC 並列回路

解答　まず，電源電圧 $\dot{E}$ を求めます．回路のアドミタンスを求めると

$$\dot{Y}=\frac{1}{R}+\frac{1}{j\omega L}+\frac{1}{\frac{1}{j\omega C}}=\frac{1}{R}+\frac{1}{j\omega L}+j\omega C$$

$$=\frac{1}{10}+\frac{1}{j2\pi\times50\times10\times10^{-3}}+j2\pi\times50\times500\times10^{-6}$$

$$=0.1-j0.318+j0.157=0.1-j0.161〔\Omega〕$$

$$\dot{V}=\frac{\dot{I}}{\dot{Y}}=\frac{40}{0.1-j0.161}=111+j179=211\angle58.2°$$

ここで各素子の電流を求めると

$$\dot{I}_R=\frac{\dot{V}}{R}=\frac{111+j179}{10}=11.1+j17.9〔A〕$$

$$\dot{I}_L=\frac{\dot{V}}{j\omega L}=\frac{111+j179}{j3.142}=57.0-j35.3〔A〕$$

$$\dot{I}_C=\frac{\dot{V}}{\frac{1}{j\omega C}}=j\omega C\dot{V}=j0.157\times(111+j179)$$

$$=-28.1+j17.4〔A〕$$

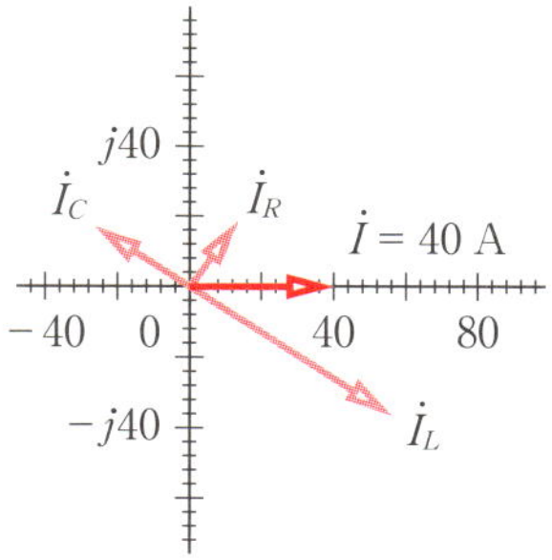

図4・19 RLC 並列回路の電流フェーザ図

となり，フェーザ図は**図4・19**のようになります。

各素子に流れる電流の総和は40 Aになることを確認してください．

4-2 周波数特性と共振回路

キーポイント

RLC 直列回路の場合，リアクタンス $X = \omega L - \dfrac{1}{\omega C}$ の大きさは，角周波数 ω が一定であれば L と C によって変化します．一方，L と C が一定の場合でも角周波数 ω が変化することによってリアクタンス X は変化します．

リアクタンスの変わり身は，L と C の大きさ，そして角周波数 ω によって決まります．

1 基本素子の周波数特性

（1） インダクタの周波数特性

図 4·20 で示したインダクタ回路の誘導リアクタンスは

$$X_L = \omega L \text{〔}\Omega\text{〕} \tag{4·24}$$

なので，**角周波数 ω が 0 から∞ rad/s まで変化すると誘導リアクタンス X_L は 0 Ω から∞ Ω まで変化し，周波数特性**は**図 4·21** のように **ω に比例したグラフ**になります．$\omega = 0$ rad/s は直流を表しており，**インダクタに直流を流してもリアクタンスは 0** となり，**導線と同じ役割しかしない**ということです．

（2） キャパシタの周波数特性

図 4·22 で示したキャパシタ回路の容量リアクタンスは

$$X_C = \frac{1}{\omega C} \text{〔}\Omega\text{〕} \tag{4·25}$$

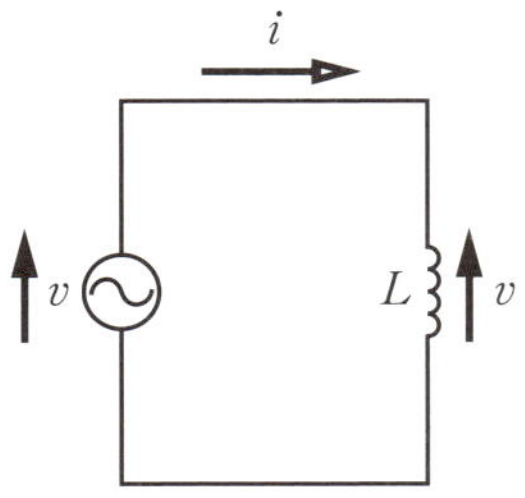

図 4·20■インダクタ回路

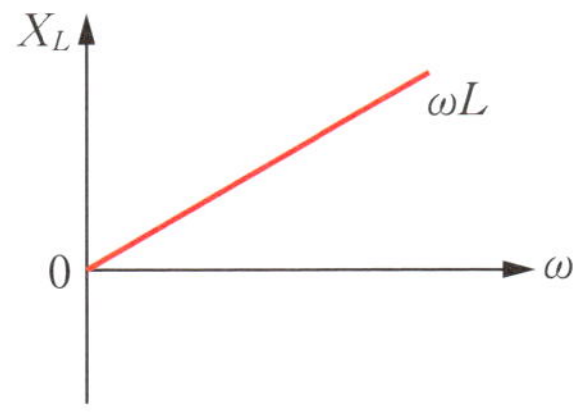

図 4·21■インダクタの周波数特性

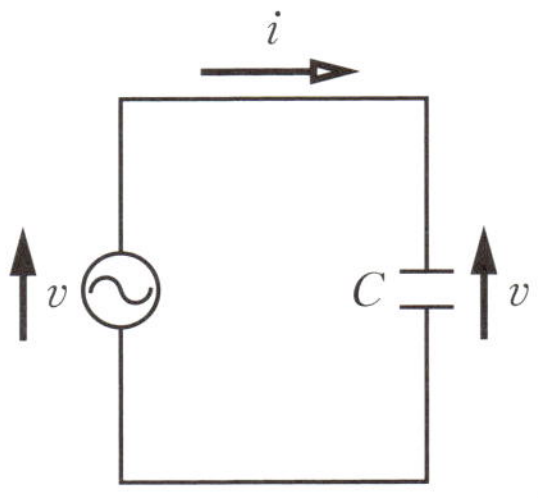

図 4·22■キャパシタ回路

なので，角周波数 ω が 0 rad/s から∞ rad/s まで変化すると**容量リアクタンス X_C は，∞ Ω から 0 Ω まで変化し，周波数特性**は**図 4·23** のように **ω に反比例したグラフ**になります．すなわち，**直流を加えても電流は流れない**ということです．

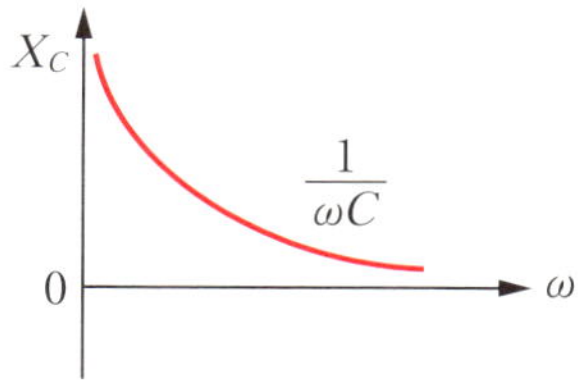

図 4·23■キャパシタの周波数特性

2 RLC 直列共振回路

（1） RLC 直列回路の共振周波数

一般にインダクタンス L とキャパシタンス C を含む回路において，**ある周波数の交流入力に対して特に大きな電圧や電流を生じる場合**を**共振現象**といい，本項で説明する**直列共振**と次項で説明する**並列共振**に分けられます．

図 4·24 で示した RLC 直列回路のインピーダンスは

$$\dot{Z}=R+jX \text{〔}\Omega\text{〕}$$

$$X=X_L-X_C=\omega L-\frac{1}{\omega C} \text{〔}\Omega\text{〕} \qquad (4·26)$$

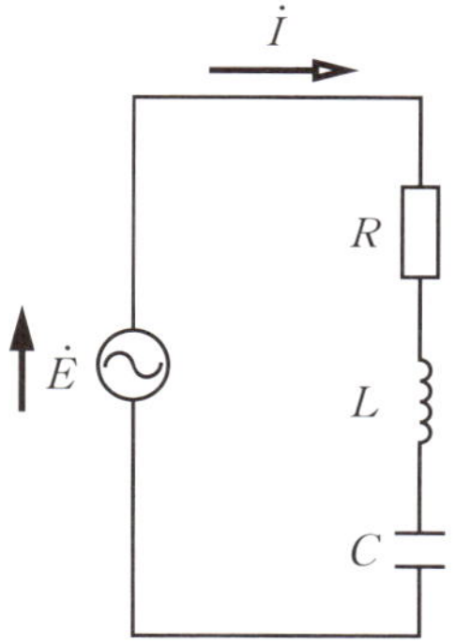

図 4·24■RLC 直列回路

で表されます．周波数に依存するリアクタンスの項 X の周波数特性は式(4·24)から式(4·25)を引いたものなので**図 4·25** の実線のようになります．このとき，○印の位置の角周波数 ω_0 では $X_L=|-X_C|$ となるため，リアクタンス X は 0 Ω となります．

さらに，$\dot{Z}$ を表す式(4·26)において，ω が変化した場合のフェーザを考えてみます．**図 4·26** に示すように ω が 0 rad/s のときリアクタンス X は $-\infty$ Ω となり，ω が∞ rad/s のとき X は∞ Ω になることがわかります．したがって，実数部の R は一定なので $\dot{Z}$ の先端の描く軌跡は破線のようになります．このとき $\dot{Z}$ の大きさが最小となるのは，図中の太い矢印の場合になります．すなわち，インピーダンス Z は，以下のように $\omega=\omega_0$ で最小となります．

$$Z=\sqrt{R^2+\left(\omega_0 L-\frac{1}{\omega_0 C}\right)^2}=R \text{〔}\Omega\text{〕} \qquad \left(\text{ただし } \omega_0 L=\frac{1}{\omega_0 C}\right) \qquad (4·27)$$

この状態を**直列共振現象**，このときの **ω_0 を共振角周波数**または**直列共**

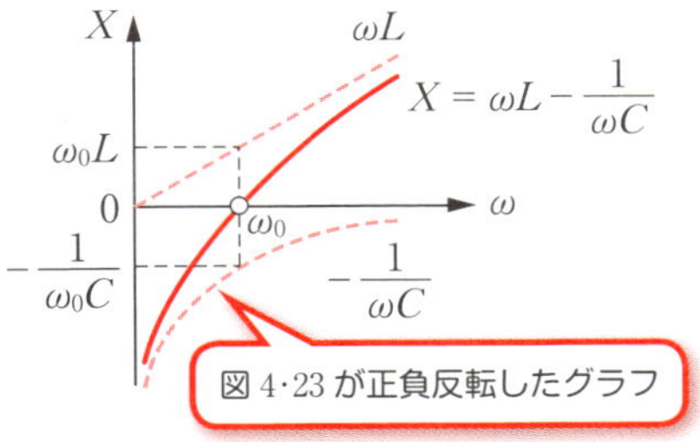

図 4·25▩リアクタンス X の周波数特性

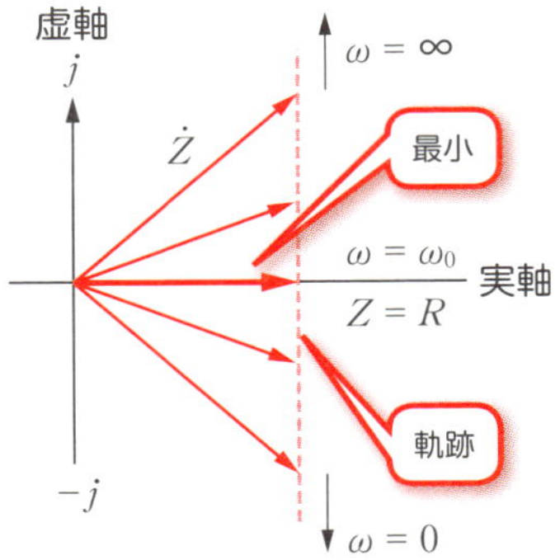

図 4·26▩RLC 直列回路における $\dot{Z}$ の軌跡（R 一定）

振角周波数，f_0 を共振周波数または直列共振周波数といい

$$X=\omega_0 L-\frac{1}{\omega_0 C}=0,\quad \omega_0=\frac{1}{\sqrt{LC}},\quad f_0=\frac{1}{2\pi\sqrt{LC}} \tag{4·28}$$

（重要）（$\omega=2\pi f$ です）

$\omega<\omega_0$ のとき $X<0$　$\dot{Z}$ は容量性

$\omega>\omega_0$ のとき $X>0$　$\dot{Z}$ は誘導性

$\omega=\omega_0$ のとき $X=0$　$\dot{Z}$ は純抵抗 R

となります．

（2） *RLC* 直列回路の電流特性

RLC 直列回路に流れる電流は

$$\dot{I}=\frac{\dot{V}}{\dot{Z}}=\frac{\dot{V}}{R+j\left(\omega L-\dfrac{1}{\omega C}\right)}\ \text{〔A〕} \tag{4·29}$$

位相角は $\theta=\tan^{-1}\left(\dfrac{\omega L-\dfrac{1}{\omega C}}{R}\right)$

$\omega<\omega_0$ のとき I は V より進む　容量性

$\omega>\omega_0$ のとき I は V より遅れる　誘導性

$\omega=\omega_0$ のとき I と V は同相　共振状態

特に，$\omega=\omega_0$ の共振角周波数では，式(4·29)の電流 I は式(4·27)より

$$I=\frac{V}{Z}=\frac{V}{\sqrt{R^2+\left(\omega_0 L-\dfrac{1}{\omega_0 C}\right)^2}}=\frac{V}{R}\ \text{〔A〕} \tag{4·30}$$

補足➡共振現象はラジオなどの同調回路や水晶振動子と組み合わせた発振回路として利用されています．

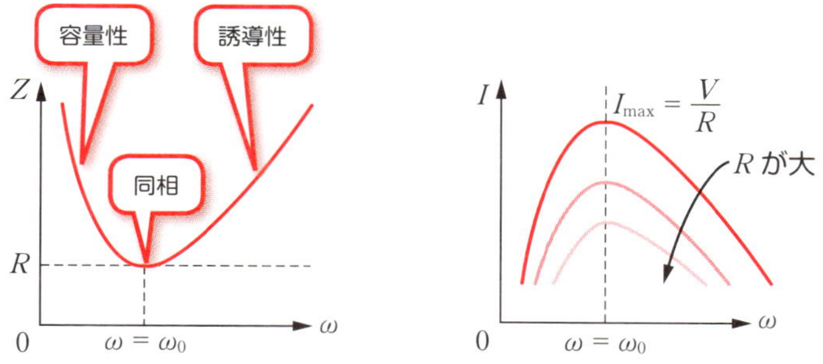

(a) インピーダンスの周波数特性　(b) 電流の周波数特性

図 4・27 *RLC* 直列回路のインピーダンスと電流の周波数特性

となります．このとき，**図 4・27**(a)(b)のようにインピーダンス Z は最小なので電流 I は最大となります．

(3) *RLC* 直列回路の *Q*

任意の角周波数 ω での電流を $\dot{I}$，共振周波数での電流を $\dot{I}_0$ とすると，それらの比は

$$\frac{\dot{I}}{\dot{I}_0}=\frac{\dfrac{\dot{V}}{R+j\left(\omega L-\dfrac{1}{\omega C}\right)}}{\dfrac{\dot{V}}{R}}=\frac{R}{R+j\left(\omega L-\dfrac{1}{\omega C}\right)}=\frac{1}{1+j\dfrac{1}{R}\left(\omega L-\dfrac{1}{\omega C}\right)}$$

$$=\frac{1}{1+j\dfrac{1}{R\sqrt{LC}}\left(\omega L\sqrt{LC}-\dfrac{1}{\omega C}\sqrt{LC}\right)}$$

$$=\frac{1}{1+j\dfrac{L}{R\sqrt{LC}}\left(\omega\sqrt{LC}-\dfrac{1}{\omega LC}\sqrt{LC}\right)}$$

$$=\frac{1}{1+j\dfrac{L}{R\sqrt{LC}}\left(\omega\sqrt{LC}-\dfrac{1}{\omega\sqrt{LC}}\right)} \tag{4・31}$$

ここで，$\dfrac{1}{\sqrt{LC}}=\omega_0$ とすると

$$\frac{\dot{I}}{\dot{I}_0}=\frac{1}{1+j\dfrac{\omega_0 L}{R}\left(\dfrac{\omega}{\omega_0}-\dfrac{\omega_0}{\omega}\right)}=\frac{1}{1+jQ\left(\dfrac{\omega}{\omega_0}-\dfrac{\omega_0}{\omega}\right)} \tag{4・32}$$

ここで $\dfrac{\omega_0 L}{R}=Q$ とします．Q（quality factor）は共振の鋭さを示し，先

鋭度または選択度とも呼ばれます．これより電流の比の大きさは

$$\frac{I}{I_0}=\frac{R}{Z}=\frac{1}{\sqrt{1+Q^2\left(\dfrac{\omega}{\omega_0}-\dfrac{\omega_0}{\omega}\right)^2}} \tag{4·33}$$

となり，**図 4·28** のように，Q が大きくなるとグラフのピークが鋭くなります．

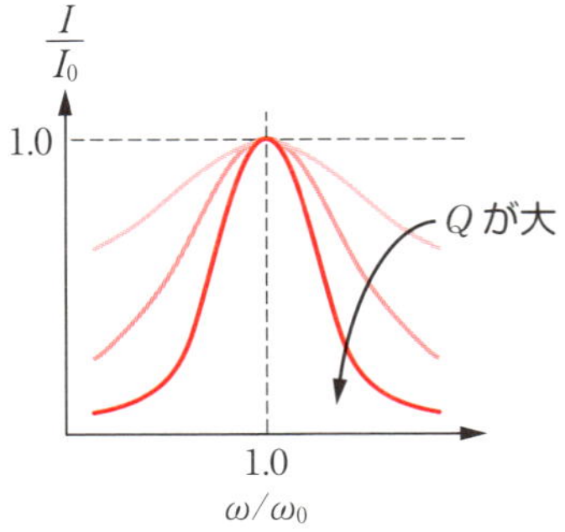

図 4·28■基準化共振曲線（共振の鋭さ Q の大きさを変えたグラフ）

3 *RLC* 並列共振回路

（1） *RLC* 並列回路の反共振周波数

図 4·29 で示した RLC 並列回路のアドミタンス $\dot{Y}$ は

$$\dot{Y}=\frac{1}{R}+j\left(\omega C-\frac{1}{\omega L}\right)=G+jB \tag{4·34}$$

$$Y=\sqrt{\left(\frac{1}{R}\right)^2+\left(\omega C-\frac{1}{\omega L}\right)^2} \tag{4·35}$$

$$\theta=\tan^{-1}\left(\frac{\omega C-\dfrac{1}{\omega L}}{\dfrac{1}{R}}\right)=\tan^{-1}R\left(\omega C-\frac{1}{\omega L}\right) \tag{4·36}$$

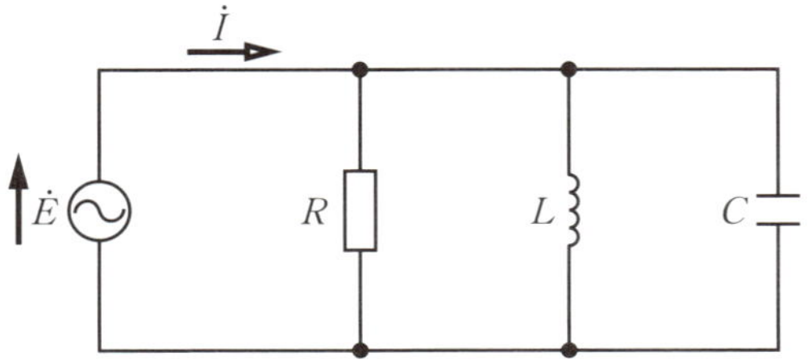

図 4·29■*RLC* 並列回路

補足➡直列共振の鋭さ Q は，$\omega_0=1/\sqrt{LC}$ を使って $Q=(\omega_0 L)/R=1/(\omega_0 CR)=(1/R)(\sqrt{L/C})$ に書き換えができます．また，I/I_0 が $1/\sqrt{2}$ となる周波数を f_1, f_2 とすると $f_2-f_1=\Delta f$ を半値幅といいます．

ここでアドミタンス Y が最小になるのは，**図 4・30** のように直列の場合と同様に Y が最も小さくなるところなので太いフェーザ $Y=1/R$ のところになります．このとき，**サセプタンス部分を 0 とする ω_0 を反共振角周波数**または**並列共振角周波数**，**f_0 を反共振周波数**または**並列共振周波数**といいます．

$$B=\omega_0 C-\frac{1}{\omega_0 L}=0,\quad \omega_0=\frac{1}{\sqrt{LC}},\quad f_0=\frac{1}{2\pi\sqrt{LC}} \qquad (4\cdot37)$$

$\omega<\omega_0$ のとき $B<0$　$\dot{Y}$ は誘導性

$\omega>\omega_0$ のとき $B>0$　$\dot{Y}$ は容量性

$\omega=\omega_0$ のとき $B=0$　$\dot{Y}$ は純抵抗 $1/R$

式(4・37)は RLC 直列共振回路と同じ形ですが，並列回路の共振現象は直列回路とは全く反対の特性を示します．**図 4・31** のようにアドミタンス Y の周波数特性は，$1/R$ で最小になります．このとき，インピーダンス Z は最大なので回路電流は最小になります．また，インピーダンス $\dot{Z}$ は

$$\dot{Z}=\frac{1}{\dfrac{1}{R}+j\left(\omega C-\dfrac{1}{\omega L}\right)} \qquad (4\cdot38)$$

となり，その軌跡は**図 4・32** のように直径 R を実軸に位置した破線の円となります．原点をスタートして右回りに角周波数が大きくなるにつれ，円周を移動します．

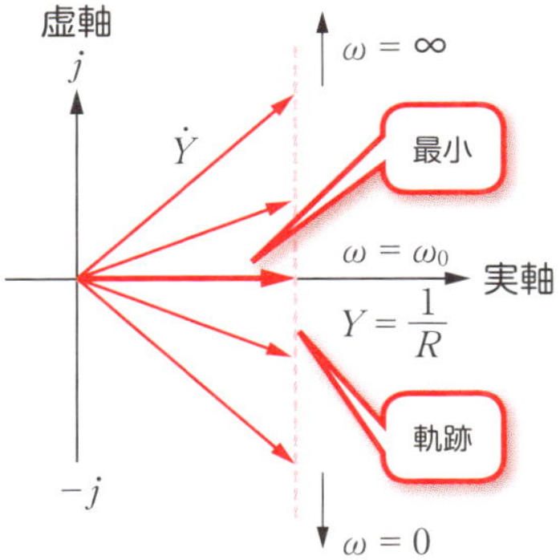

図 4・30 RLC 並列回路における $\dot{Y}$ の軌跡（$1/R$ 一定）

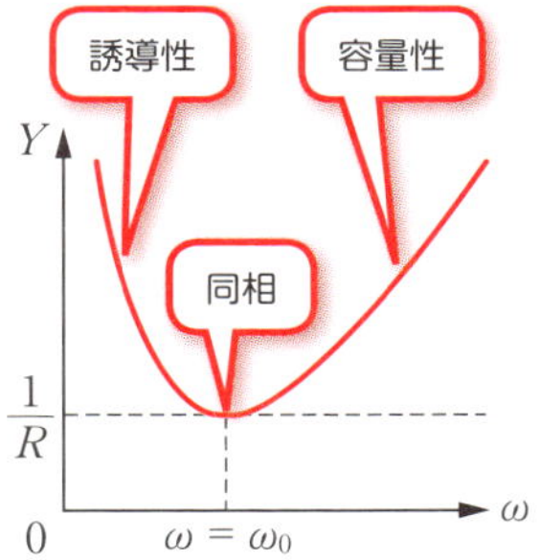

図 4・31 RLC 並列回路のアドミタンスの周波数特性

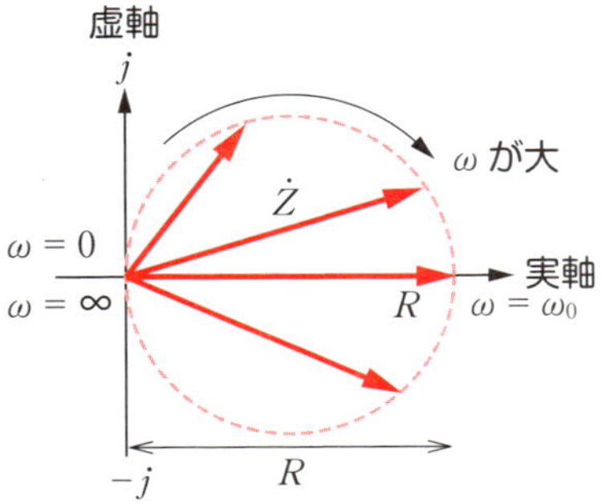

図 4·32 RLC 並列回路のインピーダンス $\dot{Z}$ の軌跡

(2) RLC 並列回路の電流特性

RLC 並列回路に流れる電流は

$$\dot{I}=\dot{Y}\dot{V}=\left(\frac{1}{R}+j\left(\omega C-\frac{1}{\omega L}\right)\right)\dot{V} \tag{4·39}$$

$$I=YV=\sqrt{\left(\frac{1}{R}\right)^2+\left(\omega C-\frac{1}{\omega L}\right)^2}\,V \tag{4·40}$$

$$\theta=\tan^{-1}\left(\frac{\omega C-\dfrac{1}{\omega L}}{\dfrac{1}{R}}\right)=\tan^{-1}R\left(\omega C-\frac{1}{\omega L}\right) \tag{4·41}$$

$\omega<\omega_0$ のとき I は V より遅れる　誘導性

$\omega>\omega_0$ のとき I は V より進む　容量性

$\omega=\omega_0$ のとき I と V は同相　反共振状態

特に，$\omega=\omega_0$ の反共振角周波数では，式(4·40)の電流 I の大きさは

$$I=YV=\sqrt{\left(\frac{1}{R}\right)^2+\left(\omega C-\frac{1}{\omega L}\right)^2}\,V=\frac{V}{R} \tag{4·42}$$

となります．このとき，**図 4·33** のようにインピーダンス Z は最大なので電流 I は最小となります．R の大きさによって最小値は変化します．

(3) RLC 並列回路の Q

式(4·39)から RLC 並列回路の電圧 $\dot{V}$ は

$$\dot{V}=\frac{\dot{I}}{\dfrac{1}{R}+j\left(\omega C-\dfrac{1}{\omega L}\right)} \tag{4·43}$$

電圧 $\dot{V}$ と共振時の電圧 $\dot{V}_0$ の比を求めると，RLC 直列回路と同様に考えて

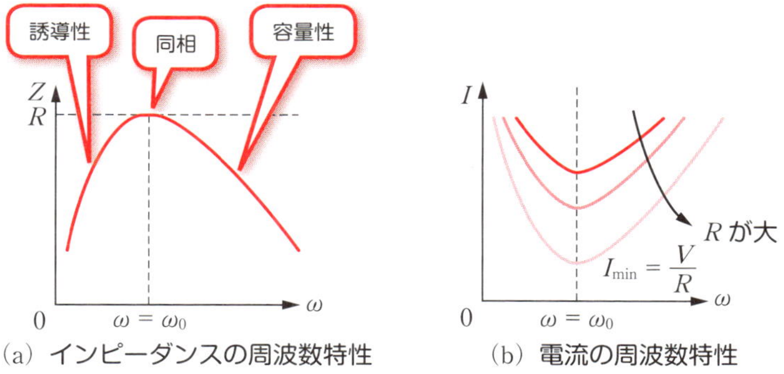

図 4・33 ▪ RLC 並列回路のインピーダンスと電流の周波数特性

$$\frac{\dot{V}}{\dot{V}_0}=\frac{\dfrac{\dot{I}}{\dfrac{1}{R}+j\left(\omega C-\dfrac{1}{\omega L}\right)}}{\dfrac{\dot{I}}{\dfrac{1}{R}}}=\frac{1}{1+jR\left(\omega C-\dfrac{1}{\omega L}\right)}=\frac{1}{1+j\dfrac{R}{\omega_0 L}\left(\dfrac{\omega}{\omega_0}-\dfrac{\omega_0}{\omega}\right)}$$

$$=\frac{1}{1+jQ\left(\dfrac{\omega}{\omega_0}-\dfrac{\omega_0}{\omega}\right)} \qquad (4\cdot44)$$

RLC 並列回路では共振の鋭さは $Q=\dfrac{R}{\omega_0 L}$ となります．また，電圧の比も図 4・28 の共振曲線と同じ形になります．

$$\frac{V}{V_0}=\frac{G}{Y}=\frac{1}{\sqrt{1+Q^2\left(\dfrac{\omega}{\omega_0}-\dfrac{\omega_0}{\omega}\right)^2}} \qquad (4\cdot45)$$

まとめ

・RLC 直列回路の共振周波数

$$\dot{Z}=R+j\left(\omega L-\frac{1}{\omega C}\right)=R+jX \text{〔Ω〕}$$

$$X=\omega_0 L-\frac{1}{\omega_0 C}=0\ \Omega,\quad \omega_0=\frac{1}{\sqrt{LC}}\text{〔rad/s〕},\quad f_0=\frac{1}{2\pi\sqrt{LC}}\text{〔Hz〕}$$

共振の鋭さ $Q=\dfrac{\omega_0 L}{R}$

補足➡ 並列共振の鋭さ Q は，$\omega_0=1/\sqrt{LC}$ を使って $Q=R/(\omega_0 L)=\omega_0 CR=R\sqrt{C/L}$ に書き換えることができます．

・RLC 並列回路の反共振周波数

$$\dot{Y}=\frac{1}{R}+j\left(\omega C-\frac{1}{\omega L}\right)=G+jB$$

$$B=\omega_0 C-\frac{1}{\omega_0 L}=0\ \Omega,\quad \omega_0=\frac{1}{\sqrt{LC}}\ \text{〔rad/s〕},\quad f_0=\frac{1}{2\pi\sqrt{LC}}\ \text{〔Hz〕}$$

共振の鋭さ $Q=\dfrac{R}{\omega_0 L}$

例題 1

図 4・34 の回路の共振周波数を求めなさい.

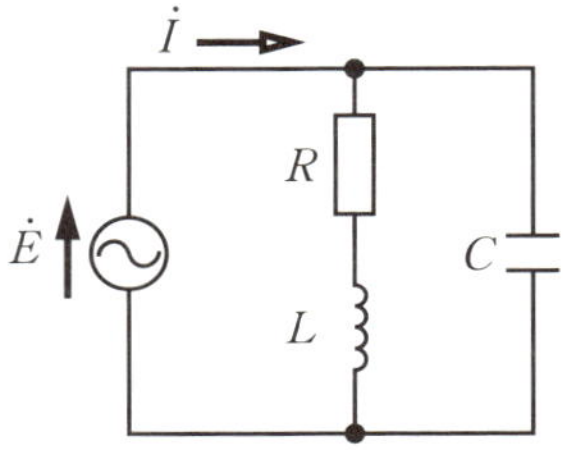

図 4・34 並列共振回路

解答

並列回路なので，回路のアドミタンス $\dot{Y}$ を求めると

$$\dot{Y}=\frac{1}{R+j\omega L}+\frac{1}{\dfrac{1}{j\omega C}}=\frac{1}{R+j\omega L}+j\omega C=\frac{R-j\omega L}{R^2+(\omega L)^2}+j\omega C$$

$$=\frac{R-j\omega L+j\omega C\left(R^2+(\omega L)^2\right)}{R^2+(\omega L)^2}=\frac{R+j\left(\omega CR^2+\omega^3L^2C-\omega L\right)}{R^2+(\omega L)^2}$$

$$=\frac{R}{R^2+(\omega L)^2}+j\,\frac{\omega\left(CR^2+\omega^2L^2C-L\right)}{R^2+(\omega L)^2}$$

共振条件は，リアクタンスの項が 0 となり，電圧と電流が同相となるときです.

$$CR^2+\omega^2L^2C-L=0$$

$$\omega^2L^2C=L-CR^2$$

$$\omega^2=\frac{L-CR^2}{L^2C}$$

$$\omega=\sqrt{\frac{1}{LC}-\frac{R^2}{L^2}}$$

ここで ω が存在するためには，$\dfrac{1}{LC}-\dfrac{R^2}{L^2}>0$ が条件となります.

補足➡ $\omega=0$ のときも電圧と電流は同相となりますが，直流の場合は共振とはいいません.

4-3 交流回路における各種定理の適用

キーポイント

ここでは，直流回路で学んだ定理が交流回路でも適用できることを例題によって確認してみましょう．これまで学んだ交流回路の知識を使えばどんな問題も解けるはずです．これであなたも回路マスターです．

1 重ね合わせの理

複数の電圧電源を含む回路の各部の電流は，各電源が一つずつ単独に存在すると仮定し，他の電源を短絡して求めた電流を加え合わせたものに等しくなります．これを**重ね合わせの理**といいます．本項では，直流回路で学んだ重ね合わせの理を交流回路に適用して例題を解いてみます．

例題 1

図 4・35 の回路の各部に流れる電流 $\dot{I}_1$，$\dot{I}_2$，$\dot{I}_3$ を重ね合わせの理によって求めなさい．

ただし，$\dot{E}_1 = 100\ \mathrm{V}$，$\dot{E}_2 = 150\ \mathrm{V}$，$\dot{Z}_1 = 5\ \Omega$，$\dot{Z}_2 = -j5\ \Omega$，$\dot{Z}_3 = 5 + j5$〔Ω〕とする．

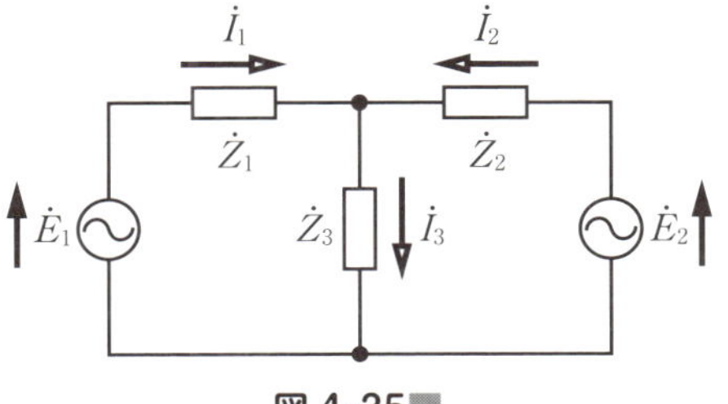

図 4・35

解答 電源 $\dot{E}_1$ のみが存在する回路の電流方向を**図 4・36** のように決め，各部の電流を求めます．

電源 $\dot{E}_1$ から見た抵抗 $\dot{Z}'$ は

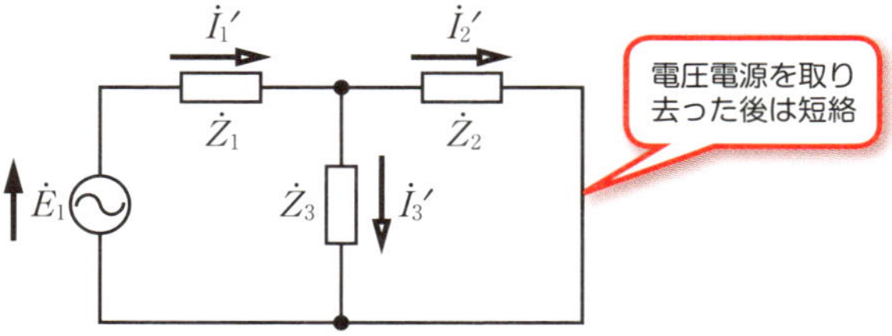

図 4･36■重ね合わせの理（電源 $\dot{E}_1$ のみの回路）

$$\dot{Z}'=\dot{Z}_1+\frac{1}{\dfrac{1}{\dot{Z}_2}+\dfrac{1}{\dot{Z}_3}}=\dot{Z}_1+\frac{\dot{Z}_2\dot{Z}_3}{\dot{Z}_2+\dot{Z}_3}=5+\frac{-j5(5+j5)}{-j5+5+j5}$$

$$=5+\frac{25-j25}{5}=10-j5\,〔\Omega〕$$

電源 $\dot{E}_1$ の電源電流 $\dot{I}_1'$ は

$$\dot{I}_1'=\frac{\dot{E}_1}{\dot{Z}'}=\frac{100}{10-j5}=8+j4\,〔\mathrm{A}〕$$

$\dot{I}_2'$ と $\dot{I}_3'$ はインピーダンスの逆数に比例するので分流で求めます．

$$\dot{I}_2'=\frac{\dot{Z}_3}{\dot{Z}_2+\dot{Z}_3}\dot{I}_1'=\frac{(5+j5)(8+j4)}{5}=4+j12\,〔\mathrm{A}〕$$

$$\dot{I}_3'=\frac{\dot{Z}_2}{\dot{Z}_2+\dot{Z}_3}\dot{I}_1'=\frac{-j5(8+j4)}{5}=4-j8\,〔\mathrm{A}〕$$

電源 $\dot{E}_2$ のみが存在する回路とその電流と電流方向を**図 4･37** のように決め，各部の電流を求めます．

電源 $\dot{E}_2$ から見た抵抗 $\dot{Z}''$ は

$$\dot{Z}''=\dot{Z}_2+\frac{1}{\dfrac{1}{\dot{Z}_1}+\dfrac{1}{\dot{Z}_3}}=\dot{Z}_2+\frac{\dot{Z}_1\dot{Z}_3}{\dot{Z}_1+\dot{Z}_3}=-j5+\frac{5(5+j5)}{5+5+j5}$$

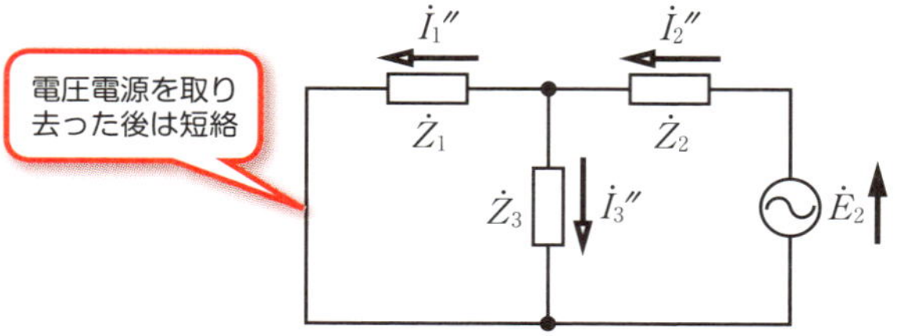

図 4･37■重ね合わせの理（電源 $\dot{E}_2$ のみの回路）

$$=-j5+\frac{25+j25}{10+j5}=3-j4\,[\Omega]$$

電源 $\dot{E}_2$ の電源電流 $\dot{I}_2''$ は

$$\dot{I}_2''=\frac{\dot{E}_2}{\dot{Z}''}=\frac{150}{3-j4}=18+j24\,[\mathrm{A}]$$

$\dot{I}_1''$ と $\dot{I}_3''$ はインピーダンスの逆数に比例するので分流で求めます．

$$\dot{I}_1''=\frac{\dot{Z}_3}{\dot{Z}_1+\dot{Z}_3}\dot{I}_2''=\frac{(5+j5)(18+j24)}{5+5+j5}=6+j18\,[\mathrm{A}]$$

$$\dot{I}_3''=\frac{\dot{Z}_1}{\dot{Z}_1+\dot{Z}_3}\dot{I}_2''=\frac{5(18+j24)}{5+5+j5}=12+j6\,[\mathrm{A}]$$

それぞれで求めた電流を重ね合わせます．設定した電流の方向に注意してください．

$$\dot{I}_1=\dot{I}_1'-\dot{I}_1''=(8+j4)-(6+j18)=2-j14=14.1\angle-81.9^\circ\,[\mathrm{A}]$$
$$\dot{I}_2=-\dot{I}_2'+\dot{I}_2''=-(4+j12)+(18+j24)=14+j12=18.4\angle40.6^\circ\,[\mathrm{A}]$$
$$\dot{I}_3=\dot{I}_3'+\dot{I}_3''=(4-j8)+(12+j6)=16-j2=16.1\angle-7.1^\circ\,[\mathrm{A}]$$

2 テブナンの定理

テブナンの定理は，複数の電源と抵抗から構成される複雑な回路網をシンプルな回路モデルに等価変換するための定理です．複数の電源と抵抗から構成される回路網において，回路網中の任意の2点を外部から見たとき，その回路網は電源と内部抵抗が直列に接続された回路に等価して扱うことができます．本項では，直流回路で学んだテブナンの定理を交流回路に適用して例題を解いてみます．

例題 2

図 4・38 の回路で，端子 ab 間に抵抗とキャパシタの直列回路を接続したとき，この直列回路に流れる電流 $\dot{I}$ をテブナンの定理を用いて求めなさい.

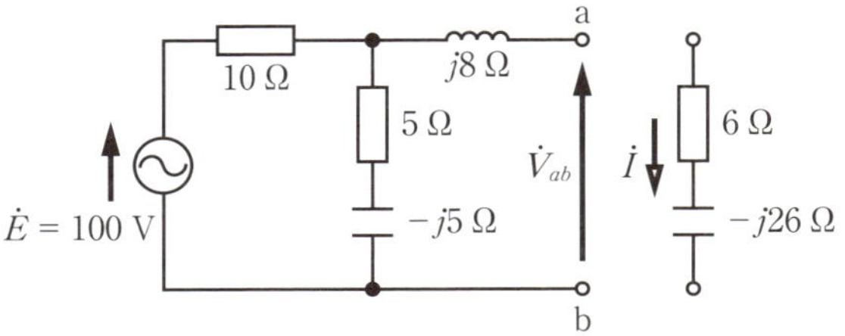

図 4・38 テブナンの定理

解答 テブナンの定理によれば，**図 4・39** で端子 ab 間の電圧 $\dot{V}_{ab}$，端子 ab から見たインピーダンス $\dot{Z}_0$，接続する負荷 $\dot{Z}=6-j26$〔Ω〕なので

$$\dot{I}=\frac{\dot{V}_{ab}}{\dot{Z}_0+\dot{Z}}\text{〔A〕}$$

重要です

となります．負荷を接続しないとき ab 間には電流が流れないので，$\dot{V}_{ab}$ は cd 間の回路（インピーダンスは $(5-j5)$〔Ω〕）の電圧に一致します．したがって，電源 $\dot{E}$ による図中矢印の電流を $\dot{I}_0$ とすれば

$$\dot{E}=(10+5-j5)\dot{I}_0=(15-j5)\dot{I}_0\text{〔V〕}$$

$$\dot{I}_0=\frac{100}{15-j5}=6+j2\text{〔A〕}$$

$$\dot{V}_{ab}=(5-j5)\dot{I}_0=(5-j5)(6+j2)=40-j20\text{〔V〕}$$

$\dot{V}_{ab}$ は抵抗の分圧比でも求められます.

$$\dot{V}_{ab}=\frac{5-j5}{10+5-j5}\dot{E}=40-j20\text{〔V〕}$$

次に，ab 間のインピーダンス $\dot{Z}_0$ は電圧源を取り去っ

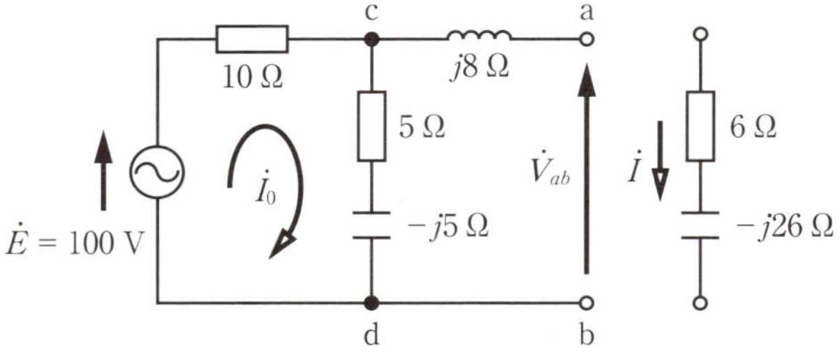

図 4・39 テブナンの定理

た後に短絡して

$$\dot{Z}_0 = j8 + \frac{1}{\dfrac{1}{10} + \dfrac{1}{5-j5}} = j8 + \frac{10(5-j5)}{15-j5}$$

$$= 4 + j6 \,〔\Omega〕$$

以上より求める電流 $\dot{I}$ は

$$\dot{I} = \frac{\dot{V}_{ab}}{\dot{Z}_0 + \dot{Z}} = \frac{40-j20}{(4+j6)+(6-j26)} = 1.6 + j1.2 = 2\angle 36.9°\,〔\mathrm{A}〕$$

3 交流ブリッジ

直流で学んだブリッジ回路の平衡は交流でも基本的に同じ考え方で実現できますが，交流で平衡させるためには位相を一致させる必要があります．

図 4·40 のブリッジ回路で平衡条件は

$$\frac{\dot{Z}_1}{\dot{Z}_2} = \frac{\dot{Z}_3}{\dot{Z}_4},\quad \dot{Z}_1\dot{Z}_4 = \dot{Z}_2\dot{Z}_3 \qquad (4·46)$$

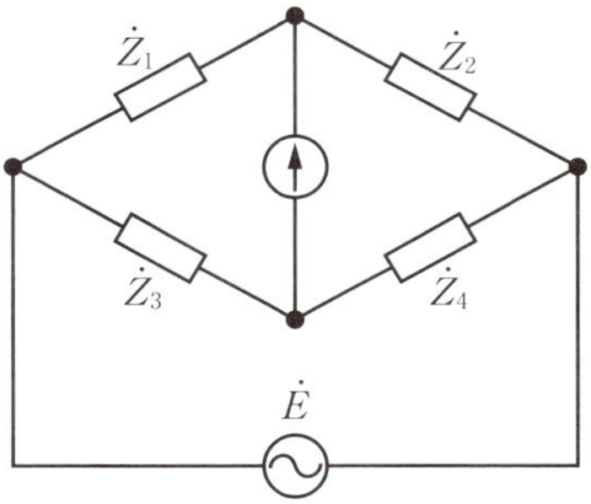

図 4·40 交流ブリッジ回路（Ⓐ は検流計）

となります．しかしながら，ここでインピーダンス $\dot{Z}_1$，$\dot{Z}_2$，$\dot{Z}_3$，$\dot{Z}_4$ は複素数であるので，**交流ブリッジが平衡するためには，インピーダンスの実数部と虚数部の両方が等しくならなければなりません．**

図 4·40 の回路で $\dot{Z}_1 = R_1$，$\dot{Z}_2 = R_2$，$\dot{Z}_3 = R_3 + j\omega L_3$，$\dot{Z}_4 = R_4 + j\omega L_4$ として，式(4·46)の平衡条件にあてはめると

$$R_1(R_4 + j\omega L_4) = R_2(R_3 + j\omega L_3)$$

となり，ここで実数部と虚数部をそれぞれ比較すると

$$R_1R_4 + j\omega L_4R_1 = R_2R_3 + j\omega L_3R_2$$

実数部について　$R_1R_4 = R_2R_3$

虚数部について　$L_4R_1 = L_3R_2$

が交流ブリッジの平衡条件となります．

実数部と虚数部を比較して一致させる考え方は，交流回路において重要です．等価回路を作る際や，交流の電圧・電流を一致させる際に用いられます．

例題 3

図 4・41 の交流ブリッジ回路において，平衡状態での R と X_L の値を求めなさい．

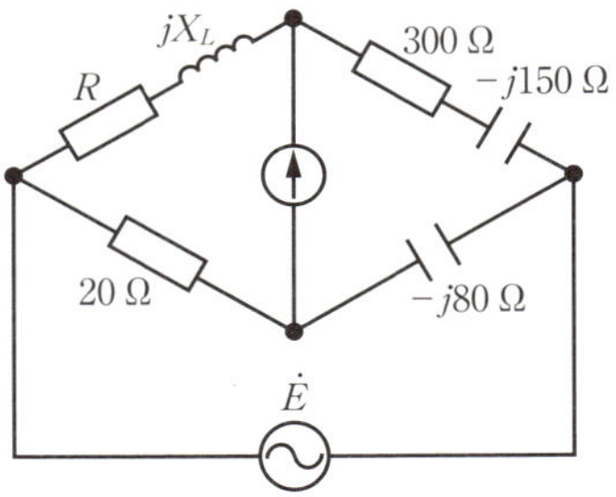

jX_L
R
300 Ω
$-j150$ Ω
20 Ω
$-j80$ Ω
$\dot{E}$

図 4・41 ■交流ブリッジ回路

解答　式(4・46)にもとづき，式を立てると

$$(R+jX_L)(-j80)=20(300-j150)$$

$$80X_L-j80R=6\,000-j3\,000$$

実数部と虚数部をそれぞれ比較して

$$80R=3\,000,\quad 80X_L=6\,000$$

$$R=37.5\ \Omega,\quad X_L=75\ \Omega$$

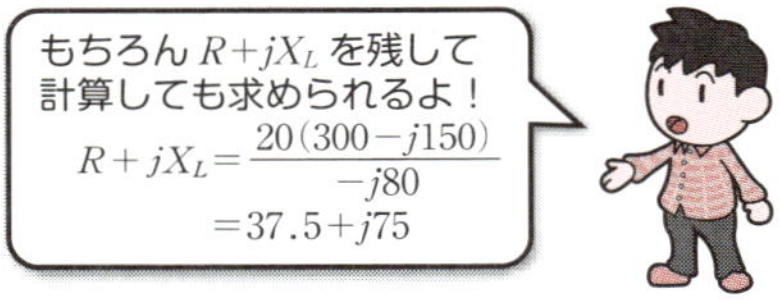

もちろん $R+jX_L$ を残して
計算しても求められるよ！
$R+jX_L=\dfrac{20(300-j150)}{-j80}$
$=37.5+j75$

まとめ

・交流回路の計算

交流回路では複素数の取扱いがすべてです．最終的に実数部と虚数部の形にすることが重要です．これによって位相がわかります．

・実数部どうしと虚数部どうしの比較

回路の組合せが異なっても，実数部と虚数部が同じであれば同じ特性を示します．これによって位相が一致します．

練習問題

① 次の文章の□に当てはまる語句を入れなさい． 易☆☆☆難

(1) RLC 直列回路において，電流が電圧より進んでいる場合を□性，電流が電圧より遅れている場合を□性という．RLC 直列回路が共振するとき共振角周波数 $\omega_0=$□となり，電圧と電流の位相は□となる．このとき回路に流れる電流は□となり，共振の鋭さ $Q=$□である．

(2) インピーダンス Z の逆数 Y を□といい，$Y=\sqrt{G^2+B^2}$ であるとき G を□，B を□と呼ぶ．

(3) RLC 並列回路で $R=10\,\Omega$，$L=20\,\text{mH}$，$C=50\,\mu\text{F}$ のとき，反共振角周波数 $\omega_0=$□となり，共振の鋭さ $Q=$□である．

② RLC 直列回路に $\dot{E}=120\,\text{V}$ が印加され，$\dot{I}=10+j5$〔A〕の電流が流れている．抵抗 $R=9.6\,\Omega$，誘導リアクタンス $X_L=2.4\,\Omega$ であるとき，容量リアクタンス X_C はいくらか． 易☆☆☆難

③ 図 4･42 の RLC 直列回路において，電源周波数を変化させたところ共振時のキャパシタ C の端子電圧は 200 V（実効値）であった．このときの共振周波数 f とインダクタンス L を求めなさい． 易☆☆☆難

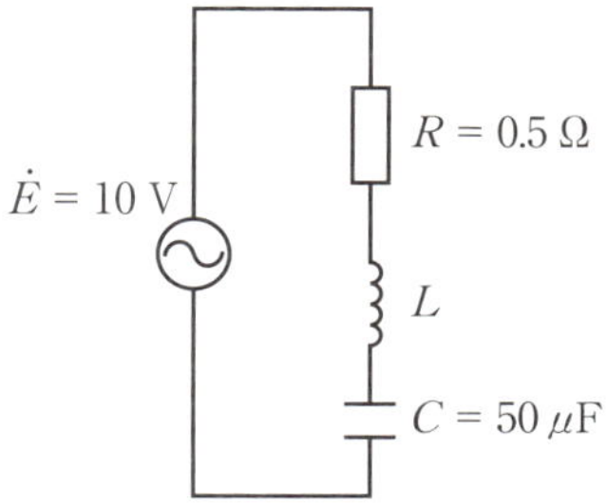

図 4･42

④ **図 4･43** の回路で電源から見たインピーダンス $\dot{Z}$ を求めなさい．次に，インダクタンス L を可変とするとき，電源電圧 $\dot{E}$ と電流 $\dot{I}$ を同相にするためのインダクタンス L とそのときのインピーダンス $\dot{Z}_0$ を求めなさい．

易☆☆☆難

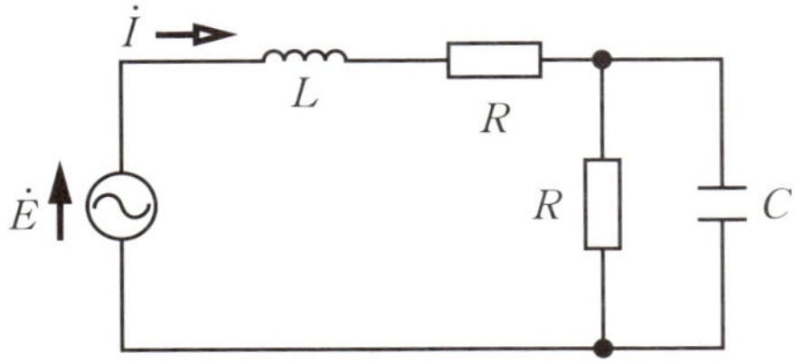

図 4･43

⑤ **図 4･44** のブリッジ回路で自己インダクタンス L を測定する．$R_1=200\ \Omega$，$R_2=400\ \Omega$，$R_3=500\ \Omega$，$R_4=1\,000\ \Omega$，$C=0.1\ \mu\mathrm{F}$ で平衡状態となった場合，L はいくらか．

易☆☆☆難

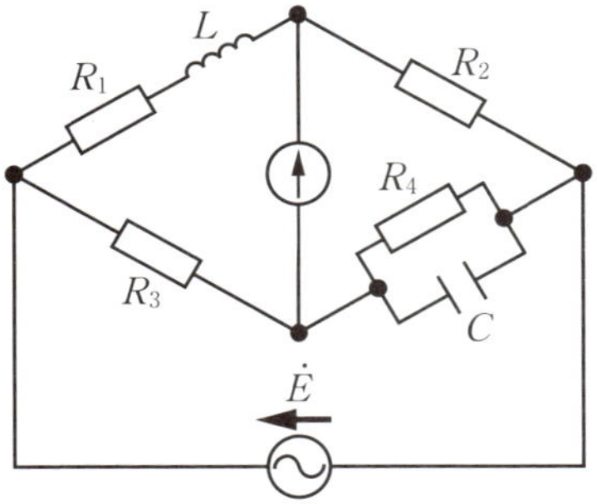

図 4･44

5章

電　力

交流では，電圧も電流も時間に応じて変化します．また，使われる回路素子の種類（抵抗・インダクタ・キャパシタ）によって電流が進んだり遅れたりと位相差が生じ，交流電力は，直流電力と異なり電圧と電流の積のように簡単に表すことができません．直流と交流の電力の計算方法の違いを理解することは重要です．また，交流電力の表し方は，瞬時電力，有効電力，皮相電力，無効電力，複素電力，力率，無効率，力率角とたくさんのキーワードがあります．

この章では，皆さんの身近なコンセントから供給される単相交流の電力について学びます．5-1 節では，各回路素子に応じて様相の異なる瞬時電力の波形や計算方法について解説します．また，その他のキーワードについて，5-2 節では有効電力，5-3 節では皮相電力と無効電力，5-4 節では力率や無効率など，5-5 節では複素電力について計算を交えて解説します．

5-1 交流電力の考え方

キーポイント

家庭のコンセントから供給される単相交流の電力について考えてみましょう．直流電力と異なり，交流は時間とともに電圧も電流も変化します．また，回路素子によって電圧と電流に位相差が生じ，簡単に交流電力は表現できません．どのように変化し，求めるのか見てみましょう．

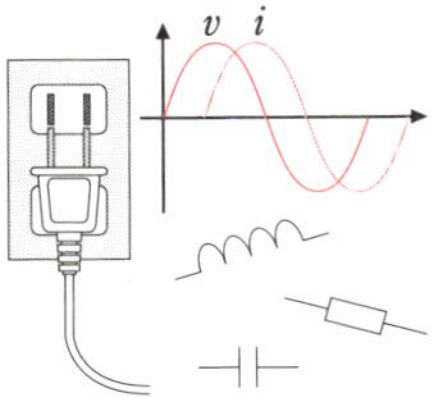

～交流電力のキーワード～

☆瞬時電力

一般に瞬時電力は，電圧 v を加えたときの電流 i の瞬時値 v と i の積 p のことをいいます．

☆交流の電力の表現には…

有効電力，皮相電力，無効電力，複素電力，力率，無効率，力率角

1 電力の瞬時値と交流回路の種類

図 5·1 は，RLC 素子のそれぞれの交流回路です．各回路に端子電圧（以降：電圧）v を加えたときに流れる電流 i と位相差についてはすでに 3 章で説明しました．

単相交流において一般に**瞬時電力**は，電圧 v を加えたときの電流 i の**瞬時値 v と i の積** p のことをいいます．交流の電圧と電流の各瞬時値を式(5·1)と式(5·2)とすると，瞬時電力は式(5·3)となります．

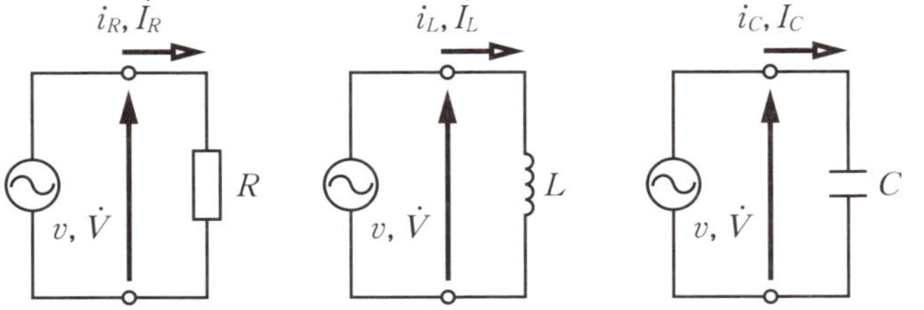

(a) 抵抗回路　(b) インダクタ回路　(c) キャパシタ回路

図 5·1 ■ RLC 素子の交流回路

$$v = V_m \sin \omega t = \sqrt{2}\, V \sin \omega t \text{〔V〕} \quad (5\cdot1)$$

$$i = I_m \sin(\omega t + \theta) = \sqrt{2}\, I \sin(\omega t + \theta) \text{〔A〕} \quad (5\cdot2)$$

$$p = vi \text{〔W〕} \quad (5\cdot3)$$

電圧を基準にすると，構成素子によっては電流の位相が**進む場合**と**遅れる場合**があります．そのため，式(5･2)の位相 θ は θ を正として，進む場合は正（$+\theta$），遅れる場合は負（$-\theta$）となります．

2 抵抗だけの回路の電力を求めてみよう

図5･1(a)の交流電源に抵抗 R だけをつないだ回路に

$$v = \sqrt{2}\, V \sin \omega t \text{〔V〕} \quad (5\cdot4)$$

を加えるとすると，流れる電流 i_R〔A〕は

$$i_R = \frac{v}{R} = \frac{\sqrt{2}\, V}{R} \sin \omega t = \sqrt{2}\, I_R \sin \omega t \text{〔A〕} \quad (5\cdot5)$$

と示すことができます．

R で消費する電力の瞬時値 p_R〔W〕は直流の電力と同じように次式で表現できます．

$$p_R = v i_R \text{〔W〕} \quad (5\cdot6)$$

これを交流回路の**瞬時電力**と呼びます．このときの電圧・電流のフェーザ図と瞬時値波形を**図5･2**に示します．

図5･2から(a)のように電圧と電流のフェーザは，同じ方向を向いていることがわかります．また，図5･2(b)から瞬時電力 p_R は，時間とともに絶えず変化していることがわかります．交流電力 P〔W〕は，瞬時電力 p_R の平均値として求めることができます．まずはじめに，瞬時電力の式(5･6)を式(5･4)と式(5･5)から求めてみましょう．

$$
\begin{aligned}
p_R &= vi_R \\
&= \sqrt{2}\,V\sin\omega t\cdot\sqrt{2}\,I_R\sin\omega t \\
&= 2VI_R\sin^2\omega t \\
&= VI_R(1-\cos 2\omega t)\ \text{〔W〕} \qquad (5\cdot7)
\end{aligned}
$$

∵ $\sin^2\omega t=\dfrac{1}{2}(1-\cos 2\omega t)$*
$\cos 2\omega t$ の１周期平均は０！

グラフで表現すると…

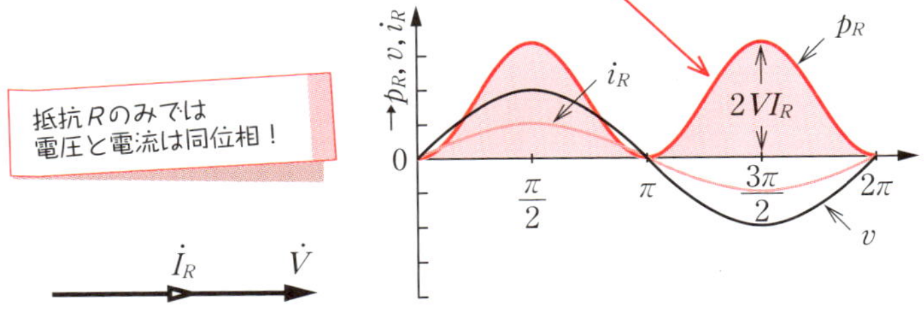

(a) フェーザ図　　(b) 電圧，電流と瞬時電力の関係

図 5·2■ R だけの回路の電力

式(5·7)の中にある **$\cos 2\omega t$ の１周期の平均は０** となり，瞬時電力の平均値 P_R は

$$P_R = VI_R\ \text{〔W〕} \qquad (5\cdot8)$$

と求まります．

つまり，**抵抗だけの回路**は，図 5·2 より**電圧と電流は同相**で消費される電力（平均電力）は，式(5·8)で示され，式(1·9)で示した**直流電力と同じ表現**となります．

3 インダクタだけの回路の電力を求めてみよう

図 5·1(b)の交流電源にインダクタンス L のインダクタだけをつないだ回路に

$$v=\sqrt{2}\,V\sin\omega t\ \text{〔V〕} \qquad (5\cdot9)$$

を加えると**流れる電流 i_L〔A〕は，電圧 v より $\dfrac{\pi}{2}$〔rad〕遅れ位相**となり次式となります．

$$i_L=\frac{1}{L}\int v dt=\frac{\sqrt{2}\,V}{\omega L}\sin\left(\omega t-\frac{\pi}{2}\right)=\sqrt{2}\,I_L\sin\left(\omega t-\frac{\pi}{2}\right)\ \text{〔A〕} \qquad (5\cdot10)$$

このとき，図 5·3(b)に示すように位相の判別は基準の電圧のピーク点(赤丸)と電流のピーク点(赤丸)の位相を見るとわかりやすく，**電圧より電流が遅れている**のがわかります．遅れ位相分を考慮して L で消費する電力の瞬時値 p_L〔W〕は次式になります．

* $\cos 2\alpha=\cos^2\alpha-\sin^2\alpha=1-2\sin^2\alpha$

$$
\begin{aligned}
p_L &= vi_L \\
&= \sqrt{2}\,V\sin\omega t\cdot\sqrt{2}\,I_L\sin\left(\omega t-\frac{\pi}{2}\right) \\
&= -2VI_L\sin\omega t\cos\omega t \\
&= -VI_L\sin 2\omega t \text{〔W〕}
\end{aligned}
\tag{5·11}
$$

$2\sin\alpha\cos\alpha=\sin 2\alpha$

このときの電圧・電流のフェーザ図と瞬時値波形を**図 5·3** に示します．

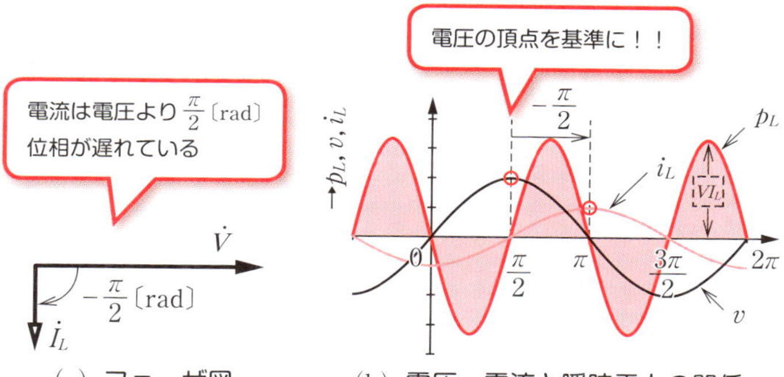

（a）フェーザ図　（b）電圧，電流と瞬時電力の関係

図 5·3 L だけの回路の電力

式(5·11)と図 5·3(b)より，瞬時電力 p_L は電源電圧の 2 倍の周波数で正弦波状に変動する交流で，その平均値は 0 となることから，L で消費される電力（平均電力）P_L〔W〕は 0 となります．

つまり，**インダクタだけの回路は**，図 5·3(a)のフェーザ図から**電流が電圧に対して $\frac{\pi}{2}$〔rad〕遅れ位相となり，電力は消費しない**ことになります．

4 キャパシタだけの回路の電力を求めてみよう

図 5·1(c)の交流電源にキャパシタンス C のキャパシタだけをつないだ回路に

$$v=\sqrt{2}\,V\sin\omega t\text{〔V〕}\tag{5·12}$$

を加えると**流れる電流 i_C〔A〕は電圧 v より $\frac{\pi}{2}$〔rad〕進み位相**となり次式となります．

$$i_C=C\frac{dv}{dt}=\sqrt{2}\,V\omega C\sin\left(\omega t+\frac{\pi}{2}\right)=\sqrt{2}\,I_C\sin\left(\omega t+\frac{\pi}{2}\right)\text{〔A〕}\tag{5·13}$$

キャパシタの場合も同様に，図 5･4(b)に示すように位相の判別は，基準の電圧のピーク点（赤丸）と電流のピーク点（赤丸）の位相を見るとわかりやすく，**電圧より電流が進んでいる**のがわかります．

C で消費する瞬時電力 p_C〔W〕は進み位相を考慮すると次式になります．

$$\begin{aligned} p_C &= vi_C \\ &= \sqrt{2}\,V\sin\omega t\cdot\sqrt{2}\,I_C\sin\left(\omega t+\frac{\pi}{2}\right) \\ &= 2VI_C\sin\omega t\cos\omega t \\ &= VI_C\sin 2\omega t\ \text{〔W〕} \end{aligned} \quad (5\cdot14)$$

このときの電圧・電流のフェーザ図と瞬時値波形を**図 5･4** に示します．

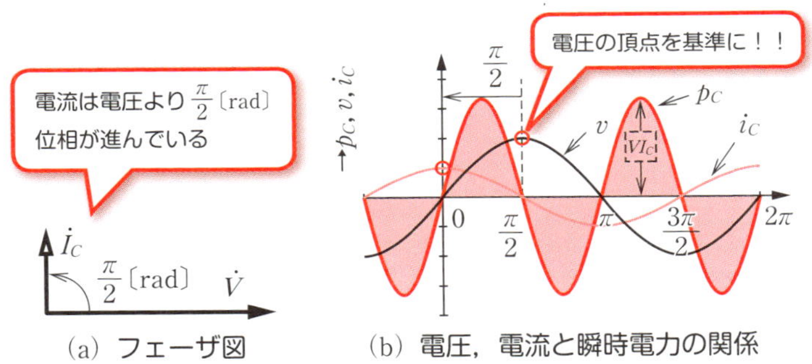

(a) フェーザ図　(b) 電圧，電流と瞬時電力の関係

図 5･4 C だけの回路の電力

式(5･14)と図 5･4(b)より，瞬時電力 p_C は電源電圧の 2 倍の周波数で正弦波状に変動する交流で，その平均値は 0 となることから，C で消費される電力（平均電力）P_C〔W〕も 0 となります．

つまり，**キャパシタだけの回路は**，図 5･4(a)のフェーザ図から**電流が電圧に対して $\frac{\pi}{2}$〔rad〕進み位相となり，電力は消費しない**ことになります．

まとめ

・瞬時電力

瞬時電力 p は電圧 v を加えたときの電流 i の瞬時値 v と i の積なので

印加電圧：$v=V_m \sin\omega t=\sqrt{2}\,V\sin\omega t$〔V〕とすると

1．抵抗のみ⇒電圧と電流は同相で直流電力と同じ表現

$$i_R=\frac{v}{R}=\frac{\sqrt{2}\,V}{R}\sin\omega t=\sqrt{2}\,I_R\sin\omega t\text{〔A〕},\quad I_R=\frac{V}{R}\text{〔A〕}$$

$$p_R=vi_R=VI_R(1-\cos 2\omega t)\text{〔W〕},\quad \text{平均電力 } P_R=VI_R\text{〔W〕}$$

2．インダクタのみ ⇒ 電圧より電流の位相は $\pi/2$〔rad〕遅れる

$$i_L=\sqrt{2}\,I_L\sin\left(\omega t-\frac{\pi}{2}\right)\text{〔A〕},\quad I_L=\frac{V}{\omega L}\text{〔A〕}$$

$$p_L=vi_L=-VI_L\sin 2\omega t\text{〔W〕},\quad \text{平均電力 } P_L=0\text{〔W〕}$$

3．キャパシタのみ⇒電圧より電流の位相は $\pi/2$〔rad〕進む

$$i_C=\sqrt{2}\,I_C\sin\left(\omega t+\frac{\pi}{2}\right)\text{〔A〕},\quad I_C=\omega CV\text{〔A〕}$$

$$p_C=vi_C=VI_C\sin 2\omega t\text{〔W〕},\quad \text{平均電力 } P_C=0\text{〔W〕}$$

抵抗は熱として消費されますが，それに対してインダクタとキャパシタの消費電力（平均電力）は0となり発熱しません．

5-2 有効電力

☆有効電力

有効電力は，瞬時電力（電圧・電流の瞬時値の積）の平均で表すことができ，抵抗での消費電力を意味します．これにより，抵抗は電気エネルギーを光や熱に変換します．

単に電力といった場合は抵抗器で消費される電力で，「有効電力」「平均電力」「実効電力」「消費電力」を指します．

1 RLC 直列回路の電力を求めてみよう

R，L，C が個々に構成される回路は少なく，実際には，図 5・5 に示すように抵抗やインダクタ，キャパシタが直列に接続された RLC 直列回路などがほとんどです．

(a) 回路　　(b) フェーザ図（$|\dot{V}_L|>|\dot{V}_C|$）　(c) フェーザ図（$|\dot{V}_L|<|\dot{V}_C|$）

(d) 電圧，電流と瞬時電力の関係（$|\dot{V}_L|>|\dot{V}_C|$）

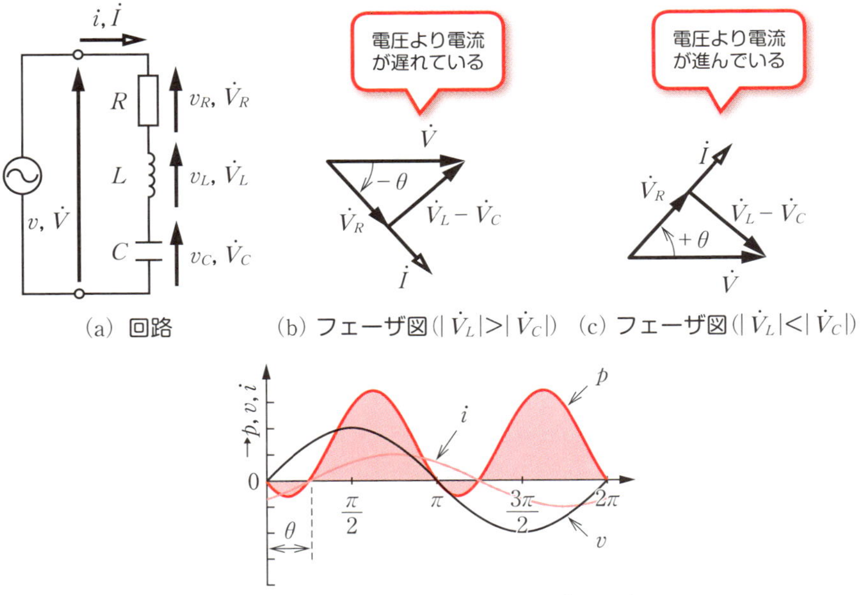

図 5・5 ■インピーダンス回路の電力

ここで，図 5·5(a)の回路に次の電圧を加えた場合を考えてみましょう．以下は3章，4章の復習になります．

$$v=\sqrt{2}\,V\sin\omega t\ 〔\mathrm{V}〕 \qquad (5\cdot15)$$

このとき，回路に流れる電流 i〔A〕は，3章で説明したように電圧 v より $\theta=\tan^{-1}\dfrac{\left|\omega L-\dfrac{1}{\omega C}\right|}{R}$〔rad〕分だけ位相がずれ，次式となります．この位相差は**力率角**と呼び，**インピーダンス角**とも呼びます．

$$i=\sqrt{2}\,I\sin(\omega t\mp\theta)\ 〔\mathrm{A}〕 \qquad (5\cdot16)$$

リアクタンス X_L と X_C の大きさによって，i は以下のようになります．

$X_L>X_C$ の力率角（インピーダンス角）

$$\tan^{-1}\frac{\omega L-\dfrac{1}{\omega C}}{R}=\tan^{-1}\frac{X_L-X_C}{R}=\theta\ 〔\mathrm{rad}〕 \qquad (5\cdot17)$$

複素インピーダンス $\dot{Z}$ は以下のように表現できます．

$$\dot{Z}=Z\angle\theta\ 〔\Omega〕,\quad \theta>0 \qquad (5\cdot18)$$

したがって，電流は電圧に対して θ〔rad〕位相が遅れるので，位相を考慮すると式(5·16)の電流は次式で表現できます．

$$i=\sqrt{2}\,I\sin(\omega t-\theta)\ 〔\mathrm{A}〕 \qquad (5\cdot19)$$

$X_L<X_C$ の力率角(インピーダンス角)

$$\tan^{-1}\frac{\omega L-\dfrac{1}{\omega C}}{R}=\tan^{-1}\frac{X_L-X_C}{R}=-\theta\ 〔\mathrm{rad}〕 \qquad (5\cdot20)$$

複素インピーダンス $\dot{Z}$ は以下のように表現されます．

$$\dot{Z}=Z\angle-\theta\ 〔\Omega〕 \qquad (5\cdot21)$$

この場合，電流は，電圧に対して θ〔rad〕位相が進むので，位相を考慮すると式(5·16)の電流は次式で表現できます．

$$i=\sqrt{2}\,I\sin(\omega t+\theta)\ 〔\mathrm{A}〕 \qquad (5\cdot22)$$

以上より，電源電圧 $\dot{V}$ に対して電流 $\dot{I}$ の位相差は，X_L，X_C の大小関係によって進み位相あるいは遅れ位相になり，図 5·5(b)と(c)のフェーザ図に示すように，インダクタとキャパシタの各電圧の大きさによって変化します．

ここで，図 5·5(b)の位相関係のときにおけるこの回路の瞬時電力について考えます．このときの電流位相は遅れ位相となり，瞬時電力は，式(5·15)と式

(5·19)より次のように求められます．

$$p = vi$$
$$= \sqrt{2}\, V \sin\omega t \cdot \sqrt{2} I \sin(\omega t - \theta) = 2VI \sin\omega t \sin(\omega t - \theta)^{*}$$
$$= 2VI\{\sin\omega t(\sin\omega t \cos\theta - \cos\omega t \sin\theta)\}$$
$$= 2VI(\sin^2\omega t \cos\theta - \sin\omega t \cos\omega t \sin\theta)$$
$$= VI\{(1 - \cos 2\omega t)\cos\theta - \sin 2\omega t \sin\theta\}$$
$$= VI\{\cos\theta - \cos(2\omega t - \theta)\} \ \text{〔W〕} \quad (5\cdot 23)$$

式(5·23)中の $\cos(2\omega t - \theta)$ の1周期の平均は0となるので，瞬時電力の平均値は

$$P = VI\cos\theta \ \text{〔W〕} \quad (5\cdot 24)$$

つまり，インピーダンス Z にて消費される電力の平均値 P は式(5·24)で示され，これを**有効電力**と呼び**1秒ごとに消費される電気エネルギー**となります．有効電力は記号に P，単位にワット（〔W〕=〔J/s〕）で表現します．

2 有効電力のその他の求め方は……

有効電力は，次のようにも表すことができます．図5·5(b)のフェーザ図より抵抗 R の電圧 V_R は次式で求まります．

$$V_R = RI = V\cos\theta \ \text{〔V〕} \quad (5\cdot 25)$$

R で消費される電力 P_R は以下となります．

$$P_R = V_R I = RI^2 \ \text{〔W〕} \quad (5\cdot 26)$$

L と C で消費される電力 P_L と P_C は5-1節で述べたように

$$P_L = P_C = 0 \ \text{W} \quad (5\cdot 27)$$

となります．つまり P は，抵抗の電力 P_R とインダクタの平均電力 P_L，キャパシタの平均電力 P_C の和となり，式(5·24)と同じになります．

$$P = P_R + P_L + P_C = RI^2 + 0 + 0 = VI\cos\theta \ \text{〔W〕} \quad (5\cdot 28)$$

まとめ

・有効電力 P

$$P = RI^2 = VI\cos\theta \ \text{〔W〕}$$

（R：抵抗，V：電圧の実効値，I：電流の実効値，$\cos\theta$：力率，θ：力率角）

また，5-3節で説明する皮相電力 S に力率 $\cos\theta$ をかけても求まります．

* $\sin\alpha\sin\beta = 1/2\{\cos(\alpha-\beta) - \cos(\alpha+\beta)\}$ より $2\sin\omega t\sin(\omega t - \theta) = \cos\theta - \cos(2\omega t - \theta)$ となります．

例題 1

RL 直列回路に実効値 V〔V〕の電圧を加えるとき，実効値 I〔A〕の電流が流れた．このときの瞬時電力と平均電力（有効電力）を求めなさい．ただし，角周波数 ω，位相差 θ を利用し，電圧を基準にすること．

解答 瞬時電圧 $v=\sqrt{2}\,V\sin\omega t$〔V〕，瞬時電流 $i=\sqrt{2}\,I\sin(\omega t-\theta)$〔A〕とし，瞬時値どうしの積を行い，瞬時電力を求めます．

瞬時電力

$$
\begin{aligned}
p &= vi \\
&=\sqrt{2}\,V\sin\omega t\cdot\sqrt{2}\,I\sin(\omega t-\theta)=2VI\sin\omega t\sin(\omega t-\theta) \\
&= VI\{\cos\theta-\cos(2\omega t-\theta)\}\text{〔W〕}
\end{aligned}
$$

平均電力（有効電力）

$$
\begin{aligned}
P &= \frac{1}{\frac{T}{2}}\int_0^{\frac{T}{2}} p\,dt=\frac{2}{T}VI\int_0^{\frac{T}{2}}\{\cos\theta-\cos(2\omega t-\theta)\}dt \\
&= VI\cos\theta=\sqrt{R^2+(\omega L)^2}\,I^2\cdot\frac{R}{\sqrt{R^2+(\omega L)^2}}=I^2R\text{〔W〕}
\end{aligned}
$$

以上のように，瞬時電力の平均値は式(5·24)や式(5·28)の有効電力と同じ結果となることがわかります．そのため，平均電力は有効電力といわれるのです．

5-3 皮相電力と無効電力

キーポイント

☆皮相電力

皮相電力は，電圧と電流を掛けた電力で，電気機器の容量を表すために用いられています．電気機器において，決められた電圧に対して流れる電流の最大値を表すことができ，その機器に配線するケーブルの仕様を決めるのに大変便利です．

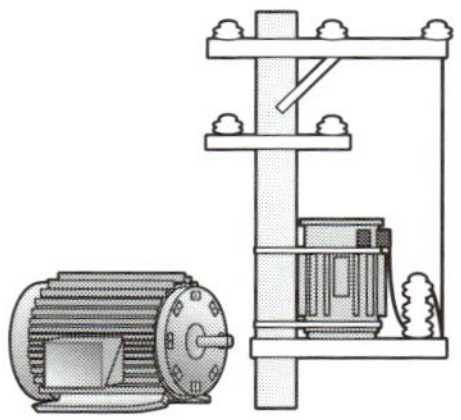

☆無効電力

無効電力とは，LC 素子で電源に戻る電力で消費エネルギーは 0 となり発熱もしません．つまり，ある期間電源より供給されたエネルギーは，次の期間では，電源に戻り平均すれば消費されないことを意味しています．決して電力が無効になるわけではありません．

1 皮相電力とは

電圧と電流の各実効値を掛けた電力を**皮相電力**と呼びます．**記号は S，単位は〔V・A〕**(ボルト・アンペア)となり，次式で求まります．

$$S = VI \text{〔V・A〕} \tag{5・29}$$

2 無効電力とは

図 5・5(a)の回路の LC 素子では，電源より供給される時間当たりのエネルギーは，ある期間供給され，次の期間には再び電源に戻るため reactive power と呼びます．そのため，有効電力に対して**無効電力**と呼ばれます．**記号は Q，単位は〔var〕**となります．Q は式(5・24)の力率 $\cos\theta$ を無効率 $\sin\theta$ に置き換えると求まります．

$$Q = VI\sin\theta \text{〔var〕} \tag{5・30}$$

無効電力が電源に戻る理由についてより詳しく考えてみましょう．先程の瞬時電力の算出式(5・23)を使うとよくわかります．

$$\begin{aligned} p &= VI\{\cos\theta - \cos(2\omega t - \theta)\} \\ &= VI\cos\theta - VI\cos\theta\cos 2\omega t - VI\sin\theta\sin 2\omega t \\ &= \underline{P - P\cos 2\omega t} - \underline{Q\sin 2\omega t} \text{〔W〕} \end{aligned} \tag{5・31}$$

（有効電力の瞬時値）（無効電力の瞬時値）

補足➡ var（バール）は Volt Ampere Reactive の頭文字からきています．
皮相電力は英語で Apparent power と呼びます．

式(5·31)を平均すると有効電力分の P のみが残り，**無効電力分は0となる**ことがわかります．このことから，無効電力はリアクタンスに依存することがわかります．したがって，無効になるのではなく電源に戻っていることになり，図5·3や図5·4からもわかります．

まとめ

・皮相電力 S

$$S = VI \text{〔V·A〕}$$

（V：電圧の実効値，I：電流の実効値）

・無効電力 Q

$$Q = VI\sin\theta \text{〔var〕}$$

（V：電圧の実効値，I：電流の実効値，$\sin\theta$：無効率，θ：力率角）

例題 1

ある負荷に電圧200 Vを加えたとき，遅れ位相30°で電流20 Aが流れた．このときの力率，有効電力，無効電力，皮相電力を求めなさい．

解答 力率（5-4節で説明します）

$$\cos\theta = \cos 30° = \frac{\sqrt{3}}{2} = 0.866$$

有効電力

$$P = VI\cos\theta = 200 \times 20 \times \frac{\sqrt{3}}{2} = 2\,000\sqrt{3} = 3\,464 \text{ W}$$

無効電力

$$\sin\theta = \sqrt{1-(\cos\theta)^2} = \sqrt{1-(0.866)^2} = 0.500$$

$$Q = VI\sin\theta = 200 \times 20 \times 0.500 = 2\,000 \text{ var}$$

皮相電力

$$S = VI = 200 \times 20 = 4\,000 \text{ V·A}$$

補足➡遅れ位相とは電圧に対して電流が遅れることを意味します．逆に，進み位相とは電流が進んでいることを意味します．

5-4 力　　率

キーポイント

電源に接続する負荷によって，同一の皮相電力に対する有効電力の比率は変化します．このときの比を力率 $\cos\theta$ といいます．また，無効電力の比率は無効率 $\sin\theta$ と呼びます．それぞれの成分は力率角 θ によって変化します．力率角は電圧と電流の位相差を意味します．

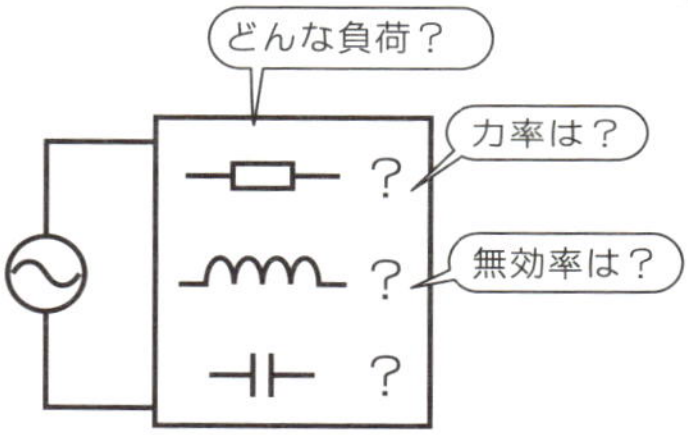

1 有効電力，皮相電力，無効電力の関係

有効電力 P，皮相電力 S，無効電力 Q は式(5·24)，式(5·29)，式(5·30)から以下の関係があることがわかります．

$$S=\sqrt{P^2+Q^2} \tag{5·32}$$

これらの関係を図式的に表現すると**図 5·6** となります．図 5·6(a)は，式(5·24)，式(5·29)，式(5·30)の電流成分のフェーザ図を示します．また，図 5·6(b)は，式(5·32)の各電力成分の関係を示します．図 5·6(a)のフェーザ図より θ は電圧 $\dot{V}$ と電流 $\dot{I}$ の位相差を意味し，力率角と呼ばれ，各成分に作用していることがわかります．電気回路における力率角の範囲は，$-90°\leqq\theta\leqq 90°$ となります．

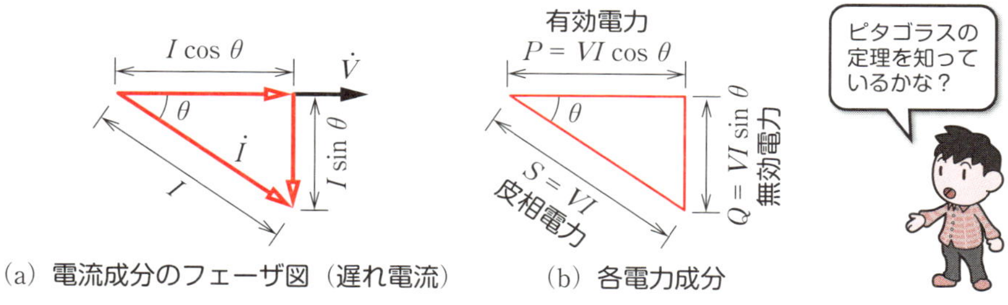

図 5·6 有効電力，皮相電力，無効電力の関係

2 力率（進み力率，遅れ力率）

有効電力 P と皮相電力 S の比を**力率 pf（power factor）**と呼び，**皮相電力のうち，どの程度が有効電力として消費されるのかを示す割合**

必須！ 有効電力，皮相電力，無効電力の各電力は直角三角形の各辺に相当するので，ピタゴラスの定理（三平方の定理）が成り立ちます．

を表したものです．

$$\frac{P}{S}=\frac{P}{\sqrt{P^2+Q^2}}=\frac{VI\cos\theta}{VI}=\cos\theta \tag{5·33}$$

つまり，ある負荷に対して電圧と電流が同じであっても，力率が異なれば有効電力の値も異なることになります．また，力率の範囲は，$0\leqq\cos\theta\leqq1$ となり，小数点以下の小さい値となるため百分率〔%〕で表すこともあります．

力率は電圧 $\dot{V}$ と電流 $\dot{I}$ の位相差によって決まることから，**図 5·7**(a)のように電流の位相が遅れるときは「遅れ力率」，図 5·7(b)のように電流位相が進むときは「進み力率」と呼びます．ここでは，わかりやすくするため，回路を L と C を用いて表しています．

次にインピーダンスと力率の関係を考えてみましょう．**図 5·8** のようにインピーダンスは三角形で表現でき，電圧と電流の位相差と負荷のインピーダンス角は等しい関係にあります．

負荷のインピーダンスを $\dot{Z}=R+jX$ とおけば，力率は次式で表現できます．

$$\cos\theta=\frac{R}{Z}=\frac{R}{\sqrt{R^2+X^2}} \tag{5·34}$$

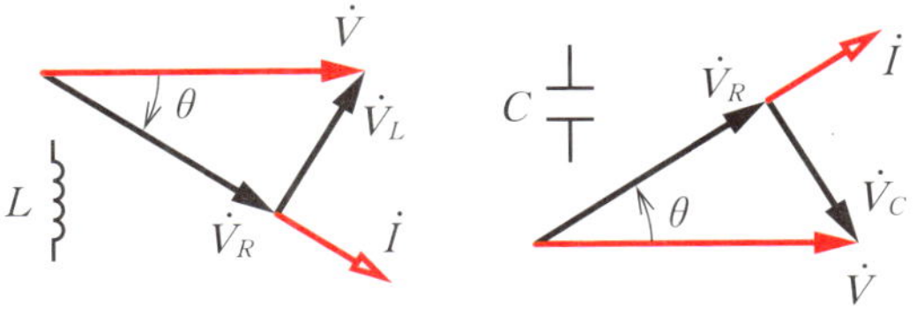

(a) 遅れ力率（誘導性）　(b) 進み力率（容量性）

図 5·7■電圧に対する電流の位相と力率

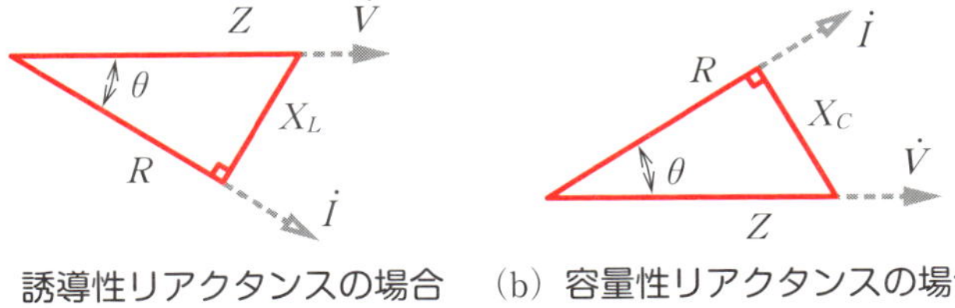

(a) 誘導性リアクタンスの場合　(b) 容量性リアクタンスの場合

図 5·8■インピーダンス三角形と力率

補足➡力率は85%以上がよいとされています．代表的な電気機器の力率は，白熱電球が100%，TV が 90〜95%，三相誘導モータが 70〜75%，単相誘導モータが 47%〜などとなっています．

リアクタンスXは，インダクタンスLとキャパシタンスCの大小関係によって誘導性や容量性となり，力率角と同様にインピーダンス角の範囲は$-90°\leqq\theta\leqq 90°$となります．ただし，cos 関数の$\cos\theta=\cos(-\theta)$の性質上，力率に正負は生じません．

3 無効率

無効電力Qと皮相電力Sの比を**無効率**と呼び，**負荷に供給された皮相電力のうち，無効電力として消費される割合**を表します．

$$\frac{Q}{S}=\frac{Q}{\sqrt{P^2+Q^2}}=\frac{VI\sin\theta}{VI}=\sqrt{1-\cos^2\theta}=\sin\theta \tag{5·35}$$

まとめ

・力率 pf：$\cos\theta$

$$\cos\theta=\frac{P}{S}=\frac{P}{\sqrt{P^2+Q^2}}=\frac{VI\cos\theta}{VI}=\frac{R}{\sqrt{R^2+X^2}}$$

進み力率：負荷のリアクタンス$X<0$（容量性）および進み位相の場合

遅れ力率：負荷のリアクタンス$X>0$（誘導性）および遅れ位相の場合

・無効率：$\sin\theta$

$$\sin\theta=\frac{Q}{S}=\frac{Q}{\sqrt{P^2+Q^2}}=\frac{VI\sin\theta}{VI}=\sqrt{1-\cos^2\theta}=\frac{X}{\sqrt{R^2+X^2}}$$

例題 1

図 5·5 のRLC直列回路について以下の問いに答えなさい．ただし，$R=40\ \Omega$，$L=63.7\ \mathrm{mH}$，$C=63.7\ \mu\mathrm{F}$，$\omega=100\pi$〔rad/s〕，$V=100\ \mathrm{V}$とする．

(a) インピーダンス$\dot{Z}$の大きさを求めなさい．

(b) 電流Iおよび皮相電力を求めなさい．

(c) 力率および無効率を求めなさい．

(d) 有効電力および無効電力を求めなさい．

(e) 電圧を基準に電流とのフェーザ図を示し，電流の有効分，無効分を求めなさい．

解答 (a)　$X_L=\omega L=100\pi\times 63.7\times 10^{-3}=20\ \Omega$

$$X_C=\frac{1}{\omega C}=\frac{1}{100\pi\times 63.7\times 10^{-6}}=50\ \Omega$$

$$|\dot{Z}|=|R+j(X_L-X_C)|=|40+j(20-50)|=|40-j30|=\sqrt{40^2+30^2}=50\ \Omega$$

(b)　$I=\dfrac{V}{Z}=\dfrac{100}{50}=2\ \mathrm{A}$，$S=VI=100\times 2=200\ \mathrm{V\cdot A}$

(c)　力率：$\cos\theta=\dfrac{R}{Z}=\dfrac{40}{50}=0.8$，無効率：$\sin\theta=\sqrt{1-\cos^2\theta}=0.6$

(d)　有効電力：$P=VI\cos\theta=100\times 2\times 0.8=160\ \mathrm{W}$

無効電力：$Q=VI\sin\theta=100\times 2\times 0.6=120\ \mathrm{var}$

(e)　**図 5·9** に示すように，電圧を基準に電流の位相差は，インピーダンス角より

$$\theta=\tan^{-1}\left(\frac{X_L-X_C}{R}\right)=\tan^{-1}\left(\frac{20-50}{40}\right)$$

$=-36.9°$（I が進み位相）

電流の有効分：$I\cos\theta=2\times 0.8=1.6\ \mathrm{A}$

電流の無効分：$I\sin\theta=2\times 0.6=1.2\ \mathrm{A}$

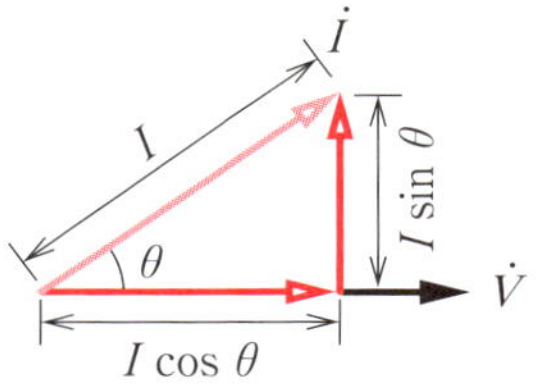

図 5·9

別解 ▶

インピーダンス角は

$$\theta=\tan^{-1}\left(\frac{X_L-X_C}{R}\right)=\tan^{-1}\left(\frac{20-50}{40}\right)$$

$=-36.9°$

となり，電流 $\dot{I}$ は次式となります．

$$\dot{I}=\frac{\dot{V}}{\dot{Z}}=\frac{100e^{j0°}}{50e^{-j36.9°}}=2e^{j36.9°}\ \text{〔A〕}$$

つまり，進み位相の電流となります．また，複素数表示にすると電流 $\dot{I}$ は次式となります．

$$\dot{I}=\underset{\text{電流の実効値}}{2}\{\underset{\text{力率}}{\cos 36.9°}+j\underset{\text{無効率}}{\sin 36.9°}\}=\underset{\text{有効分}}{1.6}+j\underset{\text{無効分}}{1.2}\ \text{〔A〕}$$

電流の有効分：1.6 A

電流の無効分：1.2 A

例題 2

RLC 直列回路が $R=40\ \Omega$, $L=63.7\ \mathrm{mH}$, $C=63.7\ \mu\mathrm{F}$ で構成された場合, $\omega=100\pi$〔rad/s〕および $\omega=250\pi$〔rad/s〕の力率を求めなさい.

解答 インピーダンス $Z=\sqrt{R^2+\left(\omega L-\dfrac{1}{\omega C}\right)^2}$ および力率 $\cos\theta=\dfrac{R}{Z}$ であるから, $\omega=100\pi$〔rad/s〕も $\omega=250\pi$〔rad/s〕の力率も同じ 0.8 となります.

ただし, 負荷は $\omega=100\pi$〔rad/s〕のとき $\dot{Z}=R+j(X_L-X_C)=40-j30$〔Ω〕となり容量性, $\omega=250\pi$〔rad/s〕のとき $\dot{Z}=R+j(X_L-X_C)=40+j30$〔Ω〕となり誘導性となります. 複素インピーダンスや力率角を求めることで, 負荷の性質がわかります.

5-5 複素電力

キーポイント

複素電力とは，複素電圧の共役（$\bar{V}$）と複素電流（$\dot{I}$）との積で表現します．複素電力を用いて計算することで，有効電力や無効電力，力率の方向を同時に求めることができます．ただし，無効電力が負で表現された場合でも，無効電力が負になるわけではありません．

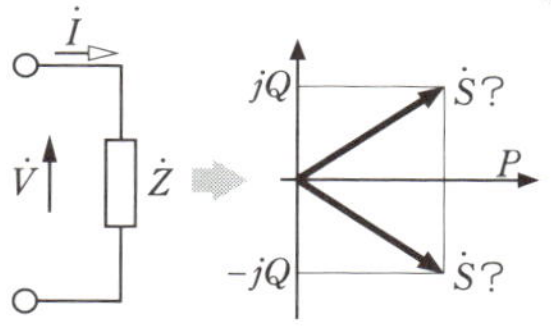

図 5·10 のインピーダンス Z の回路では，電圧と電流に位相差が生じます．式(5·32)の各電力の関係を複素平面上に表現すると図 5·10(c)のようになります．

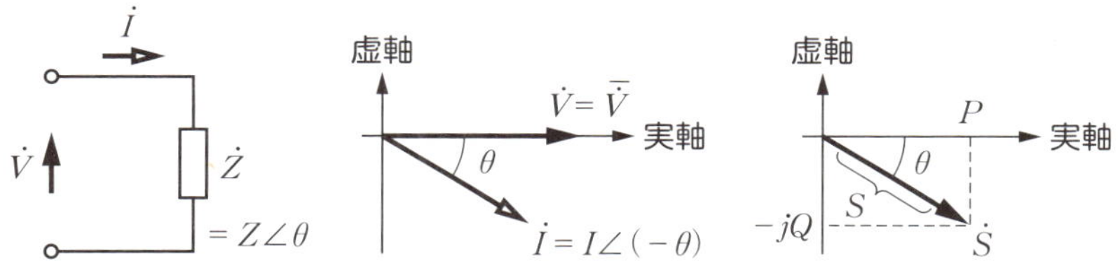

(a) 回路　(b) 電圧と電流の位相差　(c) 複素平面上の電力

図 5·10 インピーダンス Z での電力の関係

図の複素量 $\dot{S}$ を**複素電力**と呼び，$\bar{V}$（$\dot{V}$ の共役）と $\dot{I}$ とは次式の関係があります．

$$\dot{S} = P - jQ = \bar{V}\dot{I} \tag{5·36}$$

式(5·36)のように，複素電力は複素電圧の共役（$\bar{V}$）と複素電流の積で求めます．まず，電圧と電流の各フェーザを以下のように表現します．

$$\dot{V} = V\angle 0 \text{（基準）},\quad \dot{I} = I\angle -\theta$$

このとき，複素電圧の共役（$\bar{V}$）と複素電流の積は

$$\begin{aligned}\bar{V}\dot{I} &= VI\angle -\theta \\ &= VI(\cos\theta - j\sin\theta) \\ &= P - jQ\end{aligned} \tag{5·37}$$

ここで，Q が正ならば遅れ位相（誘導性負荷），負ならば進み位相（容量性負荷）となります．つまり，式(5·37)の虚数部については以下のことがいえます．$Q>0$ として

補足⇒一般に $\bar{V} \neq \dot{V}$ ですので，複素電力 $\dot{S}$ を $\dot{V}\dot{I}$ より計算することはできません．

$-jQ$：**誘導性負荷**で，遅れ無効電力

$+jQ$：**容量性負荷**で，進み無効電力

また，式(5·36)の複素電力の大きさは皮相電力 S となります．

$$|\dot{S}|=S \tag{5·38}$$

まとめ

・複素電力

有効電力，無効電力，皮相電力を同時に求めることができます．

$$\dot{S}=P-jQ=\bar{\dot{V}}\dot{I}$$

$|\dot{S}|$ は皮相電力

P は有効電力

Q は無効電力

$Q>0$ のとき遅れ位相で，誘導性負荷

$Q<0$ のとき進み位相で，容量性負荷

例題 1

電圧 $\dot{V}=100+j40$〔V〕，電流 $\dot{I}=4+j3$〔A〕のとき，有効電力，無効電力，皮相電力を求めなさい．

解答 複素数や極形式で電圧や電流が与えられた場合，複素電力で求めると便利です．電圧の共役（$\bar{\dot{V}}$）と複素電流 $\dot{I}$ より

$$\dot{S}=\bar{\dot{V}}\dot{I}=P-jQ=(100-j40)(4+j3)=520+j140$$

と求まります．

有効電力：$P=520$ W

無効電力：$Q=140$ var

皮相電力：$|\dot{S}|=\sqrt{520^2+140^2}=539$ V·A

練習問題

① ある回路に実効値電圧 100 V を加えたところ，遅れ位相 36.8° で電流 6 A が流れた．この回路の力率，有効電力を求めなさい． 易☆☆☆難

② RL 直列回路に実効値 $V=200$ V の電圧を加えたところ，皮相電力と有効電力がそれぞれ 4 kV·A と 3.2 kW となった．この回路の R と L の値を求めなさい．ただし，周波数 $f=50$ Hz とする． 易☆☆☆難

③ $R=4\ \Omega$，$\omega L=3\ \Omega$ の RL 直列回路に $V=100$ V，周波数 $f=50$ Hz の電圧を加えたとき，流れる電流と電力の瞬時値を求めなさい． 易☆☆☆難

④ ある回路への印加電圧が $\dot{V}=V_a+jV_b$〔V〕のとき，電流 $\dot{I}=I_a+jI_b$〔A〕が流れた，その回路の有効電力 P と無効電力 Q および位相差 θ が以下の式となることを証明しなさい． 易☆☆☆難

$P=V_aI_a+V_bI_b$〔W〕，$Q=V_aI_b-V_bI_a$〔var〕

$\theta=\tan^{-1}\{(V_aI_b-V_bI_a)/(V_aI_a+V_bI_b)\}$

⑤ ある回路に $v=141.1\sin\omega t$〔V〕の電圧を加えたとき，電流 $i=7.07\sin(\omega t-30°)$〔A〕の電流が流れた．この回路の消費電力を求めなさい． 易☆☆☆難

⑥ RC 直列回路に $v=V_m\sin\omega t$〔V〕の電圧を加えた．このときの瞬時電力と平均電力を表す式を求めなさい． 易☆☆☆難

⑦ $R=4\ \Omega$，$L=25.5$ mH，$C=637\ \mu$F の RLC 直列回路に $V=200$ V，周波数 $f=50$ Hz の電圧を加えたとき，流れる電流，力率，有効電力および無効電力を求めなさい． 易☆☆☆難

⑧ $\dot{S}=\dot{V}\dot{I}$ より有効電力 P，無効電力 Q を求めることができないことを $\dot{V}=V(\cos\theta_1+j\sin\theta_1)$，$\dot{I}=I(\cos\theta_2+j\cos\theta_2)$ を用いて説明しなさい． 易☆☆☆難

Date　・　・

6章

相互誘導

　ファラデーによって発見された「電磁誘導の法則」は，電気機器の動作原理となっており，重要な発見です．電気機器の一つである変圧器は，二つのインダクタを磁気的に結合させ，一方のインダクタを励起し生じた電流で他方のインダクタに誘導起電力を生じさせる「相互誘導」を利用したもので，ファラデーの発見が大いに活用されています．この相互誘導や変圧器の原理を理解することは重要です．

　この章では，電磁誘導をもとにインダクタの自己インダクタンスの導出，相互誘導と相互インダクタンスの導出について変圧器を使って 6-1 節で解説します．また，変圧器の磁束の特性から動作原理や・(ドット) 表示について 6-2 節で解説します．最後に相互誘導回路の等価回路への変換や理想変圧器の構成について 6-3 節で解説します．

6-1 相互誘導回路

キーポイント

インダクタは電流を流すことにより磁束を発生させますが，逆に，磁束が変化するような状況下に置いた場合は電流を得ることができます．この得られた電流は，マイケル・ファラデーによって発見された「ファラデーの電磁誘導の法則」に基づいた誘導起電力によるものです．

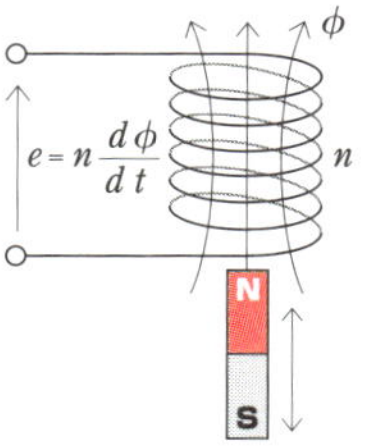

電磁誘導の原理を利用したものは，変圧器（電圧の振幅変換，電気絶縁やインピーダンス結合など）があります．これは，二つのインダクタを磁気的に結合させ，一方のインダクタに加えた電圧によって生じた電流が他方のインダクタに誘導起電力を生じさせる「相互誘導」を利用したものです．身近なものとして，ACアダプタなどに利用されてます．

1 自己インダクタンスとは

図6·1は，インダクタ（コイル）に外部の磁束 Φ（矢印：磁石の磁束）が貫いているとき，インダクタに電流を流したときの磁束の変化を示しています．インダクタは，"磁束の変化を嫌う性質"をもっているため，以下の作用が生じます．

図6·1(a)に示すように電流を増加することにより，インダクタを貫く磁束を増加させようとすると，図の誘導起電力が発生して磁束の増加を妨げる作用が生じます．

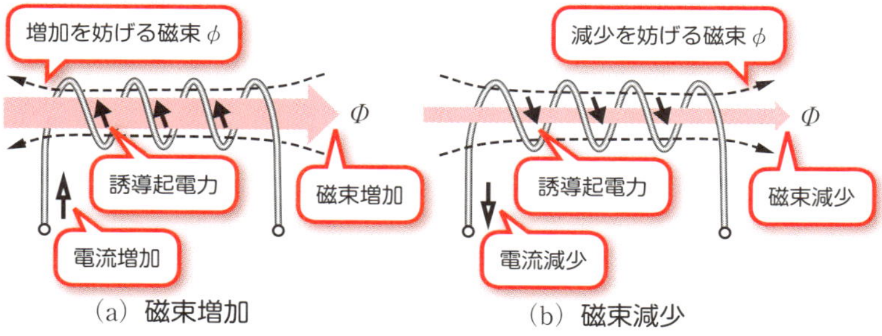

図6·1■インダクタの電磁誘導と誘導起電力

補足➡電磁誘導は，1831年英国の科学者マイケル・ファラデー（Michael Faraday，1791年～1867年）により発見されました．

また逆に，図 6·1(b)のように電流の方向を反転させ，インダクタを貫く磁束を減少させようとすると，図示のように誘導起電力が発生して磁束の減少を妨げるように作用が生じます．

したがって，**インダクタの電流が変化すれば磁束が変化し**，電磁誘導によって**磁束の変化を妨げる方向に誘導起電力**（induced electromotive force，単に起電力；electromotive force, e.m.f と略す）が発生します．

図 6·1 にあるように，インダクタ（コイル）は導線を螺旋状に巻いて構成します．このとき，巻線の巻数 n とすると発生する起電力 e は，**ファラデーの電磁誘導の法則**（Faraday's law of induction）により，巻線を時間的に変化しながら貫く磁束を ϕ とすると次式で表せます．

$$e = n\frac{d\phi}{dt}\ 〔\mathrm{V}〕 \tag{6·1}$$

また，磁束が通過する物質（鉄または空気）の透磁率 μ が一定であれば磁束は電流に比例し，電流の時間変化に応じて起電力 e も変化することになります．比例定数を L とすれば次式となります．

$$e = L\frac{di}{dt}\ 〔\mathrm{V}〕 \tag{6·2}$$

したがって，e は次式のとおり整理できます．

$$e = n\frac{d\phi}{dt} = L\frac{di}{dt}\ 〔\mathrm{V}〕 \tag{6·3}$$

この L を**自己インダクタンス**（self inductance）といい，単位にヘンリー（単位記号 H）を用います．1 H は 1 秒間に 1 A の電流が変化したとき 1 V の起電力を誘導する自己インダクタンスです．

式(6·3)より $n\phi = Li$ の関係が得られるので，自己インダクタンス L〔H〕は次式となります．

$$L = n\frac{\phi}{i}\ 〔\mathrm{H}〕 \tag{6·4}$$

また，自己インダクタンスは磁気回路からも導出することができます．**図 6·2** に示すような鉄心とインダクタについて磁気回路での計算を解説します．

磁気回路と電気回路は非常に似た特性をもっています．その特徴を以下の**表 6·1** にまとめます．

磁気回路における諸量は次のように定義されます．

補足⇒インダクタンスの単位 H（ヘンリー）は，アメリカの物理学者ジョセフ・ヘンリー（Joseph Henry，1797～1878 年）の名からとったものです．ファラデーと同時期に電磁誘導を発見しましたが，ファラデーの方が先に発表し，発見の功を譲ることとなりました．

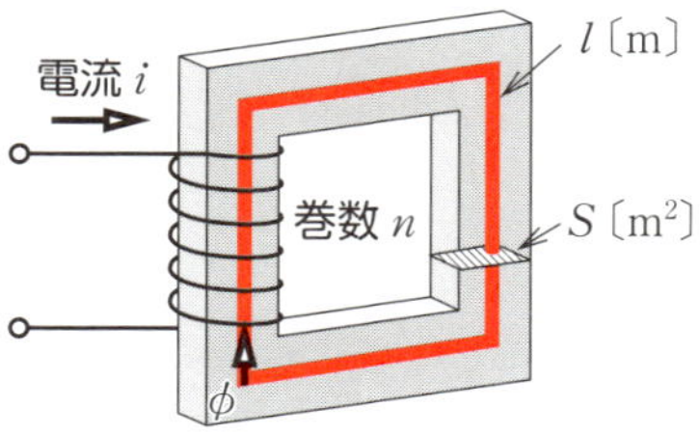

(a) 鉄心とインダクタ

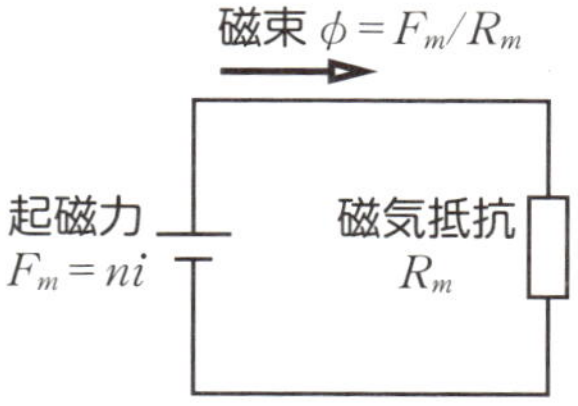

(b) 磁気回路

図 6·2 磁気回路の計算

表 6·1 磁気回路と電気回路の対称性

磁気回路		電気回路	
起磁力	$F_m = ni$〔A〕	電　圧	V〔V〕
磁　束	ϕ〔Wb〕	電　流	I〔A〕
磁気抵抗	$R_m = \frac{1}{\mu} \cdot \frac{l}{S}$〔A/Wb〕	電気抵抗	$R = \frac{1}{\sigma} \cdot \frac{l}{S}$〔Ω〕
透磁率	μ〔H/m〕	導電率	σ〔S/m〕

$$
\begin{aligned}
&\text{起磁力}\ F_m = ni\ \text{〔A〕} \\
&\text{磁束}\ \phi = \frac{F_m}{R_m} = \frac{ni}{R_m}\ \text{〔Wb〕} \\
&\text{磁気抵抗}\ R_m = \frac{1}{\mu} \cdot \frac{l}{S}\ \text{〔A/Wb〕}
\end{aligned}
\qquad (6\cdot5)
$$

ここで，F_m，ϕ，R_m を，それぞれ電気回路における電圧，電流，電気抵抗に対応させれば，$\phi = F_m/R_m$ の関係は，図 6·2(b)に示すように電気回路におけるオームの法則に対応していることが明らかです．そこで，（図 6·2(b)および）式(6·5)を磁気回路におけるオームの法則といいます．

自己インダクタンスは単位電流当たりのコイルの鎖交数なので，式(6·5)を式(6·4)に代入すると次式となります．

$$
L = n\frac{\phi}{i} = \frac{n}{i} \cdot \frac{ni}{R_m} = \frac{n^2}{R_m} = \frac{1}{\frac{1}{\mu} \cdot \frac{l}{S}} n^2 = \frac{\mu \cdot S}{l} n^2\ \text{〔H〕} \qquad (6\cdot6)
$$

以上より，コイルの自己インダクタンスは，形状，大小，巻数や周囲の物質（媒

補足➡変成器も変圧器もトランスもすべて英語では transformer で同じです．ちなみにトランスは transformer からきた和製英語です．

質の透磁率）などで決まることがわかります．

2 相互誘導と相互インダクタンス，結合係数とは

相互誘導回路を利用した代表的なものに**変圧器**（transformer）があります．**図 6･3** に変圧器の概要図と回路記号を示します．図より一般に変圧器は鉄心と二つのコイルで構成されており，一方で発生した磁束が他方のコイルを貫き電圧を誘起する電磁誘導を利用しています．

変圧器は主に，電圧の昇降圧，インピーダンス変換（変成器），極性反転，回路間の絶縁，配電（電力の分配）などに利用され，身近なものに AC アダプタのほか，電柱の上にのっている柱上変圧器があります．

柱上変圧器は，電力会社からの 6 600 V の交流を一般家庭の 100 V（または 200 V）に降圧しています．また，さまざまな電化製品（TV，DVD プレイヤ，パソコンなど）にも変圧器が使われており，コンセントからの AC 100 V を降圧して直流に整流し，DC 5 V の低電圧に変換して電子回路の電源に利用しています．そのほかには，携帯電話の充電器などの変圧器は非常に身近な存在です．

それでは，相互誘導の仕組みについて解説します．図 6･3 のように二つのコイルと鉄心で構成した変圧器を例にとります．

図 6･3 で，各々のコイルの自己インダクタンスを L_1，L_2，巻数を n_1，n_2 とします．また，**一次側に配するコイルを一次巻線**（primary winding），**二次側に配するコイルを二次巻線**（secondary winding）と呼びます．

いま，**図 6･4** に示すように一次巻線に一次側電流 i_1 を矢印の方向に流すと，

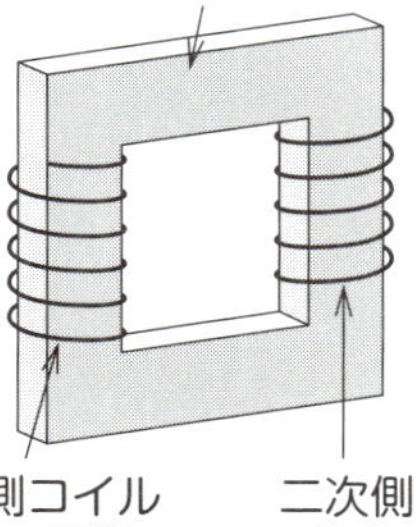

（a）概要図

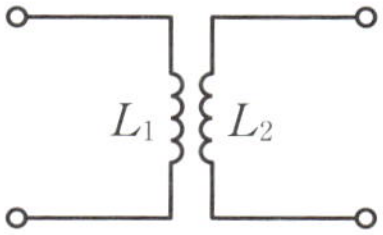

（b）回路記号

図 6･3 変圧器の概要図と回路記号

補足➡変圧器は全体的に鉄でできており，非常に重たいです．また，巻線が多くなればなるほど，重量が増します．大きいエネルギーを変換する場合は，非常に大形化します．身近にあるのでさがしてみてください．

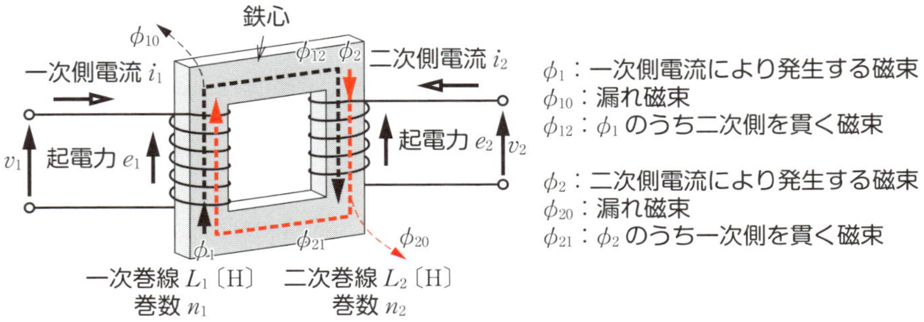

図 6·4■変圧器の相互誘導について

右ねじの法則より矢印の方向に磁束 ϕ_1 が発生します．ただし，**発生した磁束の一部は大気中に** ϕ_{10} だけ**漏れ**，これを**漏れ磁束**（leakage flux）と呼びます．そして，その残りの磁束 ϕ_{12} が二次巻線と鎖交します．

また，二次巻線に二次側電流 i_2 を流すと同様に図示の矢印の方向に磁束 ϕ_2 が発生し，漏れ分の ϕ_{20} を除いた磁束 ϕ_{21} が一次巻線と鎖交します．

図 6·4 では，i_1，i_2 が図の方向に流れると磁束は加わり合うことに注目して下さい．

したがって，各電流により生じた磁束のうち，他方の巻線と鎖交する磁束は，漏れ分を考慮した係数を k_{12}，k_{21} とすれば，次式のように表せます．

$$\phi_{12}=k_{12}\phi_1,\quad \phi_{21}=k_{21}\phi_2 \tag{6·7}$$

ただし，$\phi_1=\phi_{10}+\phi_{12}$，$\phi_2=\phi_{20}+\phi_{21}$，$k_{12}=\phi_{12}/\phi_1$，$k_{21}=\phi_{21}/\phi_2$ で

$$0\leq k_{12},\quad k_{21}\leq 1$$

ここで，通常は k_{12} と k_{21} は同一になります．つまり

$$k_{12}=k_{21}=k \tag{6·8}$$

k を結合係数と呼びます．

また，一次巻線と二次巻線の自己インダクタンスは次のようになります（前項参照）．添え字の数字は，一次巻線と二次巻線を意味しています．

$$n_1\phi_1=L_1i_1,\quad n_2\phi_2=L_2i_2 \tag{6·9}$$

各巻線に誘導される誘導起電力 e_1 および e_2 は，ファラデーの法則より次式となります．

$$e_1=n_1\frac{d(\phi_1+\phi_{21})}{dt}=L_1\frac{di_1}{dt}+k\frac{n_1n_2}{R_m}\frac{di_2}{dt}\ \text{〔V〕}$$

$$e_2 = n_2 \frac{d(\phi_2 + \phi_{12})}{dt} = L_2 \frac{di_2}{dt} + k \frac{n_1 n_2}{R_m} \frac{di_1}{dt} \text{〔V〕} \tag{6·10}$$

ここで，磁束には互いの巻線で発生する磁束が加わりあうため，一次巻線を貫く磁束は自身の磁束 ϕ_1 と二次巻線からの ϕ_{21} の和 $\phi_1 + \phi_{21}$ となります．同様に，二次巻線を貫く磁束は $\phi_2 + \phi_{12}$ となります．

式(6·10)において第 2 項の係数を次のように定義します．

$$M = k \frac{n_1 n_2}{R_m} \tag{6·11}$$

この値 M を**相互インダクタンス**（mutual inductance）と呼び，自己インダクタンスと同様に，単位記号 H，単位にヘンリーを用います．

また，相互インダクタンスは M と L_1, L_2 との関係は式(6·6)より，$L_1 \cdot L_2 = \dfrac{n_1{}^2 n_2{}^2}{R_m{}^2}$ ですから，$M^2 = k^2 L_1 L_2$ となり，次式が得られます．

$$M = k\sqrt{L_1 L_2} \tag{6·12}$$

結合係数（coefficient of coupling）k の値は，漏れ磁束のない理想的な変圧器は $k=1$，鉄心入りの変圧器はほぼ $k=1$，空心コイルでは $k=0.01$〜0.05 程度となります．

図 6·5 は，図 6·4 に示した変圧器に対する回路図です．(a)は瞬時値，(b)はフェーザによる回路図をそれぞれ示します．

また，電圧 $\dot{V}_1$ と $\dot{V}_2$ について図 6·5(b)の回路を整理し，式(6·10)を複素数表現すると次式となります．

$$\begin{cases} \dot{V}_1 = j\omega L_1 \dot{I}_1 + j\omega M \dot{I}_2 \text{〔V〕} \\ \dot{V}_2 = j\omega L_2 \dot{I}_2 + j\omega M \dot{I}_1 \text{〔V〕} \end{cases} \tag{6·13}$$

式(6·10)の微分演算子を $d/dt = j\omega$ とおいています．これは 3 章で説明したフェーザに基づきます．

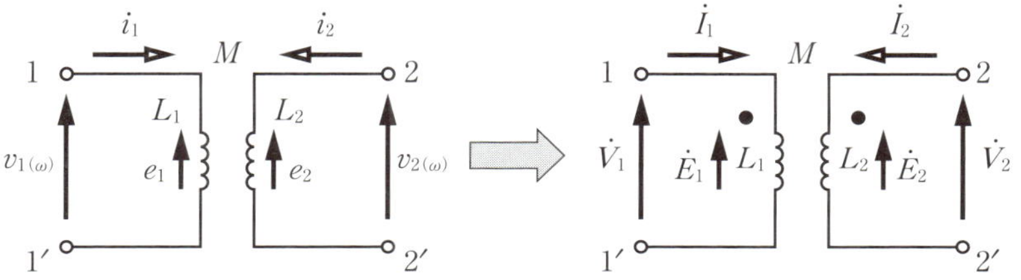

(a) 瞬時値による表現　(b) フェーザを用いた表現

図 6·5 変圧器の回路記号

補足➡相互インダクタンスの単位記号は，式(6·10)より〔M〕=〔e/(di/dt)〕=(〔V〕/〔A/S〕)=〔Ω·S〕となり，〔Ω·S〕⇔〔H〕と同等となるためです．

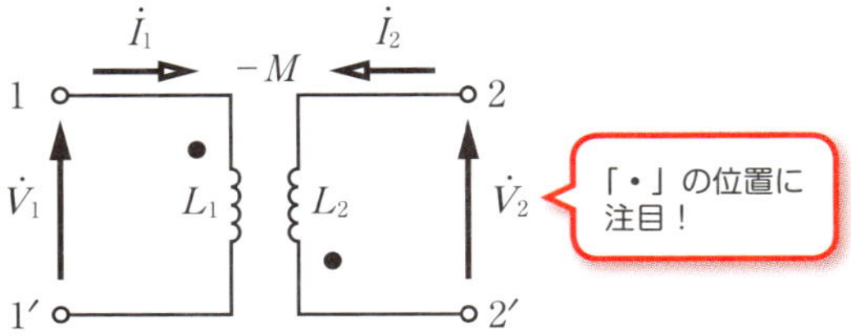

図 6·6■二次巻線の逆巻時の回路記号

式(6·13)の相互インダクタンス M が含まれる項は，変圧器の鉄心内で磁束が加わり合うか否かを表現しています．このことを表すため，各巻線に図 6·5(b) のように“●”（ドット）をつけて起電力の向きを示します．

ここで，図 6·3 の二次巻線のみ巻き方向を逆にし，電圧と電流の向きはそのままにした場合を考えます．**図 6·6** に回路記号を示します．

この場合，図 6·4 と異なり，i_1，i_2 により発生する一次側と二次側の磁束は互いに減らす方向に作用します．そのため，式(6·13)は誘導起電力の向きが反対方向になるため，M は $-M$ となります．このことを図 6·6 の“●”の位置で表現しています．複素数表現すると次式となります．

$$\begin{cases} \dot{V}_1 = j\omega L_1 \dot{I}_1 - j\omega M \dot{I}_2 \text{〔V〕} \\ \dot{V}_2 = j\omega L_2 \dot{I}_2 - j\omega M \dot{I}_1 \text{〔V〕} \end{cases} \tag{6·14}$$

したがって，磁束は巻線を巻く方向や電流の向きにより増える方向にも減らす方向にも作用します．このことが相互インダクタンス M の符号に影響を与えます．詳細は次節で説明します．

まとめ

・自己インダクタンス L〔H〕

$$L = n\frac{\phi}{i} = \frac{n^2}{R_m} \text{〔H〕}$$

・相互インダクタンス M〔H〕

$$M = k\sqrt{L_1 L_2} \text{〔H〕}$$

・相互誘導回路の電圧方程式

$$\begin{cases} \dot{V}_1 = j\omega L_1 \dot{I}_1 \pm j\omega M \dot{I}_2 \text{〔V〕} \\ \dot{V}_2 = j\omega L_2 \dot{I}_2 \pm j\omega M \dot{I}_1 \text{〔V〕} \end{cases}$$

6-2 ドット表示

キーポイント

変圧器は，各巻線の接続方向や電流の方向により，磁束を加え合ったり，差し引き合ったりします．この違いを和動・差動と呼び，相互インダクタンスの符号を決めます．このときいちいち巻線の巻き方を記載しないでもすませる方法として，“●”「ドット」を用います．

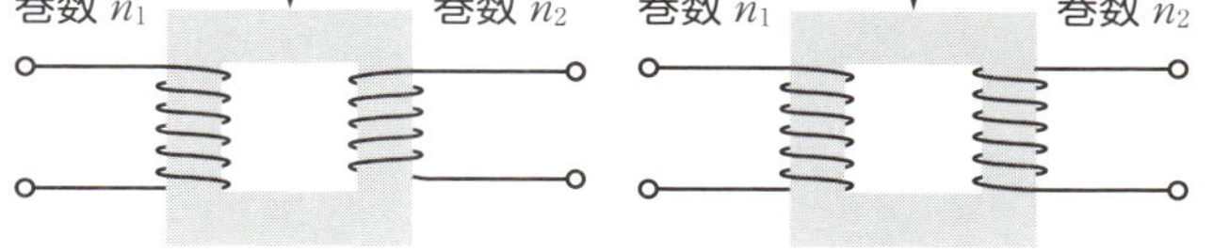

変圧器の巻線の向きの違い

変圧器の電圧方程式や結合係数は，前節から以下のように整理できます．

$$\begin{cases} \dot{V}_1 = j\omega L_1 \dot{I}_1 \pm j\omega M \dot{I}_2 \text{〔V〕} \\ \dot{V}_2 = j\omega L_2 \dot{I}_2 \pm j\omega M \dot{I}_1 \text{〔V〕} \end{cases} \tag{6·15}$$

$$\text{結合係数 } k = \frac{M}{\sqrt{L_1 L_2}} \leq 1 \tag{6·16}$$

ここで，L_1，L_2，$M>0$

式(6·15)の相互インダクタンス M の符号は磁束の加減に影響を受けます．巻線の巻き方のほかに，電流の方向に応じて磁束は変化します．このとき，**磁束が加わり合う接続**は「**和動接続**」と呼び，また，**減らし合う接続**では「**差動接続**」と呼びます．それでは，**図 6·7** の変圧器を仮定し，具体的に磁束の加減を解説します．

図 6·8(a)に示すように二次側に電圧源を接続します．この場合は，一次側電流 $\dot{I}_1$ により生じた磁束 ϕ_{12} と二次側電流 $\dot{I}_2$ により生じた磁束 ϕ_{21} とが同じ方向に生じていることがわかります．したがって，両者の磁束が加わり合うため，**和動**となります．続いて，図 6·8(b)に示すように二次側に抵抗をつなぎます．この場合は，一次側電流 $\dot{I}_1$ により生じた磁束により，二次側電流 $\dot{I}_2$ は図 6·8(b)に示すように負荷に流れます．また，この二次側電流 $\dot{I}_2$ により生じた磁束 ϕ_{21} は，一次側の磁束 ϕ_{12} と逆方向に生じていることがわかります．したがって，互いの磁束が減らし合う方向に生じていることから**差動**となります．

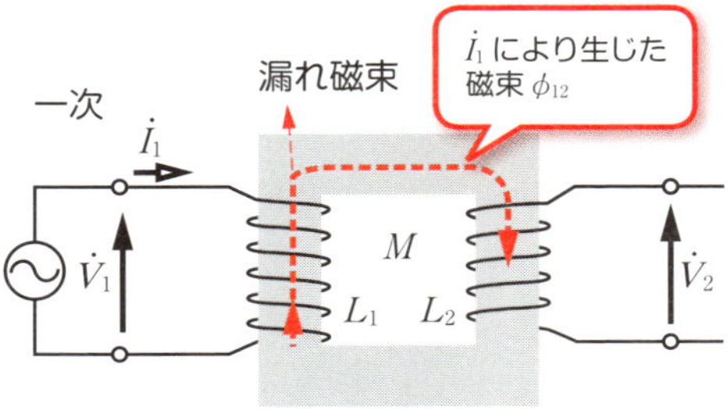

図 6·7■一次側に電源をつなげた変圧器

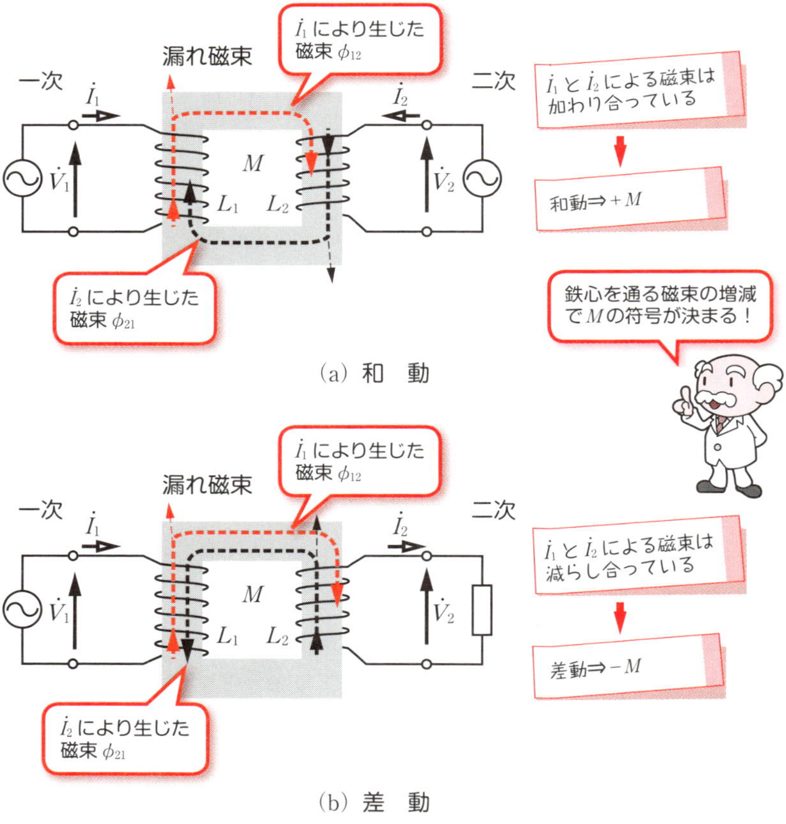

図 6·8■二次側の状態による磁束の変化

図6・8のように変圧器の巻線構造を明らかにしてから和動/差動を判別するのは非常にやっかいです．そこで，巻線の巻き方を示さずに磁束の加減を明らかにするためドット記号"●"を用いて判別します．**図6・9**のような回路記号（上段）を想定し，それぞれの接続と記号"●"の意味について解説します．●印は，電流の流入方向を意味しており，図6・9(a)の場合，●の付いた側から各電流が流入すると互いの磁束は加わりあうことになり和動を意味し，正の相互インダクタンスとなります．さらに，二次側を開放した状態で一次側に電圧 $\dot{V}_1$ を●印に向けて加えると，二次側には電圧 $j\omega M\dot{I}_1$ が●印の方向に発生します．図6・9(b)の場合については皆さん自身で考えて下さい．

●側から電流 $\dot{I}_1$, $\dot{I}_2$ が流入すると磁束が加わり合います（和動）：$+M$

電流 $\dot{I}_1$, $\dot{I}_2$ が矢印の向きに流入すると磁束は差し引き合います（差動）：$-M$

二次側を開放し，$\dot{V}_1$ を●印に向けて加えると，二次側には $j\omega M\dot{I}_1$ が●印に向いて発生します

二次側を開放し，$\dot{V}_1$ を●印に向けて加えると，二次側には $j\omega M\dot{I}_1$ が●印に向いて発生します

(a) 和　動　　　　　　　　　(b) 差　動

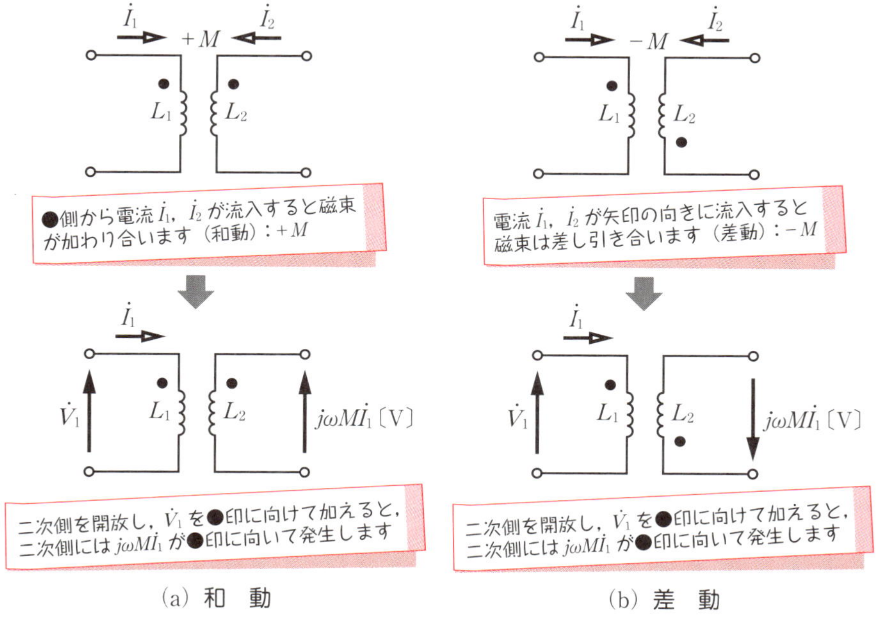

図6・9　記号●の意味

　つまり，記号●は，巻線の巻き方向や電圧の印加方向，電圧の発生方向を示しています．ただし，同じ回路，同じ接続でも電流の流入方向によっては，磁束は加わりあったり，減らし合ったりします．この変化が相互インダクタンスの極性を決定させます．

補足➡実際の変圧器は，巻線に絶縁処理をほどこすため，外見だけでは巻線構造がわかりません．

まとめ

・コイルのドット表示と和動/差動

二つのコイルに表示されるドットは電流の流入方向を示します．

●のついた端子に電流が同時に流入するとき巻線の磁束が加わり合います．これを和動接続といいます．

●のついた端子に流入する電流の方向が異なるとき巻線の磁束が減らし合います．これを差動接続といいます．

例題 1

図 6·10 に示すようにインダクタを接続したとき，各等価インダクタンスを求めなさい．

図 6·10■インダクタの接続回路

解答　(a)の端子 a から端子 b の方向に電流 $\dot{I}$ を流した際に L_1, L_2 の各インダクタの両端に発生する電圧を $\dot{V}_1$ と $\dot{V}_2$ とすると

$$\dot{V}_1 = j\omega L_1\dot{I} + j\omega M\dot{I},\quad \dot{V}_2 = j\omega L_2\dot{I} + j\omega M\dot{I}$$

端子 a-b の電圧は

$$\dot{V} = \dot{V}_1 + \dot{V}_2 = j\omega(L_1 + L_2 + 2M)\dot{I}$$

したがって，等価インダクタンスは $(L_1 + L_2 + 2M)$〔H〕となり，和動接続であることがわかります．

(b) も同様に考えると，等価インダクタンスは $(L_1 + L_2 - 2M)$〔H〕で，差動接続であることがわかります．

電流の方向を自分で仮定し，ドットの位置をよく見ればとけます

6-3 等価回路と理想変圧器

キーポイント

変圧器の回路記号からでは，自己インダクタンスと相互インダクタンスとの接続方法や各コイルへ流入する電流の向き，電圧の方向を理解するのは容易ではありません．そこで，各コイルの接続方法や電流，電圧をわかりやすく表現するために相互誘導のない「等価回路」を用いると便利です．この節では，等価回路への変換について説明します．また，「理想変圧器」について，回路記号や等価回路の導出について解説します．

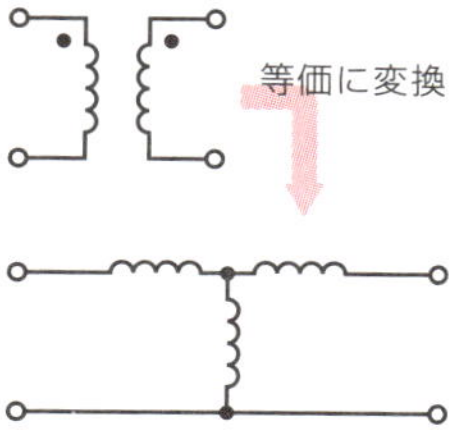

1 等価回路

図 6·11(a)に示す変圧器は，●表示がなされていて相互誘導をもつ回路を表現しています．(a) の回路と電圧方程式が完全に同じで，かつ相互誘導のない（●記号のない）回路をここでは「**等価回路**」と呼び，図 6·11(b)のようになります．この等価回路は，形状がT字に見えることから**T形等価回路**とも呼ばれます．端子 1-1′ にかかる電圧 $\dot{V}_1$ と流れる電流 $\dot{I}_1$，および端子 2-2′ にかかる電圧 $\dot{V}_2$ と流れる電流 $\dot{I}_2$ はともに同じものを示しています．

図 6·11(b)の等価回路が (a) と同一の回路であることを証明してみましょう．まず，(b) について電圧 $\dot{V}_1$ と $\dot{V}_2$ に関する電圧方程式を求めてみましょう．(b) において，M に流れる電流は $(\dot{I}_1+\dot{I}_2)$ なので，電圧方程式は次式となります．

$$\begin{cases} \dot{V}_1 = j\omega(L_1-M)\dot{I}_1 + j\omega M(\dot{I}_1+\dot{I}_2) = j\omega L_1\dot{I}_1 + j\omega M\dot{I}_2 \text{〔V〕} \\ \dot{V}_2 = j\omega(L_2-M)\dot{I}_2 + j\omega M(\dot{I}_1+\dot{I}_2) = j\omega L_2\dot{I}_2 + j\omega M\dot{I}_1 \text{〔V〕} \end{cases} \tag{6·17}$$

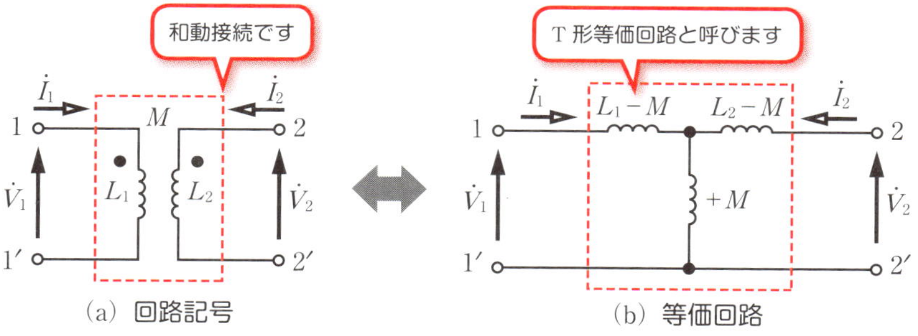

図 6·11 回路記号と等価回路の関係

補足⇒等価回路とは，ある特性に着目して，全く同じ関係を維持した回路で，英語では Equivalent Circuit と呼びます．

式(6･17)における電圧と電流の関係は（a）の電圧方程式(6･13)と同じであることがわかります．（a）で●記号の位置とコイルに流れる電流の方向に注意して下さい．つまり，図 6･11(a)と(b)は等価関係が成り立ちます．

以上のことを整理すると**表 6･2** のようになります．表 6･2(a)と(b)は $\dot{I}_2$ が L_2 に流入する場合となります．このとき，和動接続ならば $+M$，差動接続ならば $-M$ と相互インダクタンスの符号が定まり，これまで説明した内容と同じです．(c), (d) の $\dot{I}_2$ が流出する場合も和動接続なら $+M$，差動接続なら $-M$ とします．ただし，$\dot{I}_2$ と $\dot{V}_2$ の向きが逆になっているため一見異なるように見えますが，$\dot{V}_2$ の方向を下向きに正にとって考えれば，これまでの説明と矛盾しません．

表 6･2 のように，極性と電流の向きや電圧の方向の取り方で電圧方程式と等価

表 6･2 ■極性と等価回路，電圧方程式の関係

	極性と $\dot{I}_2$ の向き 接続	等価回路	電圧方程式
$\dot{I}_2$ が流入	(a) 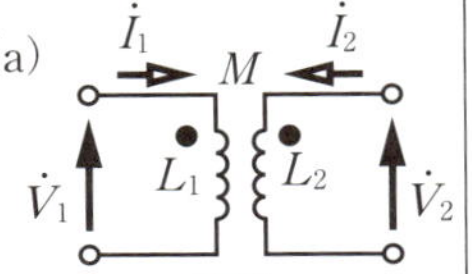 和動	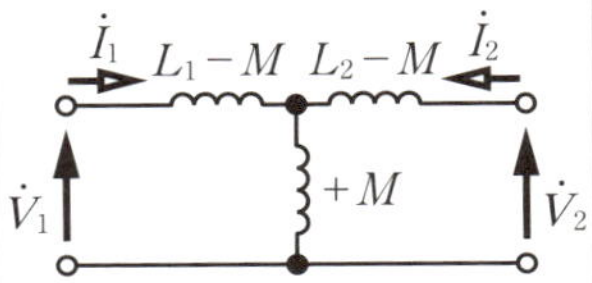	$\begin{cases}\dot{V}_1 = j\omega L_1\dot{I}_1 + j\omega M\dot{I}_2 \text{〔V〕} \\ \dot{V}_2 = j\omega L_2\dot{I}_2 + j\omega M\dot{I}_1 \text{〔V〕}\end{cases}$
	(b) 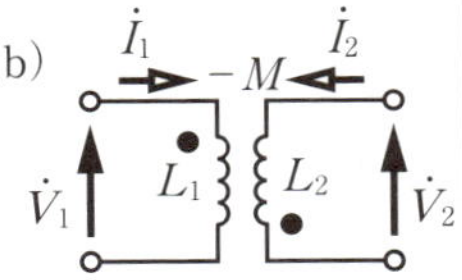 差動	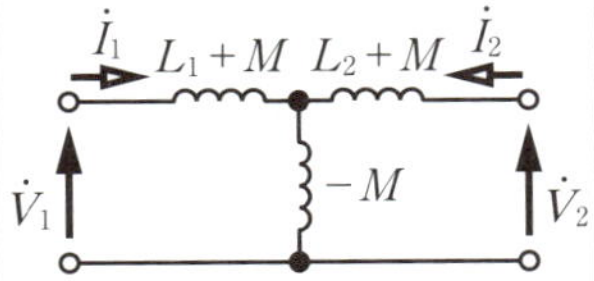	$\begin{cases}\dot{V}_1 = j\omega L_1\dot{I}_1 - j\omega M\dot{I}_2 \text{〔V〕} \\ \dot{V}_2 = j\omega L_2\dot{I}_2 - j\omega M\dot{I}_1 \text{〔V〕}\end{cases}$
$\dot{I}_2$ が流出	(c) 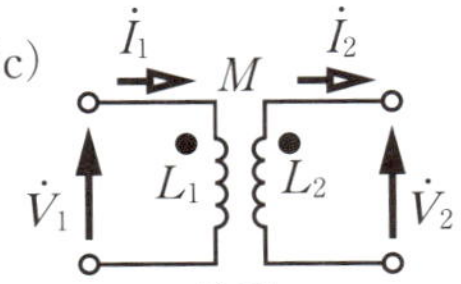 差動	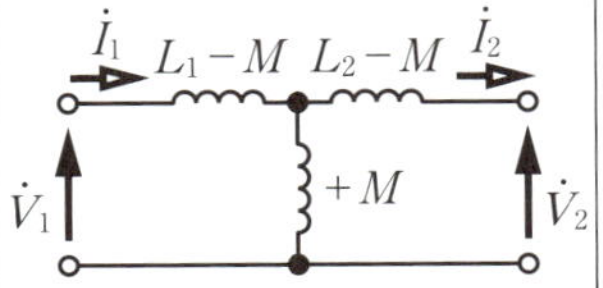	$\begin{cases}\dot{V}_1 = j\omega L_1\dot{I}_1 - j\omega M\dot{I}_2 \text{〔V〕} \\ \dot{V}_2 = -j\omega L_2\dot{I}_2 + j\omega M\dot{I}_1 \text{〔V〕}\end{cases}$
	(d) 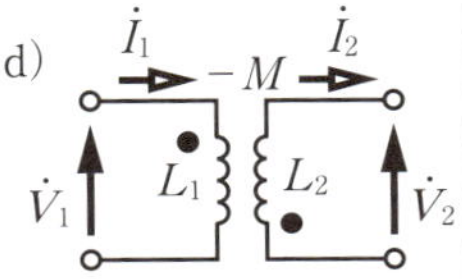 和動	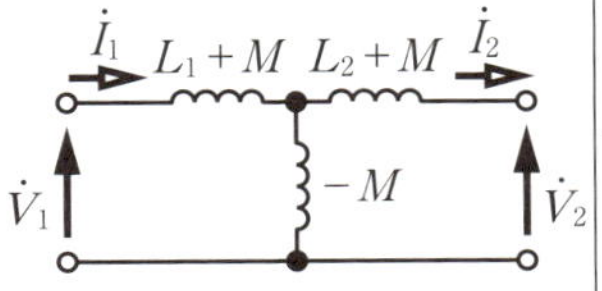	$\begin{cases}\dot{V}_1 = j\omega L_1\dot{I}_1 + j\omega M\dot{I}_2 \text{〔V〕} \\ \dot{V}_2 = -j\omega L_2\dot{I}_2 - j\omega M\dot{I}_1 \text{〔V〕}\end{cases}$

回路をそのまま覚えるのは効率的ではありません．電流の流れ（向き）から求める方が，いろいろな回路の応用につながります．例えば，表6·2(a)と(c)のように配置が同じならば等価回路は同じになります．電圧方程式は電流 $\dot{I}_2$ の向きに注意しながら導出してみてください．

2 理想変圧器

理想化された変圧器を**理想変圧器**（ideal transformer）と呼び，回路理論では重要な構成要素です．理想変圧器は，以下の条件を満足する変圧器です．

① 結合係数は1

② ωL_1 が十分大きく，励磁電流が0 ⇒ 二次側開放時に一次側電流が0

この条件は，変圧器を構成する際に鉄心を用いることでほぼ満足します．**図6·12**に理想変圧器を示します．図6·12(a)は，鉄心を有する理想変圧器とします．図に示した‘|’が鉄心入りであることを示しています．図6·12(c)は，一次側から見た等価回路となり，二次側の電圧と電流は含まれていません．

次に理想変圧器から等価回路を求める手順について説明します．このとき，図6·12(a)を図のように差動接続とすると次式が求まります．

$$\begin{cases} \dot{V}_1 = j\omega L_1 \dot{I}_1 - j\omega M \dot{I}_2 \text{〔V〕} \\ 0 = j\omega L_2 \dot{I}_2 - j\omega M \dot{I}_1 + \dot{Z}\dot{I}_2 \text{〔V〕} \end{cases} \tag{6·18}$$

上式を $\dot{I}_1$ について解くと次式となります．

$$\dot{I}_1 = \frac{\dot{V}_1}{j\omega L_1 + \omega^2 M^2/(j\omega L_2 + \dot{Z})} \text{〔A〕} \tag{6·19}$$

これより，一次側から見たときのインピーダンス $\dot{Z}_1$ は，次のようになります．

$$\dot{Z}_1 = \frac{\dot{V}_1}{\dot{I}_1} = j\omega L_1 + \frac{\omega^2 M^2}{j\omega L_2 + \dot{Z}} \text{〔Ω〕} \tag{6·20}$$

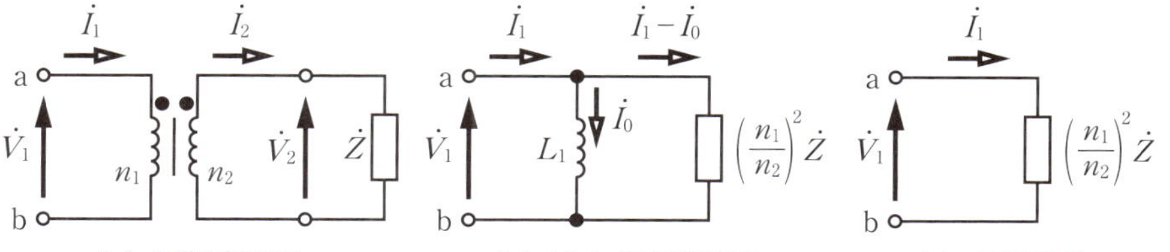

図6·12 回路記号と等価回路の関係

また，理想変圧器は結合係数が1であることから$M^2 = L_1 L_2$を意味するので，式(6·20)を整理すると次式となります．

$$\dot{Z}_1 = j\omega L_1 + \frac{\omega^2 M^2}{j\omega L_2 + \dot{Z}} = j\omega L_1 + \frac{\omega^2 L_1 L_2}{j\omega L_2 + \dot{Z}}$$

$$= \frac{-\omega^2 L_1 L_2 + j\omega L_1 \dot{Z} + \omega^2 L_1 L_2}{j\omega L_2 + \dot{Z}} = \frac{j\omega L_1 \dot{Z}}{j\omega L_2 + \dot{Z}} \ [\Omega] \tag{6·21}$$

次に，式(6·21)からアドミタンスを求めると

$$\dot{Y}_1 = \frac{1}{\dot{Z}_1} = \frac{j\omega L_2 + \dot{Z}}{j\omega L_1 \dot{Z}} = \frac{1}{(L_1/L_2)\dot{Z}} + \frac{1}{j\omega L_1} \ [\mathrm{S}] \tag{6·22}$$

となります．ここで，式(6·6)より自己インダクタンスはそれぞれの巻線の巻数の二乗に比例することから，$L_1 = n_1{}^2/R_m$，$L_2 = n_2{}^2/R_m$（R_mは磁気抵抗）となり，この関係を式(6·22)に代入すると次式となります．

$$\dot{Y}_1 = \frac{1}{(n_1/n_2)^2 \dot{Z}} + \frac{1}{j\omega L_1} \ [\mathrm{S}] \tag{6·23}$$

アドミタンスをインピーダンスに変換すると次式となります．この式は，図6·12(b)と同じ表現です．

$$\dot{Z}_1 = \left\{ \frac{1}{(n_1/n_2)^2 \dot{Z}} + \frac{1}{j\omega L_1} \right\}^{-1} [\Omega] \tag{6·24}$$

ここで，図6·12(b)の**電流$\dot{I}_0$は電圧$\dot{V}_1$により生じた磁束の電流**を表し，**励磁電流**（exciting current）と呼びます．また，理想変圧器の条件②より，インダクタンスL_1には電流が流れないことから図6·12(c)が得られます．

つまり

$$\dot{Z}_1 = \frac{\dot{V}_1}{\dot{I}_1} \fallingdotseq \left(\frac{n_1}{n_2}\right)^2 \dot{Z} = a^2 \dot{Z} \tag{6·25}$$

ただし，$a = n_1/n_2$

したがって，一次側から見たインピーダンスは二次側の負荷とインダクタの巻数比$a(= n_1/n_2)$の二乗の積に比例することになります．このことから，二次側の負荷のインピーダンスの大きさを変えたい場合，負荷そのものを変更せずに**変圧器の巻数比を換えることによってインピーダンスの大きさを変える**ことができます．これを**インピーダンス変換**と呼びます．インピーダンス変換を目的とした変圧器を特に変成器と呼ぶことがあります．

次に理想変圧器の電圧と電流を求めます．式(6·18)の第2式より二次側電流は

次式となります．

$$\dot{I}_2 = \frac{j\omega M}{j\omega L_2 + \dot{Z}}\dot{I}_1 \text{〔A〕} \tag{6・26}$$

また，式(6・21)より，一次側電流は次式となります．

$$\dot{I}_1 = \frac{j\omega L_2 + \dot{Z}}{j\omega L_1 \dot{Z}}\dot{V}_1 \text{〔A〕} \tag{6・27}$$

式(6・26)，式(6・27)および $M^2 = L_1L_2 = n_1{}^2 n_2{}^2/R_m{}^2$ の関係より，二次側電圧は以下のように求まります．

$$\begin{aligned}\dot{V}_2 &= \dot{Z}\dot{I}_2 = \dot{Z}\frac{j\omega M}{j\omega L_2 + \dot{Z}}\dot{I}_1 = \dot{Z}\frac{j\omega M}{j\omega L_2 + \dot{Z}} \cdot \frac{j\omega L_2 + \dot{Z}}{j\omega L_1 \dot{Z}}\dot{V}_1 \\ &= \frac{M}{L_1}\dot{V}_1 = \frac{n_2}{n_1}\dot{V}_1 = \frac{1}{a}\dot{V}_1 \text{〔V〕}\end{aligned} \tag{6・28}$$

式(6・28)を整理すると

$$\frac{\dot{V}_2}{\dot{V}_1} = \frac{n_2}{n_1} = \frac{1}{a} \tag{6・29}$$

となり，巻数比と電圧比の等式が成り立ちます．また，式(6・28)に注目すると，巻数比の逆数と一次側電圧の積から二次側電圧が求まることがわかります．

続いて，電流について考えると，図 6・12(a)および(c)より

$$\dot{I}_2 = \frac{\dot{V}_2}{\dot{Z}} = \frac{n_2}{n_1}\dot{V}_1 \cdot \frac{1}{\left(\frac{n_2}{n_1}\right)^2 \dot{Z}_1} = \left(\frac{n_2}{n_1}\right)\left(\frac{n_1}{n_2}\right)^2 \dot{I}_1 = \frac{n_1}{n_2}\dot{I}_1 \text{〔A〕} \tag{6・30}$$

と求まり，整理すると次式が得られます．

$$\frac{\dot{I}_2}{\dot{I}_1} = \frac{n_1}{n_2} = a \tag{6・31}$$

したがって，電流比も電圧比と同様に巻数比 a と直接関係づけられます．

以上より，変圧器の入出力には，次式の等式が成り立ちます．

$$\dot{V}_1\dot{I}_1 = \dot{V}_2\dot{I}_2 \tag{6・32}$$

したがって，理想変圧器では一次側の電力がそのまま二次側に伝達されることが証明されました．

まとめ

・等価回路

●を含む相互誘導のある回路は，●を含まない回路で表現でき，これを等価回路と呼びます．**図6·13**(a)の回路において回路記号で示されたドットを考慮して図6·13(b)のような等価回路を作成することで電圧方程式の導出が容易になるメリットがあります．

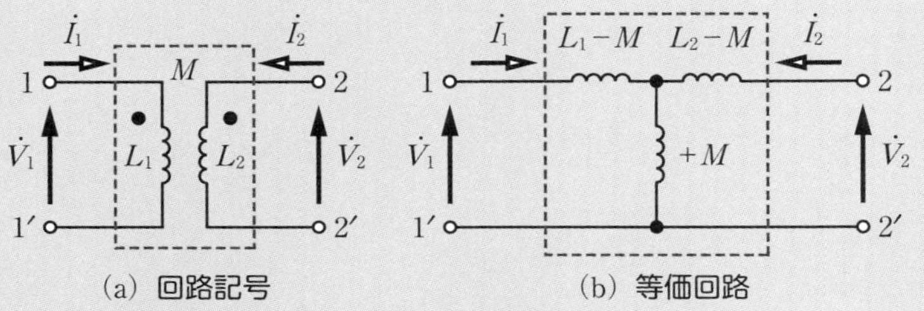

図6·13

・理想変圧器

以下の条件を満たす変圧器を理想変圧器といいます．

① 結合係数は1

② ωL_1が十分大きく，励磁電流が0 ⇒ 二次側開放時に一次側電流が0

理想変圧器では，変圧器の一次側の電力が二次側にそのまま伝達され，次式の関係が成り立ちます．

$$\dot{V}_1\dot{I}_1=\dot{V}_2\dot{I}_2$$

また，巻数比と電圧，電流の関係から

$$a=\frac{n_1}{n_2}$$

$$\dot{V}_2=\frac{n_2}{n_1}\dot{V}_1=\frac{1}{a}\dot{V}_1$$

$$\dot{I}_2=\frac{n_1}{n_2}\dot{I}_1=a\dot{I}_1$$

となり，一次側の値と巻数比から二次側の値が求まります．

例題 1

図 6・14(a), (b)の相互誘導をもった回路に，一次側に電圧 $\dot{V}_1$ を印加し電流 $\dot{I}_1$ を流したとき，二次側の電流 $\dot{I}_2$ が図示のように流れた．それぞれについて和動/差動の別を論じなさい．

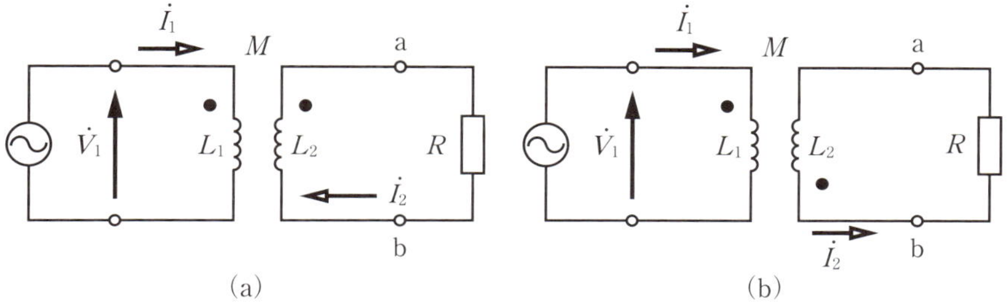

図 6・14 極性をもった回路

解答 ドット表記より，二次巻線に生じる誘導起電力は，それぞれ**図 6・15**(a), (b)のようになります．双方の場合とも二次巻線側では● より $\dot{I}_2$ が流出しますので，差動接続で，相互インダクタンスの符号は－（マイナス）です．

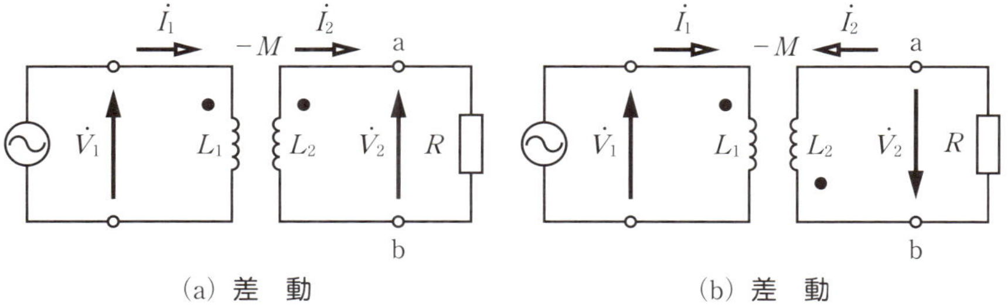

図 6・15 二次側電圧と電流の表現

練習問題

① **図 6·16** に示す回路を ab 端子から右に見たときの実効抵抗 R_0 と実効リアクタンス X_0 を求めなさい．ただし，角周波数は ω とする．

易☆☆☆難

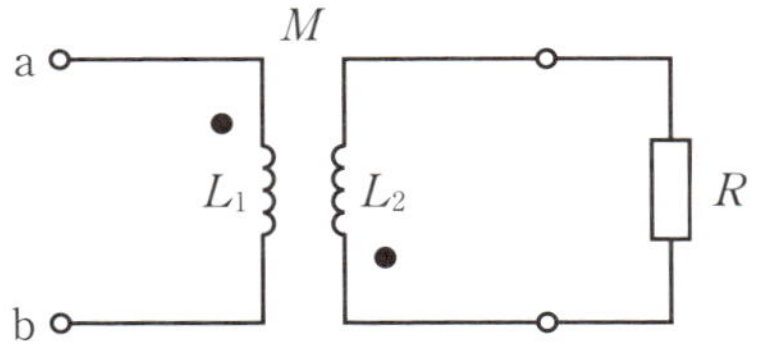

図 6·16

② ある変圧器の一次巻線の自己インダクタンスが 40 mH，二次巻線の自己インダクタンスが 10 mH，結合係数が 0.8 のとき，次の問に答えなさい．

(1) 相互インダクタンスを求めなさい．

(2) 一次側に 100 V，ω＝100 rad/s の電圧を印加したとき，二次側開放時の二次側電圧を求めなさい．

(3) 二次側を開放したとき，一次側から見たインピーダンスを求めなさい．

(4) 二次側を短絡したとき，一次側から見たインピーダンスを求めなさい．

易☆☆☆難

③ **図 6·17** の回路の ab 間の実効インダクタンス L_0 を求めなさい．

易☆☆☆難

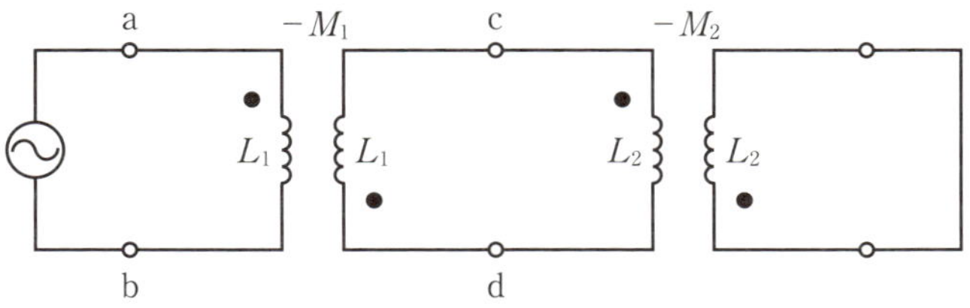

図 6·17

④　**図 6·18** のような相互インダクタンス M で結合された回路の T 形等価回路を求め，回路が等価であること証明しなさい．

易☆☆☆難

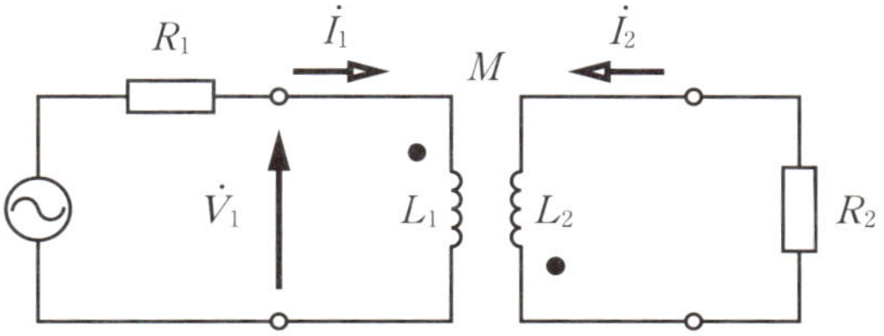

図 6·18

⑤　図 6·18 の回路の T 形等価回路を求め，電圧 $\dot{V}_1$ と電流 $\dot{I}_1$ とが $\pi/4$ の位相差となる R_1 の値を求めなさい．

易☆☆☆難

Date　・　・

7章

二端子対回路

ある機能をもつ電気回路を考えます．電気回路には，複数の入力端子と出力端子を取り出すことができます．本章では，信号や電力を与える一つの入力端子と，外部へつながれるもう一つの出力端子からなる回路を考えます．この電気回路を二端子対回路といいます．この回路をブラックボックス（暗箱）として，回路の特性を詳しく調べることを学びます．

二端子対回路では，入力端子の電圧，電流と出力端子の電圧，電流の四つのパラメータに対応します．また，二つの独立変数と二つの従属変数で表すことができます．これを二端子対パラメータといいます．さらに，二端子対パラメータは，2 行 2 列の行列の要素として表すことができます．独立変数と従属変数の値の取り方で，六つのパラメータに分類できます．

本章では，よく使われる Z パラメータ，Y パラメータ，F パラメータとこれらをパラメータを用いた二つの二端子対回路の接続方法について学びます．

二端子対パラメータを用いるメリットは．任意の二端子対回路の二端子対パラメータがわかれば，任意の入力を与えたときの出力を求めることができるため，回路の内部を考えないでも詳しく調べられます．または逆に内部がわからなくてもパラメータを使って特性を詳しく調べることもできます．さらに，一度，二端子対パラメータを求めると，入出力条件が変わっても，新しい条件において，パラメータはそのままで計算することもできます．

7-1 二端子対回路の定義

キーポイント

回路には電気信号や電力を与える入力端子と，外部につながれている出力端子があります．それぞれの二端子対の電圧と電流の関係から，回路の特性を求めましょう．

図 7·1 に示す電気信号を伝送する回路は，**二つの入力端子と二つの出力端子**があります．このような回路を**二端子対回路**といい，左側の端子 1, 1′ を入力端子，右側の端子 2, 2′ を出力端子，それぞれを端子対といいます．このような回路の特性は，2 組の端子対の電圧 $\dot{V}$ と電流 $\dot{I}$ の関係で求めることができ，その結果は行列[*1] で表されます．ここでは，電流の向きは図に示すように回路に流れ込む方向です．ここで，**二端子対回路の特性を表す行列の要素**を**二端子対パラメータ**といい，**左側の入力を励振**，**右側の出力を応答**といいます．

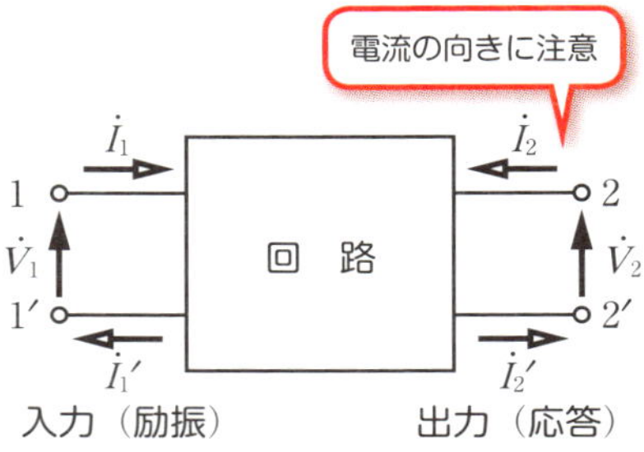

図 7·1　二端子対回路

二端子対回路では，次の条件が成立しているものとします[*2]．

① 回路が線形で，2-4 節および 4-3 節で説明した，重ね合わせの理が成り立つ．

② 図 7·1 で，$\dot{I}_1 = \dot{I}_1'$，$\dot{I}_2 = \dot{I}_2'$ が成立し，入力端子の一方から流入する電流は他方から流出する電流と等しい．また，出力端子についても同様．

③ 回路内部に電源をもたない．

ま と め

回路には，電気信号や電力を与える入力端子と外部につながれる出力端子があります．この回路を二端子対回路といいます．

一組の入力端子対ともう一組の出力関係を詳しく調べることで，回路の特性を求めることができます．これらの特性を表すパラメータを二端子対パラメータといいます．

*1 本章では，電圧 $\dot{V}_1, \dot{V}_2$ と電流 $\dot{I}_1, \dot{I}_2$ の関係を 2 行 2 列の行列で表す方法を学びます．
*2 電圧 $\dot{V}$，電流 $\dot{I}$ は直流・交流のどちらでもよく，実数・複素数を含みます．したがってフェーザ（ベクトル）量を考えます．さらに回路は受動素子のみで構成されています．

7-2 二端子対パラメータ

キーポイント

二端子対パラメータは，入力と出力のそれぞれの電圧 $\dot{V}$ と電流 $\dot{I}$ に対して，着目する入出力関係から，未知（従属）の値と既知（独立）の値の取り方によって，使う式を選びます．

未知 ↓　　既知 ↓

$$\begin{bmatrix}\dot{V}_1\\ \dot{V}_2\end{bmatrix}=\begin{bmatrix}\dot{Z}_{11} & \dot{Z}_{12}\\ \dot{Z}_{21} & \dot{Z}_{22}\end{bmatrix}\begin{bmatrix}\dot{I}_1\\ \dot{I}_2\end{bmatrix}$$

↑ Z パラメータ

図 7·1 に示す回路に加えた入力（励振）の結果として現れる出力（応答）としての電圧と電流の変数は，$\dot{V}_1, \dot{V}_2, \dot{I}_1, \dot{I}_2$ の四つとなります．四つの変数のうち二つがわかれば，残りの二つも求めることができます．いま二つの変数を x_1, x_2 としたとき，残りの変数 y_1, y_2 は次の方程式で表すことができます．

$$y_1=a_{11}\cdot x_1+a_{12}\cdot x_2 \qquad (7\cdot1)$$

$$y_2=a_{21}\cdot x_1+a_{22}\cdot x_2 \qquad (7\cdot2)$$

2元1次方程式

式(7·1)，式(7·2)を行列を用いて表すと

$$\begin{bmatrix}y_1\\ y_2\end{bmatrix}=\begin{bmatrix}a_{11} & a_{12}\\ a_{21} & a_{22}\end{bmatrix}\begin{bmatrix}x_1\\ x_2\end{bmatrix}$$

2行2列の行列で表すことができます

となります．

x_1, x_2, y_1, y_2 の四つの変数が，$\dot{V}_1, \dot{V}_2, \dot{I}_1, \dot{I}_2$ の四つの変数に対応します．つまり，二端子対回路は四つのパラメータ $a_{11}, a_{12}, a_{21}, a_{22}$ で表すことができます．

したがって，二端子対パラメータは，図 7·1 に示した電圧 $\dot{V}$ と電流 $\dot{I}$ に対して，着目する入出力関係から，**未知（従属）**の値と**既知（独立）**の値の取り方によって 6 種類に分類でき，**表 7·1** にそのうち 5 種類を示します．

任意の二端子対回路の二端子対パラメータがわかれば，任意の既知（独立）の入力を加えたときの未知（従属）である出力を求めることができます．また，二端子対パラメータを使うと回路の内部を考えないですみます．さらに，逆に内部がわからなくてもパラメータを使って特性を調べることができるというメリットもあります．

補足➡表 7·1 にない残りの 1 種類は S パラメータで散乱行列ともいわれます．未知が $\dot{I}_2, \dot{V}_2$ で，既知が $\dot{I}_1, \dot{V}_1$ の組合せになります．

表 7·1 ■電圧と電流の区分と特徴

未知(従属)	既知(独立)	パラメータ
$\dot{V}_1$, $\dot{V}_2$	$\dot{I}_1$, $\dot{I}_2$	Z パラメータ
$\dot{I}_1$, $\dot{I}_2$	$\dot{V}_1$, $\dot{V}_2$	Y パラメータ
$\dot{V}_1$, $\dot{I}_1$	$\dot{V}_1$, $\dot{I}_2$	F パラメータ
$\dot{V}_1$, $\dot{I}_2$	$\dot{I}_1$, $\dot{V}_2$	h パラメータ
$\dot{I}_1$, $\dot{V}_2$	$\dot{V}_1$, $\dot{I}_2$	g パラメータ

未知のパラメータに応じて用いる式を選びます

1 Z パラメータ（インピーダンスパラメータ）

電圧 $\dot{V}_1, \dot{V}_2$ が未知で，電流 $\dot{I}_1, \dot{I}_2$ が既知である回路の特性を求める場合，図 7·1 に示した回路のように定義すると，式(7·1)，式(7·2)は

$$\dot{V}_1 = \dot{Z}_{11}\dot{I}_1 + \dot{Z}_{12}\dot{I}_2 \tag{7·3}$$

$$\dot{V}_2 = \dot{Z}_{21}\dot{I}_1 + \dot{Z}_{22}\dot{I}_2 \tag{7·4}$$

と表せます．このとき，**$\dot{Z}_{11}, \dot{Z}_{12}, \dot{Z}_{21}, \dot{Z}_{22}$ はインピーダンスを表す**ので，Z パラメータといいます．また，**$\dot{Z}_{ij}$**（ここでは，$i=1, 2$，$j=1, 2$）**は複素数**です．

上式を行列を用いて表すと

$$\begin{bmatrix} \dot{V}_1 \\ \dot{V}_2 \end{bmatrix} = \begin{bmatrix} \dot{Z}_{11} & \dot{Z}_{12} \\ \dot{Z}_{21} & \dot{Z}_{22} \end{bmatrix} = \begin{bmatrix} \dot{I}_1 \\ \dot{I}_2 \end{bmatrix}$$

これを Z 行列といいます

となります．$\dot{Z}_{ij}$ をまとめて **Z 行列**または**インピーダンス行列**といいます．

ここで，**Z パラメータは，入力端子または出力端子を開放し，流れ込む電流を 0 としたときのパラメータ**です．

以下では，各パラメータがどのように決定されるかを具体的に説明します．

図 7·2(a)において出力端子 2-2′ を開放すると $\dot{I}_2=0$ となるので，式(7·3)から

$$\dot{Z}_{11} = \frac{\dot{V}_1}{\dot{I}_1} \tag{7·5}$$

となり，$\dot{Z}_{11}$ は出力端子 2-2′ を開放したときの入力 1-1′ から右側を見た**出力端開放入力インピーダンス**です．

また，図 7·2(b)より入力端子 1-1′ を開放すると $\dot{I}_1=0$ となるので，$\dot{Z}_{12}$ は式(7·3)より

$$\dot{Z}_{12} = \frac{\dot{V}_1}{\dot{I}_2} \tag{7·6}$$

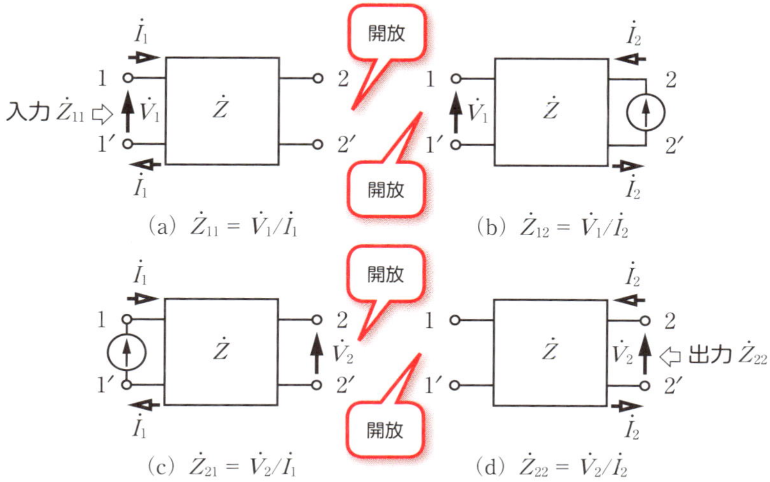

(a) $\dot{Z}_{11}=\dot{V}_1/\dot{I}_1$　(b) $\dot{Z}_{12}=\dot{V}_1/\dot{I}_2$

(c) $\dot{Z}_{21}=\dot{V}_2/\dot{I}_1$　(d) $\dot{Z}_{22}=\dot{V}_2/\dot{I}_2$

図 7·2 Z パラメータの意味

となり，これは，入力端子 1-1′ を開放したときの出力端子 2-2′ から入力端子 1-1′ への**入力端開放伝達インピーダンス**です．次に，図 7·2(c) より出力端子 2-2′ を開放すると $\dot{I}_2=0$ となるので，$\dot{Z}_{21}$ は式(7·4)より

$$\dot{Z}_{21}=\frac{\dot{V}_2}{\dot{I}_1} \tag{7·7}$$

となり，これは出力端子 2-2′ を開放したときの入力端子 1-1′ から出力端子 2-2′ への**出力端子開放伝達インピーダンス**です．

さらに，図 7·2(d) より入力端子 1-1′ を開放すると $\dot{I}_1=0$ となるので，$\dot{Z}_{22}$ は式(7·4)より

$$\dot{Z}_{22}=\frac{\dot{V}_2}{\dot{I}_2} \tag{7·8}$$

となり，これは入力端子 1-1′ を開放したときの出力端子 2-2′ から左側を見た**入力端開放出力インピーダンス**です．

補足⇒二端子対回路が R, L, C のみで構成されているときは $\dot{Z}_{12}=\dot{Z}_{21}$ が成り立ちます．これを回路が可逆（相反ともいう）であるといいます．

例題 1

図 7·3 に示す T 形回路において，この回路の Z パラメータを求めなさい．

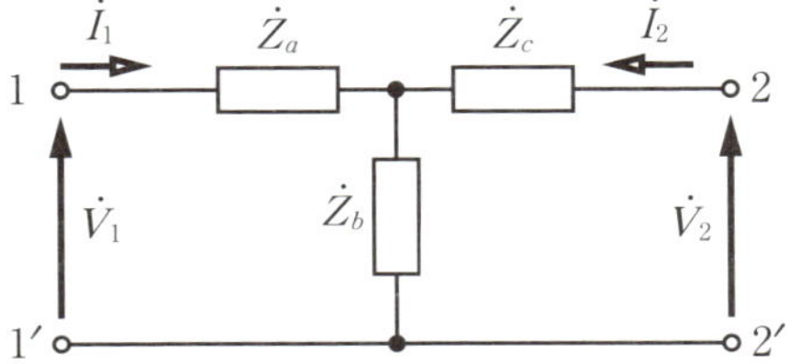

図 7·3 T 形回路

解答 まず，出力端子を開放した場合のパラメータ $\dot{Z}_{11}$ と $\dot{Z}_{21}$ を求めます．図 7·2(a)，(c) と式(7·5)，式(7·7) より

$$\dot{Z}_{11}=\dot{Z}_a+\dot{Z}_b, \qquad \dot{Z}_{21}=\dot{Z}_b$$

となります．

次に，入力端子を開放した場合のパラメータ $\dot{Z}_{12}$ と $\dot{Z}_{22}$ を求めます．図 7·2(b)，(d) と式(7·6)，式(7·8) より

$$\dot{Z}_{12}=\dot{Z}_b, \qquad \dot{Z}_{22}=\dot{Z}_b+\dot{Z}_c$$

となります．

以上より，T 形回路の Z 行列は

$$\begin{bmatrix}\dot{Z}_{11} & \dot{Z}_{12}\\ \dot{Z}_{21} & \dot{Z}_{22}\end{bmatrix}=\begin{bmatrix}\dot{Z}_a+\dot{Z}_b & \dot{Z}_b\\ \dot{Z}_b & \dot{Z}_b+\dot{Z}_c\end{bmatrix}$$

と求められます．

2 Y パラメータ（アドミタンスパラメータ）

電圧 $\dot{V}_1, \dot{V}_2$ が既知で，電流 $\dot{I}_1, \dot{I}_2$ が未知である回路の特性を求める場合，図 7·1 に示した二端子対回路のように定義すると，式(7·1) と式(7·2) は

$$\dot{I}_1=\dot{Y}_{11}\dot{V}_1+\dot{Y}_{12}\dot{V}_2 \qquad (7·9)$$

$$\dot{I}_2=\dot{Y}_{21}\dot{V}_1+\dot{Y}_{22}\dot{V}_2 \qquad (7·10)$$

と表せます．このとき，**$\dot{Y}_{11}, \dot{Y}_{12}, \dot{Y}_{21}, \dot{Y}_{22}$ はアドミタンスを表す**ので，**Y パラメータ**といいます．また，$\dot{Y}_{ij}$（ここでは $i=1, 2$，$j=1, 2$）は複素数です．

上式を行列を用いて表すと

$$\begin{bmatrix}\dot{I}_1\\ \dot{I}_2\end{bmatrix}=\begin{bmatrix}\dot{Y}_{11} & \dot{Y}_{12}\\ \dot{Y}_{21} & \dot{Y}_{22}\end{bmatrix}\begin{bmatrix}\dot{V}_1\\ \dot{V}_2\end{bmatrix}$$

これを Y 行列といいます

となり，$\dot{Y}_{ij}$ をまとめて **Y 行列**または**アドミタンス行列**といいます．

ここで，**Y パラメータは入力端子または出力端子を短絡し，電圧を 0 としたときのパラメータ**です．

図 7･4(a)において，出力端子を短絡すると $\dot{V}_2=0$ より，$\dot{Y}_{11}$ は式(7･9)から

$$\dot{Y}_{11}=\frac{\dot{I}_1}{\dot{V}_1} \tag{7･11}$$

となり，これは出力端子 2-2′ を短絡したときの入力端子 1-1′ から右側を見た**出力端子短絡時の入力アドミタンス**です．また，図 7･4(c)において，出力端子 2-2′ を短絡すると $\dot{V}_2=0$ より，$\dot{Y}_{21}$ は式(7･10)から

$$\dot{Y}_{21}=\frac{\dot{I}_2}{\dot{V}_1} \tag{7･12}$$

となります．これは出力端子 2-2′ を短絡したときの入力端子 1-1′ から出力端子 2-2′ への**出力端子短絡伝達アドミタンス**です．

図 7･4(b)において，入力端子 1-1′ を短絡した場合は $\dot{V}_1=0$ より式(7･9)から

$$\dot{Y}_{12}=\frac{\dot{I}_1}{\dot{V}_2} \tag{7･13}$$

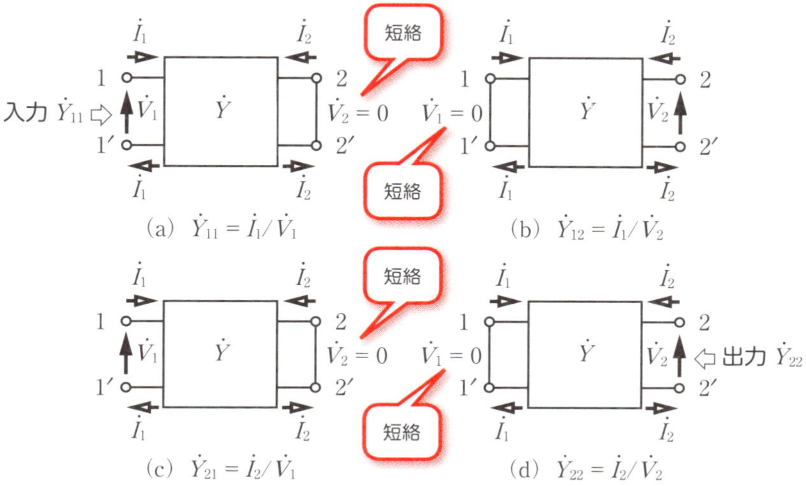

図 7･4 Y パラメータの意味

となり，$\dot{Y}_{12}$ は入力端子 1-1′ を短絡したときの出力端子 2-2′ から入力端子 1-1′ への**入力端子短絡時伝達アドミタンス**です．

図 7·4(d)において，入力端子 1-1′ を短絡した場合は $\dot{V}_1=0$ より式(7·10)から

$$\dot{Y}_{22}=\frac{\dot{I}_2}{\dot{V}_2} \tag{7·14}$$

となり，$\dot{Y}_{22}$ は入力端子 1-1′ を短絡したときの出力端子 2-2′ から左側を見た**入力端子短絡出力アドミタンス**です．

例題 2

図 7·5 に示す π 形回路において，この回路の Y パラメータを求めなさい．

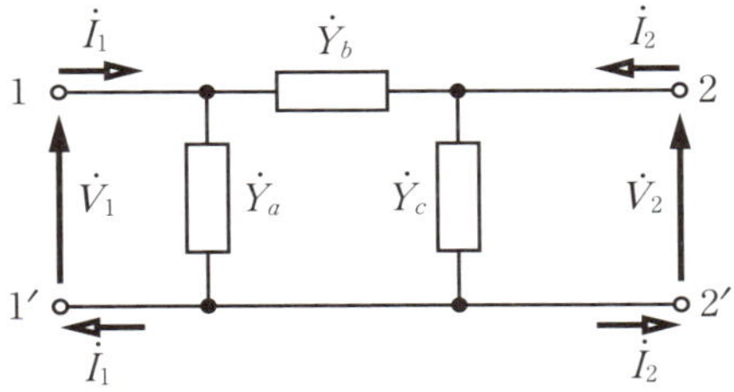

図 7·5 π 形回路

解答 まず，$\dot{Y}_{11}$ は出力端子 2-2′ を短絡するので，式(7·9)より

$$\dot{Y}_{11}=\dot{Y}_a+\dot{Y}_b$$

です．同様にして $\dot{Y}_{21}$ は，出力端子 2-2′ を短絡したので

$$\dot{I}_2=\dot{Y}_{21}\dot{V}_1$$

より，**電流の向きに注意**して

$$\dot{I}_2=-\dot{Y}_b\dot{V}_1$$

となります．よって

$$\dot{Y}_{21}=-\dot{Y}_b$$

と求められます．

次に，$\dot{Y}_{12}$ と $\dot{Y}_{22}$ を求めます．入力端子 1-1′ を短絡するので，$\dot{Y}_{22}$ は

$$\dot{Y}_{22}=\dot{Y}_b+\dot{Y}_c$$

です．同様にして $\dot{Y}_{12}$ は，$\dot{I}_1=\dot{Y}_{12}\dot{V}_2$ より

$$\dot{I}_1=-\dot{Y}_b\dot{V}_2$$

補足➡二端子対回路が R, L, C だけで構成されている場合は $\dot{Y}_{12}=\dot{Y}_{21}$ が成立します．これは，回路が可逆であるといいます．

よって

$$\dot{Y}_{12} = -\dot{Y}_b$$

となります．以上より，π 形回路の Y 行列は

$$\begin{bmatrix} \dot{Y}_{11} & \dot{Y}_{12} \\ \dot{Y}_{21} & \dot{Y}_{22} \end{bmatrix} = \begin{bmatrix} \dot{Y}_a + \dot{Y}_b & -\dot{Y}_b \\ -\dot{Y}_b & \dot{Y}_b + \dot{Y}_c \end{bmatrix}$$

と求められます．

3 F パラメータ（四端子定数）

図 7·6 に示した二端子対回路において，入力側の電圧 $\dot{V}_1$，電流 $\dot{I}_1$ を左辺に，電圧 $\dot{V}_2$ と電流 $\dot{I}_2$ を右辺になるように定義します．**電流 $\dot{I}_2$ の向きが図 7·1 に示した向きと逆向き**です．式(7·1)と式(7·2)は

$$\dot{V}_1 = \dot{A}\dot{V}_2 + \dot{B}\dot{I}_2 \qquad (7·15)$$

$$\dot{I}_1 = \dot{C}\dot{V}_2 + \dot{D}\dot{I}_2 \qquad (7·16)$$

と表せます．このとき，**$\dot{A}, \dot{B}, \dot{C}, \dot{D}$ を F パラメータ**あるいは四端子定数といい，複素数です．

上式の行列は

$$\begin{bmatrix} \dot{V}_1 \\ \dot{I}_1 \end{bmatrix} = \begin{bmatrix} \dot{A} & \dot{B} \\ \dot{C} & \dot{D} \end{bmatrix} \begin{bmatrix} \dot{V}_2 \\ \dot{I}_2 \end{bmatrix}$$

これを F 行列といいます

となり，F パラメータからなる行列を **F 行列**といいます．

次に，F パラメータを決定する方法について考えます．まず，図 7·6 において出力端子 2-2′ を開放した場合 $\dot{I}_2 = 0$ なので，式(7·15)から

$$\dot{A} = \frac{\dot{V}_1}{\dot{V}_2} \qquad (7·17)$$

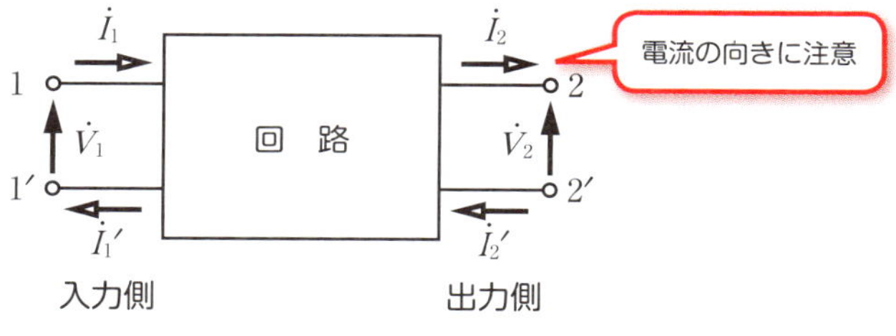

図 7·6 二端子対回路

補足⇒F 行列の F は，Fundamental（基本）から名づけられました．

となり，出力端子 2-2′ を開放したときの**出力端子開放電圧伝送比の逆数**です．また，同様に出力端子 2-2′ を開放した場合 $\dot{I}_2=0$ なので，$\dot{C}$ は式(7·16)から

$$\dot{C}=\frac{\dot{I}_1}{\dot{V}_2} \tag{7·18}$$

となり，出力端子 2-2′ を開放したときの入力端子 1-1′ への伝達アドミタンスなので**出力端子開放伝達インピーダンス**の逆数です．

次に，出力端子 2-2′ を短絡した場合 $\dot{V}_2=0$ なので，$\dot{B}$ は式(7·15)より

$$\dot{B}=\frac{\dot{V}_1}{\dot{I}_2} \tag{7·19}$$

となり，出力端子 2-2′ を短絡したときの入力端子 1-1′ への伝達インピーダンスなので**出力端子短絡伝達アドミタンスの逆数**に負号を付けたものです．これは，F パラメータでは Y パラメータの $\dot{I}_2$（正方向）と向きが逆になるためです．さらに，同様に出力端子 2-2′ を短絡した場合は $\dot{V}_2=0$ なので，$\dot{D}$ は式(7·16)から

$$\dot{D}=\frac{\dot{I}_1}{\dot{I}_2} \tag{7·20}$$

となり，これは**出力端子短絡時の電流伝送比の逆数**です．

例題 3

図 7·7 に示す T 形回路において，この回路の F パラメータを求めなさい．

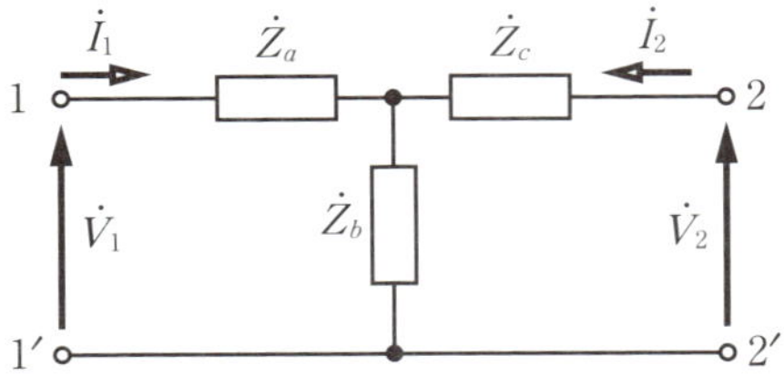

図 7·7 T 形回路

解答　図 7·7 の出力端子 2-2′ を開放した場合のパラメータ $\dot{A}$ と $\dot{C}$ は，$\dot{I}_2=0$ より

$$\dot{V}_1=(\dot{Z}_a+\dot{Z}_b)\dot{I}_1,\quad \dot{V}_2=\dot{Z}_b\dot{I}_1$$

が得られるので，式(7·17)より $\dot{A}$ は

補足➡二端子対回路が R, L, C だけで構成されている場合は $\dot{A}\dot{D}-\dot{B}\dot{C}=1$ となります．これは，回路が可逆であるといいます．

$$\dot{A}=\frac{\dot{Z}_a+\dot{Z}_b}{\dot{Z}_b}$$

となり，$\dot{C}$ は，式(7·18)より

$$\dot{C}=\frac{1}{\dot{Z}_b}$$

と求められます．次に，出力端子 2-2′ を短絡した場合のパラメータ $\dot{B}$ と $\dot{D}$ は，$\dot{V}_2=0$ より

$$\dot{V}_1=\left(\dot{Z}_a+\frac{\dot{Z}_b\dot{Z}_c}{\dot{Z}_b+\dot{Z}_c}\right)\dot{I}_1, \qquad \dot{I}_2=\frac{\dot{Z}_c}{\dot{Z}_b+\dot{Z}_c}\dot{I}_1$$

が得られるので，式(7·19)より $\dot{B}$ は

$$\dot{B}=\frac{\dot{Z}_a\dot{Z}_c+\dot{Z}_b\dot{Z}_c+\dot{Z}_b\dot{Z}_a}{\dot{Z}_b}$$

となり，$\dot{D}$ は式(7·20)より

$$\dot{D}=\frac{\dot{Z}_b+\dot{Z}_c}{\dot{Z}_b}$$

と求められます．

4 h パラメータ

今までの行列は，“電圧-電流”，“入力端子-出力端子”の組合せでしたが，図 7·1 に示す二端子対回路において電流 $\dot{I}_1$，電圧 $\dot{V}_2$ が入力（既知）の値で，電圧 $\dot{V}_1$，電流 $\dot{I}_2$ が出力（未知）の値とする行列は次式で表すことができ，**h パラメータ**といいます．

$$\begin{bmatrix}\dot{V}_1\\ \dot{I}_2\end{bmatrix}=\begin{bmatrix}\dot{h}_{11} & \dot{h}_{12}\\ \dot{h}_{21} & \dot{h}_{22}\end{bmatrix}\begin{bmatrix}\dot{I}_1\\ \dot{V}_2\end{bmatrix}$$

これを h 行列といいます

$\dot{h}_{11}$ は出力端子短絡入力インピーダンス，$\dot{h}_{12}$ は入力端子開放逆方向電圧伝送比，$\dot{h}_{21}$ は出力端子短絡電流伝送比，$\dot{h}_{22}$ は入力端子開放出力アドミタンスを表します．

図 7·1 に示す回路において，端子 1 から入力される信号（電圧，電流，電力）を $\dot{a}_1$，出力される信号を $\dot{b}_1$，同様に端子 2 から入力される信号を $\dot{a}_2$，出力される信号を $\dot{b}_2$ とすると，S パラメータは

$$\begin{pmatrix}\dot{b}_1\\ \dot{b}_2\end{pmatrix}=\begin{pmatrix}\dot{S}_{11} & \dot{S}_{12}\\ \dot{S}_{21} & \dot{S}_{22}\end{pmatrix}\begin{pmatrix}\dot{a}_1\\ \dot{a}_2\end{pmatrix}$$

と定義されます．

$\dot{S}_{11}$ は端子 1 から信号を入力したとき，端子 1 に反射する信号，$\dot{S}_{21}$ は端子 1 から信号を入力したとき端子 2 に透過する信号を表します．$\dot{S}_{22}$ と $\dot{S}_{12}$ は端子 1 を端子 2 とした場合です．一般に行列の反射と透過を求めるために使われるパラメータです．

まとめ

回路には，電気信号や電力を与える入力端子と外部につながれる出力端子があります．この回路を二端子対回路といいます．

一組の入力端子対ともう一組の出力関係を解析することで，回路の特性を求めることができます．これらの特性を表すものを二端子対パラメータといいます．

二端子対パラメータは，入力と出力端子のそれぞれの電圧と電流に着目すると，6 種類になります．

回路をブラックスボックスとみなして，入力と出力の関係が求められるので，入出力条件が変わっても，パラメータはそのままで新しい条件で解析でき，新たな特性が求められます．

補足➡ h パラメータは，トランジスタの等価回路など，主に電子回路の分野で用いられます．

7-3 二端子対回路の接続

キーポイント

2組の Z パラメータ，Y パラメータ，F パラメータで表せる二端子対回路を接続する方法を学びます．

それぞれの三つの場合とも，行列を用いて求めます．

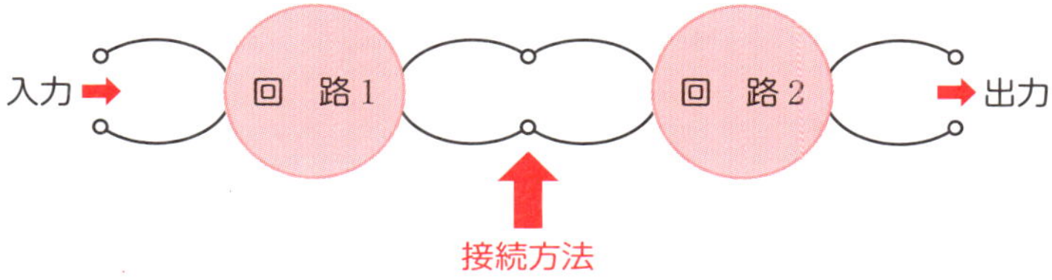

1 直列接続

Z パラメータが $\dot{Z}'_{11}, \dot{Z}'_{12}, \dot{Z}'_{21}, \dot{Z}'_{22}$ と $\dot{Z}''_{11}, \dot{Z}''_{12}, \dot{Z}''_{21}, \dot{Z}''_{22}$ の二つの二端子対回路の片方の入力端子ともう片方の出力端子を**図 7・8** に示すように接続します．このような接続を**二端子対回路の直列接続**といいます．

それぞれの二端子対回路の電流と電圧は

$$\begin{bmatrix} \dot{V}_1' \\ \dot{V}_2' \end{bmatrix} = \begin{bmatrix} \dot{Z}'_{11} & \dot{Z}'_{12} \\ \dot{Z}'_{21} & \dot{Z}'_{22} \end{bmatrix} \begin{bmatrix} \dot{I}_1' \\ \dot{I}_2' \end{bmatrix}, \qquad \begin{bmatrix} \dot{V}_1'' \\ \dot{V}_2'' \end{bmatrix} = \begin{bmatrix} \dot{Z}''_{11} & \dot{Z}''_{12} \\ \dot{Z}''_{21} & \dot{Z}''_{22} \end{bmatrix} \begin{bmatrix} \dot{I}_1'' \\ \dot{I}_2'' \end{bmatrix}$$

のように定義できます．**直列接続された入力と出力の電流 $\dot{I}_1, \dot{I}_2$ は，それぞれ等しいので同じ記号を用います．**

次に，直列接続した回路の入力端子を 1-1′，出力端子を 2-2′ とした二端子対回路の場合，$\dot{V}_1 = \dot{V}_1' + \dot{V}_1''$，$\dot{V}_2 = \dot{V}_2' + \dot{V}_2''$ なので

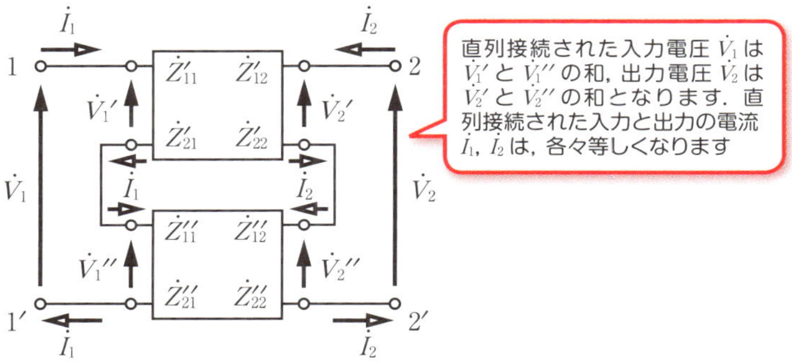

図 7・8 直列接続

補足➡二つの回路が直列接続されているとき，回路全体の Z パラメータは個々の回路の同じ Z パラメータどうしの和で求められます．
193

$$\begin{bmatrix}\dot{V}_1\\ \dot{V}_2\end{bmatrix}=\begin{bmatrix}\dot{V}_1'+\dot{V}_1''\\ \dot{V}_2'+\dot{V}_2''\end{bmatrix}=\begin{bmatrix}\dot{Z}_{11}'+\dot{Z}_{11}'' & \dot{Z}_{12}'+\dot{Z}_{12}''\\ \dot{Z}_{21}'+\dot{Z}_{21}'' & \dot{Z}_{22}'+\dot{Z}_{22}''\end{bmatrix}\begin{bmatrix}\dot{I}_1\\ \dot{I}_2\end{bmatrix}$$

となり，直列接続して合成した二端子対回路の Z 行列は

$$\begin{bmatrix}\dot{Z}_{11} & \dot{Z}_{12}\\ \dot{Z}_{21} & \dot{Z}_{22}\end{bmatrix}=\begin{bmatrix}\dot{Z}_{11}'+\dot{Z}_{11}'' & \dot{Z}_{12}'+\dot{Z}_{12}''\\ \dot{Z}_{21}'+\dot{Z}_{21}'' & \dot{Z}_{22}'+\dot{Z}_{22}''\end{bmatrix}$$

となります．

2 並列接続

Y パラメータが $\dot{Y}_{11}', \dot{Y}_{12}', \dot{Y}_{21}', \dot{Y}_{22}'$ と $\dot{Y}_{11}'', \dot{Y}_{12}'', \dot{Y}_{21}'', \dot{Y}_{22}''$ の二つの二端子対回路の入力端子対と出力端子対どうしを**図 7·9** に示すように接続します．このような接続を**二端子対回路の並列接続**といいます．

それぞれの二端子対回路の電流と電圧は

$$\begin{bmatrix}\dot{I}_1'\\ \dot{I}_2'\end{bmatrix}=\begin{bmatrix}\dot{Y}_{11}' & \dot{Y}_{12}'\\ \dot{Y}_{21}' & \dot{Y}_{22}'\end{bmatrix}\begin{bmatrix}\dot{V}_1'\\ \dot{V}_2'\end{bmatrix},\quad \begin{bmatrix}\dot{I}_1''\\ \dot{I}_2''\end{bmatrix}=\begin{bmatrix}\dot{Y}_{11}'' & \dot{Y}_{12}''\\ \dot{Y}_{21}'' & \dot{Y}_{22}''\end{bmatrix}\begin{bmatrix}\dot{V}_1''\\ \dot{V}_2''\end{bmatrix}$$

のように定義できます．ここで，**並列接続された入力と出力の電流 $\dot{I}_1$，$\dot{I}_2$ は各々の和**です．

次に，並列接続した回路の入力端子を 1-1′，出力端子を 2-2′ とした二端子対回路の場合，$\dot{I}_1=\dot{I}_1'+\dot{I}_1''$，$\dot{I}_2=\dot{I}_2'+\dot{I}_2''$ なので

$$\begin{bmatrix}\dot{I}_1\\ \dot{I}_2\end{bmatrix}=\begin{bmatrix}\dot{I}_1'+\dot{I}_1''\\ \dot{I}_2'+\dot{I}_2''\end{bmatrix}=\begin{bmatrix}\dot{Y}_{11}'+\dot{Y}_{11}'' & \dot{Y}_{12}'+\dot{Y}_{12}''\\ \dot{Y}_{21}'+\dot{Y}_{21}'' & \dot{Y}_{22}'+\dot{Y}_{22}''\end{bmatrix}\begin{bmatrix}\dot{V}_1\\ \dot{V}_2\end{bmatrix}$$

となり，並列接続して合成した二端子対回路の Y 行列は

$$\begin{bmatrix}\dot{Y}_{11} & \dot{Y}_{12}\\ \dot{Y}_{21} & \dot{Y}_{22}\end{bmatrix}=\begin{bmatrix}\dot{Y}_{11}'+\dot{Y}_{11}'' & \dot{Y}_{12}'+\dot{Y}_{12}''\\ \dot{Y}_{21}'+\dot{Y}_{21}'' & \dot{Y}_{22}'+\dot{Y}_{22}''\end{bmatrix}$$

となります．

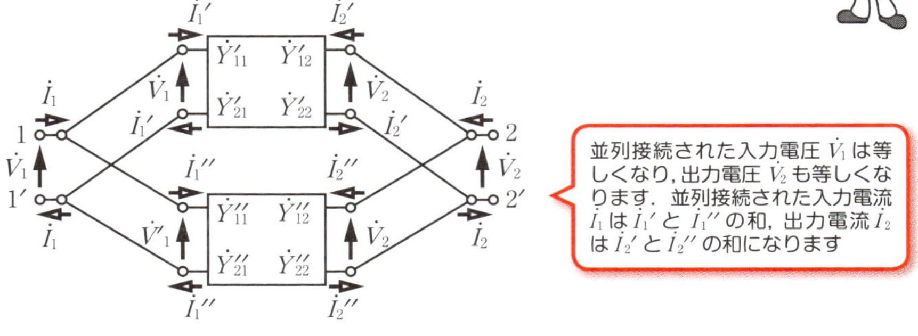

並列接続された入力電圧 $\dot{V}_1$ は等しくなり，出力電圧 $\dot{V}_2$ も等しくなります．並列接続された入力電流 $\dot{I}_1$ は $\dot{I}_1'$ と $\dot{I}_1''$ の和，出力電流 $\dot{I}_2$ は $\dot{I}_2'$ と $\dot{I}_2''$ の和になります

図 7·9 並列接続

補足➡二つの回路が並列接続されているとき，回路全体の Y パラメータは個々の回路の同じ Y パラメータどうしの和で求められます．

3 縦続接続

F パラメータが，$\dot{A}', \dot{B}', \dot{C}', \dot{D}'$ と $\dot{A}'', \dot{B}'', \dot{C}'', \dot{D}''$ の二つの二端子対回路の片方の出力端子と次のもう一つの入力端子を**図 7･10** に示すように接続します．このような接続を**二端子対回路の縦続接続**といいます．

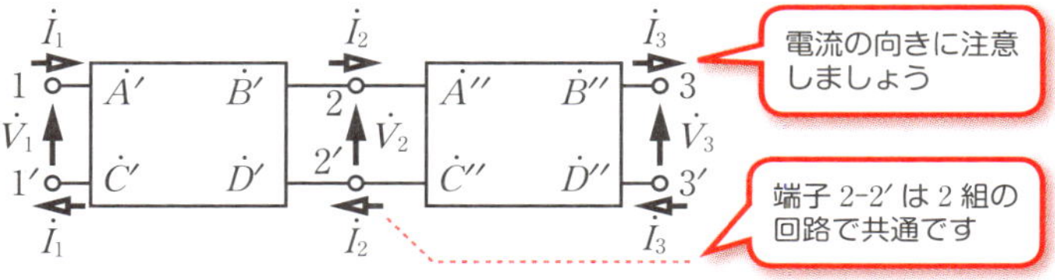

図 7･10 縦続接続

それぞれの二端子対回路の電流と電圧は

$$\begin{bmatrix} \dot{V}_1 \\ \dot{I}_1 \end{bmatrix} = \begin{bmatrix} \dot{A}' & \dot{B}' \\ \dot{C}' & \dot{D}' \end{bmatrix} \begin{bmatrix} \dot{V}_2 \\ \dot{I}_2 \end{bmatrix}, \quad \begin{bmatrix} \dot{V}_2 \\ \dot{I}_2 \end{bmatrix} = \begin{bmatrix} \dot{A}'' & \dot{B}'' \\ \dot{C}'' & \dot{D}'' \end{bmatrix} \begin{bmatrix} \dot{V}_3 \\ \dot{I}_3 \end{bmatrix}$$

のように定義できます．上式を整理すると

$$\begin{bmatrix} \dot{V}_1 \\ \dot{I}_1 \end{bmatrix} = \begin{bmatrix} \dot{A}' & \dot{B}' \\ \dot{C}' & \dot{D}' \end{bmatrix} \begin{bmatrix} \dot{A}'' & \dot{B}'' \\ \dot{C}'' & \dot{D}'' \end{bmatrix} \begin{bmatrix} \dot{V}_3 \\ \dot{I}_3 \end{bmatrix}$$

となり，縦続接続された二端子対回路の F 行列を以下のように定義すると

$$\begin{bmatrix} \dot{V}_1 \\ \dot{I}_1 \end{bmatrix} = \begin{bmatrix} \dot{A} & \dot{B} \\ \dot{C} & \dot{D} \end{bmatrix} \begin{bmatrix} \dot{V}_3 \\ \dot{I}_3 \end{bmatrix}$$

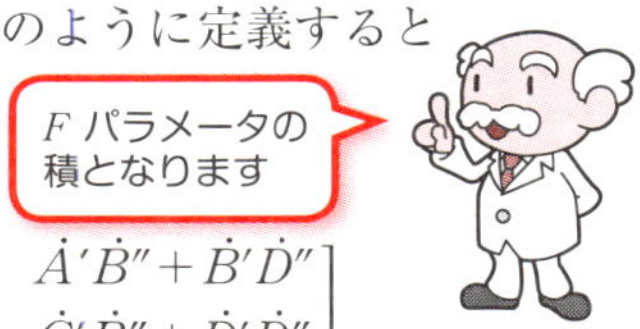

$$\begin{bmatrix} \dot{A} & \dot{B} \\ \dot{C} & \dot{D} \end{bmatrix} = \begin{bmatrix} \dot{A}' & \dot{B}' \\ \dot{C}' & \dot{D}' \end{bmatrix} \begin{bmatrix} \dot{A}'' & \dot{B}'' \\ \dot{C}'' & \dot{D}'' \end{bmatrix} = \begin{bmatrix} \dot{A}'\dot{A}'' + \dot{B}'\dot{C}'' & \dot{A}'\dot{B}'' + \dot{B}'\dot{D}'' \\ \dot{C}'\dot{A}'' + \dot{D}'\dot{C}'' & \dot{C}'\dot{B}'' + \dot{D}'\dot{D}'' \end{bmatrix}$$

となります．

まとめ

2 組の二端子対回路を接続する方法に，直列接続，並列接続，縦続接続があります．

二端子対回路が，Z パラメータで表せる場合は直列接続，Y パラメータで表せる場合は並列接続，F パラメータで表せる場合は縦続接続が適しています．

Z または Y パラメータの場合は，それぞれの行列の和，F パラメータの場合はそれぞれの行列の積で求められます．

補足➡二つの回路が縦続接続されているとき，回路全体の F パラメータは個々の回路の同じ F 行列の積で求められます．

練習問題

① **図 7・11** に示す T 形回路において，複数の回路が縦続接続された回路として，F 行列を求めなさい．また，7-2 節の例題 3 と比較しなさい．易☆☆☆難

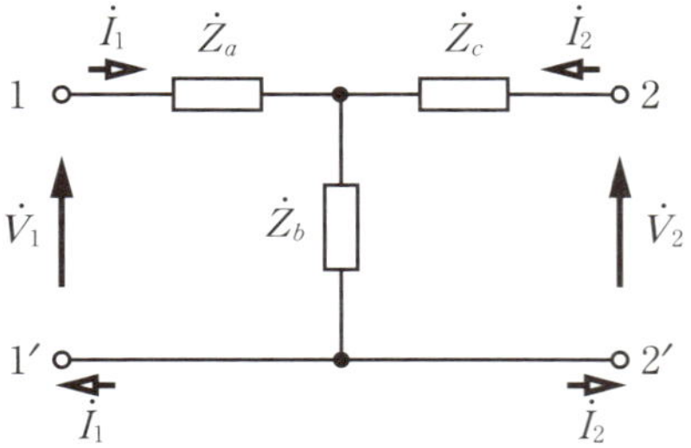

図 7・11 T 形回路

② **図 7・12** に示した回路の Z パラメータを求めなさい．易☆☆☆難

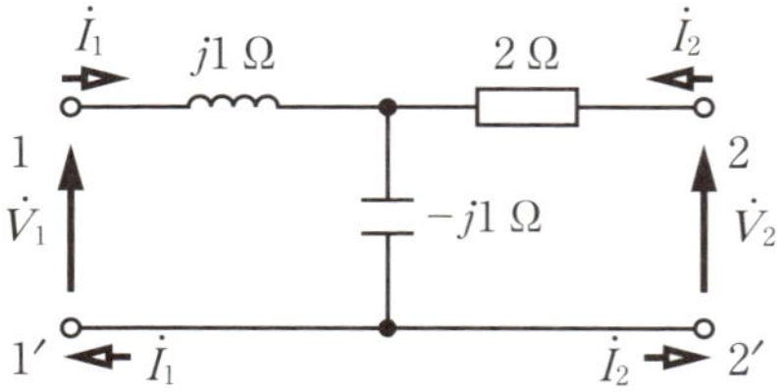

図 7・12 T 形回路

③ **図 7・13** に示した回路の Y パラメータを求めなさい．易☆☆☆難

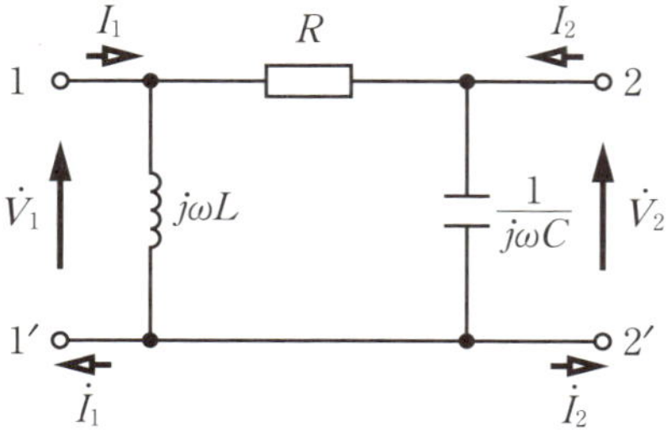

図 7・13 π 形回路

Date　・　・

8章

三　相　交　流

前章まで単相交流を学んできました．単相交流が家庭に配電されていることはよく知られていますが，発電所や送配電系統では三相交流（three-phase alternating current）が使用されています．三相は

- 単相に比べ設備に対する送電電力が大きい
- 交流モータに必要な回転磁界が容易に作れる

といった点で優れており，これらが三相が採用される主な理由です．また，三相は直流への電力変換時に脈動の小さい出力電圧が得られるため，比較的大容量の直流を必要とする電子・通信工学分野の電源としても重要です．

したがって，三相回路を理解することは，特に電気電子システム技術の修得をめざす皆さんにとって大変重要です．三相を扱うこの章では，電源電圧，負荷ともにバランスしている基本的な回路を学びます．

8-1 対称三相交流

キーポイント

正弦波交流電圧の瞬時値は

$$v = V_m \sin(\omega t + \phi)$$

で表されます．V_m は最大値，ω は角周波数，ϕ は初期位相角（位相角）．

$v = V_m \sin(\omega t + \phi)$ をフェーザに変換すると，$\dot{V} = V\angle\phi$ となります．$V = V_m/\sqrt{2}$ です．

あるフェーザに $e^{-j\frac{2\pi}{3}}\left(= -\frac{1}{2} - j\frac{\sqrt{3}}{2}\right)$ を掛け算すると，そのフェーザは120°遅れます．

1 三相回路の構成

図8･1 のような3個の単相電源を考えてみましょう．各電源にはそれぞれの負荷があり，互いに独立です．次に**図8･2** のように下側の電線を1本の線（中性線）にまとめてみましょう．回路は下側の電位が共通になりますが，負荷電流は図8･1と変わりません．

いま，これら3個の電源電圧が周波数の等しい正弦波で，実効値が等しく，位相のみ 2π/3〔rad〕（120°）ずつ順にずれていたらどうでしょう．各負荷のインピーダンスが同じときには，同じ大きさの電流が120°ずつ順にずれて流れるので互いに打ち消し合い，中性線の電流は0になってしまいます．この条件の下では，**図8･3** のように中性線を除去しても同じ結果となります．これが3線で電力を送る方式です．対称性を表現して**図8･4** のように描きます．

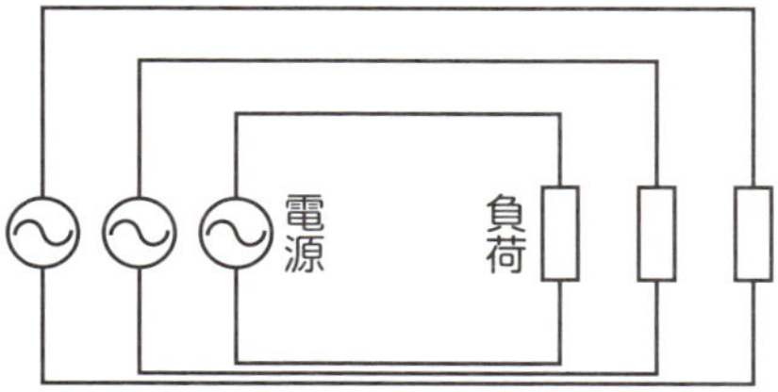

図8･1■3個の単相回路

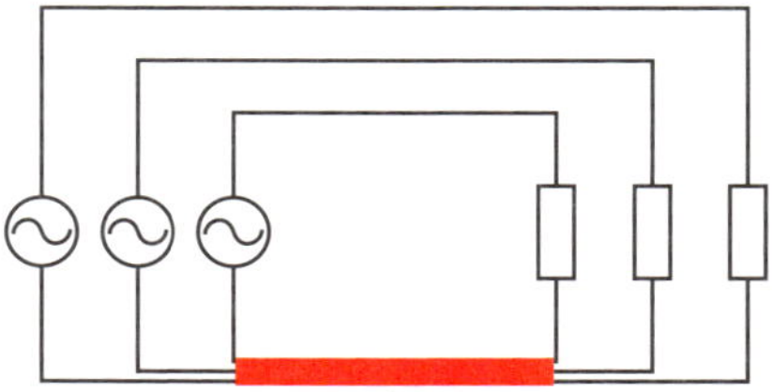

図8･2■線をまとめる

補足➡空間的に対称に配置された三相コイルに三相交流を流すと，そのコイルが作る合成磁界は回転します．これを回転磁界といい，誘導電動機などに必須の機構です．回転磁界の発生は多相交流の特徴の一つです．

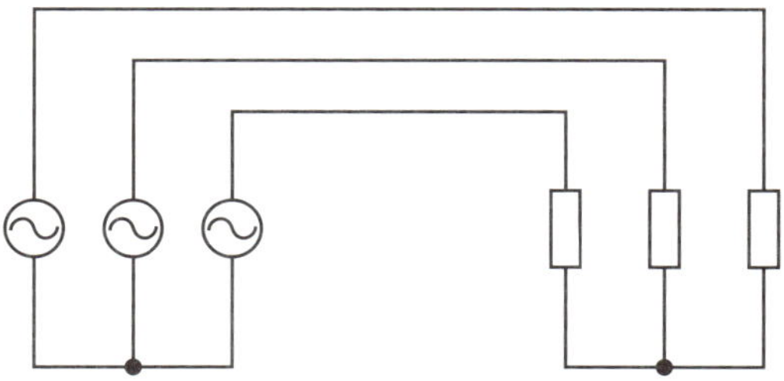

図 8・3 中性線をはずす

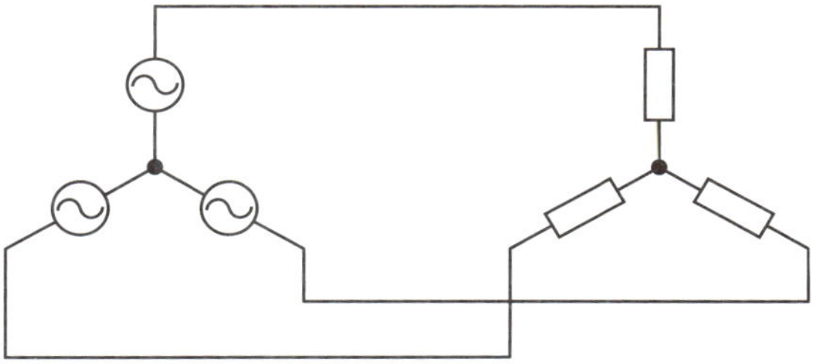

図 8・4 120° に配置した三相回路

2 対称三相電圧

角周波数が ω〔rad/s〕の三相電圧（起電力）を式で表すと

$$
\begin{aligned}
e_a &= E_{ma}\sin\omega t \\
e_b &= E_{mb}\sin\left(\omega t - \frac{2\pi}{3}\right) \\
e_c &= E_{mc}\sin\left(\omega t - \frac{4\pi}{3}\right)
\end{aligned}
\qquad (8\cdot 1)
$$

となります．いま，$E_{ma}=E_{mb}=E_{mc}=E_m$ とおくと，各電圧は振幅が揃い，位相角が順に $(2\pi/3)$ だけ異なります．これが対称三相電圧であり，各波形は**図 8・5** のようになります．また，実効値 E を明示し，初期位相角を「°」（度）で表すと

$$
\begin{aligned}
e_a(t) &= \sqrt{2}\,E\sin\omega t \\
e_b(t) &= \sqrt{2}\,E\sin(\omega t - 120^\circ) \\
e_c(t) &= \sqrt{2}\,E\sin(\omega t - 240^\circ)
\end{aligned}
\qquad (8\cdot 2)
$$

と書けます．ここで，$E_m=\sqrt{2}\,E$ です．さらに，フェーザで表すと

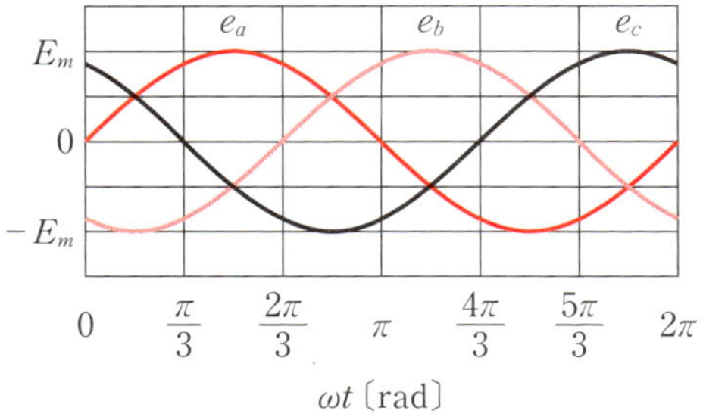

図 8·5 対称三相電圧（相順は abc の順）

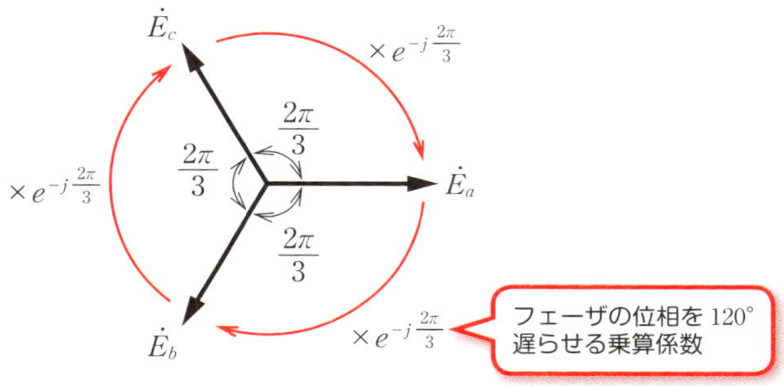

図 8·6 対称三相電圧のフェーザ

$$\begin{aligned}\dot{E}_a &= Ee^{j0} = E\angle 0^\circ \\ \dot{E}_b &= Ee^{-j\frac{2\pi}{3}} = E\angle -120^\circ \\ \dot{E}_c &= Ee^{-j\frac{4\pi}{3}} = E\angle -240^\circ\end{aligned} \tag{8·3}$$

となります．また，フェーザ図は**図 8·6** のようになります．

電圧の位相のずれの順序は**相順**（phase sequence）または**相回転**（phase rotation）と呼び，端子記号（本章では abc）を用いて，「abc の順」といった表現で表します．この場合，逆の相順は「acb の順」と表します．

まとめ

対称三相電圧では，三つの正弦波交流電圧が 2π/3 ずつ順にずれています．

相順とは，三つの電圧が順に遅れていく順序です．

対称三相電流の各相の電流は順に 2π/3 ずつ位相がずれており，この三つ

の電流の和をとると

$$I_m\{\sin\omega t+\sin(\omega t-120°)+\sin(\omega t-240°)\}=0$$

となります．I_m は電流の最大値です．

例題 1

次の空欄にあてはまる適切な語句を選びなさい．

(1) 対称三相交流電圧では，各相の起電力の周波数が（等しい/異なる）.

(2) 対称三相交流電圧では，各相電圧の実効値が（等しい/異なる）.

(3) 式(8･1)の第3式は，$e_c=E_{mc}\sin\left(\omega t+\dfrac{2\pi}{3}\right)$ と（書ける/書けない）.

解答 (1) 等しい，(2)等しい，(3) 書ける〔次式が成立：

$$\sin\left(\omega t-\frac{4\pi}{3}\right)=\sin\left(\omega t-\frac{4\pi}{3}+2\pi\right)=\sin\left(\omega t+\frac{2\pi}{3}\right)〕$$

例題 2

次の三つの電圧の組合せは三相電圧として対称か非対称か調べなさい．

(1) $v_a=E_m\sin\left(\omega t-\dfrac{5\pi}{12}\right)$，$v_b=E_m\sin\left(\omega t-\dfrac{13\pi}{12}\right)$，$v_c=E_m\sin\left(\omega t-\dfrac{7\pi}{4}\right)$

(2) $v_a=E_m\sin(\omega t+25°)$，$v_b=E_m\sin(\omega t+145°)$，$v_c=E_m\sin(\omega t-95°)$

(3) $v_a=E_m\sin(\omega t+25°)$，$v_b=E_m\sin(\omega t-95°)$，$v_c=E_m\sin(\omega t-225°)$

解答 各電圧の最大値は同じ．a 相を基準に位相を調べます．

(1) 対称 $\left[-\dfrac{13\pi}{12}-\left(-\dfrac{5\pi}{12}\right)=-\dfrac{2}{3}\pi,\ -\dfrac{7\pi}{4}-\left(-\dfrac{5\pi}{12}\right)=-\dfrac{4}{3}\pi\right.$，相順 abc$\left.\right]$

(2) 対称〔$145°-25°=120°$，$-95°-25°=-120°$，相順 acb〕

(3) 非対称〔$-95°-25°=-120°$，$-225°-25°=-250°\neq-240°$，相順 abc〕

8-2 電源の Y 結線と △ 結線

キーポイント

対称三相電圧の和は 0.

$$V_m\left\{\sin\omega t+\sin(\omega t-120^\circ)+\sin(\omega t-240^\circ)\right\}=0$$

対称三相電圧のフェーザの和は 0.

$$V\left(1+e^{-j\frac{2\pi}{3}}+e^{-j\frac{4\pi}{3}}\right)=0$$

三相電源の接続には，**図 8·7** で示される **Y 結線**（星形結線）（Y-connection, star connection）があります．同図(a)は**三相三線式**（three-wire three-phase system），(b)は**三相四線式**（four-wire three-phase system）と呼ばれます．もう一つの結線方式として，**図 8·8** に示される **△ 結線**（環状結線）（delta-connection, ring connection）があります．

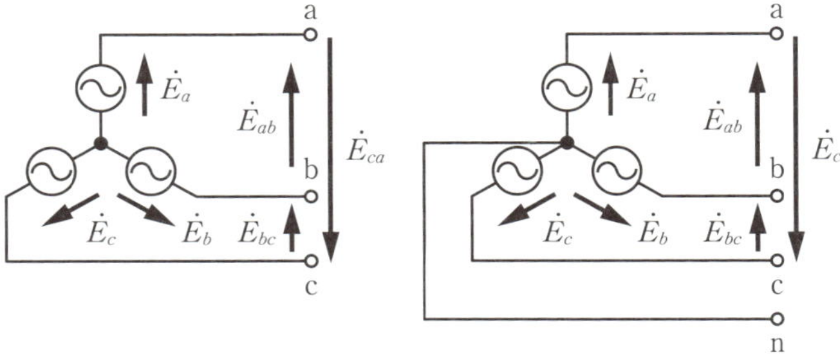

(a) 三相三線式　　(b) 三相四線式

図 8·7 Y 結線

図 8·7 の Y 結線において，起電力 $\dot{E}_a$, $\dot{E}_b$, $\dot{E}_c$ を**相電圧**（phase voltage）と呼びます．三つの端子 a, b, c の 2 端子間に現れる電圧（**線間電圧**（line-to-line voltage, line voltage））を求めてみましょう．電圧の向き（矢印）に注意して式を立てると，次式となります．

$$\begin{aligned}\dot{E}_{ab}&=\dot{E}_a-\dot{E}_b\\ \dot{E}_{bc}&=\dot{E}_b-\dot{E}_c\\ \dot{E}_{ca}&=\dot{E}_c-\dot{E}_a\end{aligned}\qquad(8\cdot4)$$

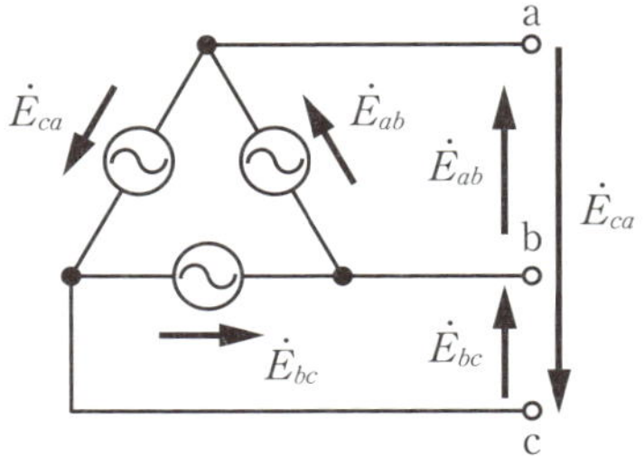

図 8·8 △ 結線（三相三線式）

補足➡三相端子の名前には，連続する三つの英字 ABC（abc），RST（rst），UVW（uvw）や数字（123）などが使われています．

ここで，電圧の対称性 $\dot{E}_a = E\angle 0°$，$\dot{E}_b = E\angle -120°$，$\dot{E}_c = E\angle -240°$ を用いると式(8·4)の第１式は

$$\dot{E}_{ab} = \dot{E}_a - e^{-j120°}\dot{E}_a = \left(\frac{3}{2} + j\frac{\sqrt{3}}{2}\right)\dot{E}_a$$
$$= (\sqrt{3}e^{j30°})\dot{E}_a \qquad (8\cdot 5)$$

と表され，大きさの関係は $|\dot{E}_{ab}| = \sqrt{3}\,|\dot{E}_a| = \sqrt{3}\,E$ となります．他の相の電圧も

$$\dot{E}_{bc} = \dot{E}_b - \dot{E}_c = (\sqrt{3}e^{j30°})\,\dot{E}_b$$
$$\dot{E}_{ca} = \dot{E}_c - \dot{E}_a = (\sqrt{3}e^{j30°})\,\dot{E}_c \qquad (8\cdot 6)$$

となり，同様の結果が得られます．この結果より，**Y 結線の線間電圧の大きさは相電圧の $\sqrt{3}$ 倍**となります．**位相は，$\dot{E}_{ab}$ が $\dot{E}_a$ より，$\dot{E}_{bc}$ が $\dot{E}_b$ より，$\dot{E}_{ca}$ が $\dot{E}_c$ より，それぞれ 30° 進んでいる**ことがわかります．

以上の関係は三相四線式にも当てはまります．三相四線式では中性線があるので $\dot{E}_a$，$\dot{E}_b$，$\dot{E}_c$（相電圧）が取り出せます．

△ 結線では，起電力(相電圧)がそのまま線間電圧として端子間に現れます．接続の性質上，中性線はありません．

まとめ

三相起電力(相電圧)の接続には Y 結線と △ 結線があります．

Y 結線は三相三線式と三相四線式があり，中性線の有無で判別できます．

Y 結線では，相電圧の $\sqrt{3}$ 倍の大きさの電圧が線間に現れます．

△ 結線では，相電圧がそのまま線間に現れます．

三相四線式では，三線式と同様に相電圧の $\sqrt{3}$ 倍の大きさの電圧が線間に現れますが，中性線に対しては相電圧も得られます．

例題 1

次の空欄に適切な数字・語句を埋めなさい．

(1) Y結線の対称三相電源では，相電圧の実効値を□倍すると線間電圧の実効値に等しくなる．

(2) Y結線の対称三相電源で，線間電圧が 200 V であるとき，相電圧は約□〔V〕である．

(3) 三相四線式では，線間電圧だけでなく□も取り出せる．

(4) △結線の対称三相電源では，相電圧の実効値を□倍すると線間電圧の実効値に等しくなる．

(5) ある電圧フェーザに□を掛けると，そのフェーザは 120° 位相が遅れる．

(6) ある電圧フェーザに□を掛けると，そのフェーザは θ〔rad〕位相が進む（$\theta>0$）．

解答 (1) $\sqrt{3}$〔式(8·5)を参照〕，(2) 115〔線間電圧値を $\sqrt{3}$ で割る〕，(3) 相電圧，(4) 1〔相電圧と線間電圧は等しい〕，(5) $e^{-j120°}$〔$(1\angle -120°)$，$\left(-\dfrac{1}{2}-j\dfrac{\sqrt{3}}{2}\right)$ も可〕，(6) $e^{j\theta}$〔$(1\angle \theta)$，$(\cos\theta+j\sin\theta)$ も可〕

例題 2

Y結線の三相電圧

$$\dot{E}_a = 120\angle 0 \text{〔V〕}$$

$$\dot{E}_b = 120\angle -\frac{2\pi}{3} \text{〔V〕}$$

$$\dot{E}_c = 120\angle -\frac{4\pi}{3} \text{〔V〕}$$

がある．

(1) 線間電圧 $\dot{E}_{bc}(=\dot{E}_b-\dot{E}_c)$ を計算し，フェーザ形式で表しなさい．

(2) $\dot{E}_{bc}$ と $\dot{E}_b$ の位相関係を示しなさい．

補足 → θ が負ならば位相は「遅れる」．

解答 (1) 計算式に従って計算します．

$$\dot{E}_{bc}=120e^{-j\frac{2\pi}{3}}-120e^{-j\frac{4\pi}{3}}=120\left\{\left(-\frac{1}{2}-j\frac{\sqrt{3}}{2}\right)-\left(-\frac{1}{2}+j\frac{\sqrt{3}}{2}\right)\right\}$$

$$=-j120\sqrt{3}=120\sqrt{3}\angle-\frac{\pi}{2}\text{〔V〕}$$

(2) 位相の差を計算します．

$$\angle\dot{E}_{bc}-\angle\dot{E}_{b}=-\frac{\pi}{2}-\left(-\frac{2\pi}{3}\right)=\frac{\pi}{6}$$

この例題で，「線間電圧は相電圧の $\sqrt{3}$ で，位相は 30° 進む」ことを具体的に確認できます．なお，上式で $\angle\dot{E}_{bc}$ は「$\dot{E}_{bc}$ の位相」を表します．

8-3 Y結線負荷の電圧・電流

> **キーポイント**
>
> ある電圧(電流)のフェーザを「基準にとる」とは，$\dot{V}=V\angle 0°$（$\dot{I}=I\angle 0°$）のように，位相角を $0°$ にとることです．
>
> 電圧(電流)のフェーザ計算に関して，その「大きさ」，「絶対値」，「実効値」，「電圧計(電流計)の指示値」は同じ値です．

1 Y結線負荷がY結線電源に接続される場合

Y結線の三相負荷がY結線の対称三相電源に接続される図8・9(a)の回路でどのような電流が流れるかを考えましょう．負荷は各複素インピーダンスが同じとします．この場合，電源と負荷の両方の中性点を仮想的に中性線(図中，点線)で結んでも各相の電流は打ち消し合って0となり，図8・9(b)のように中性線を含めa相のみを取り出せます．この回路は三相回路の一相の等価回路で，すでに学んだ単相回路です．

電源のa相の相電圧を基準にとり，$\dot{E}_a = E\angle 0$ とします．負荷のインピーダンスは $\dot{Z}_Y = Z_Y \angle \phi$ と表しておきます．a相の線電流は図8・9(b)の等価回路より

$$\dot{I}_a = \frac{\dot{E}_a}{\dot{Z}_Y} = \frac{E\angle 0}{Z_Y \angle \phi} = \frac{E}{Z_Y} \angle -\phi \tag{8・7}$$

となります．$\dot{I}_b$ と $\dot{I}_c$ は，$\dot{I}_a$ から順に $120°$，$240°$ ずつ遅らせると求めることができます．

(a) 三相回路　　　　　　(b) 単相等価回路

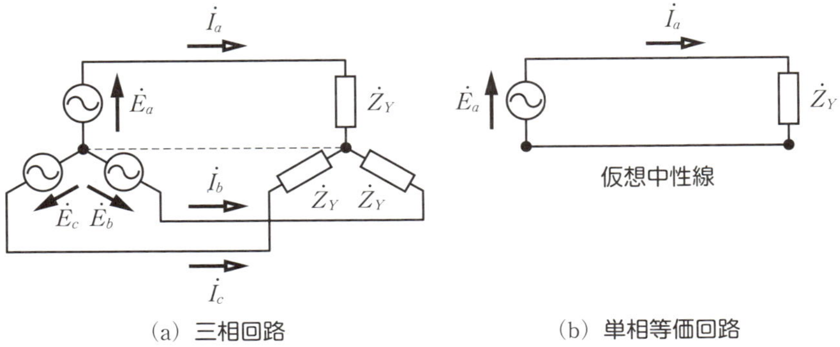

図 8・9 ■ Y結線電源とY結線負荷

$$\dot{I}_b = \frac{E}{Z_Y}\angle\left(-\phi - \frac{2\pi}{3}\right)$$
$$\dot{I}_c = \frac{E}{Z_Y}\angle\left(-\phi - \frac{4\pi}{3}\right) \qquad (8\cdot8)$$

以上の計算には，線間電圧が出てきませんでしたが，前節の計算と同様に

$$\dot{E}_{ab} = \dot{E}_a - \dot{E}_b = (\sqrt{3}\,e^{j\frac{\pi}{6}})\,\dot{E}_a$$

となります．

例題 1

図8·9(a)のように，Y結線の三相負荷がY結線の対称三相電源に接続されている回路において，負荷1相のインピーダンスは $\dot{Z}_Y = 16 + j12$〔Ω〕とし，相電圧は100Vで相順はabcの順とする．a相の相電圧を基準とし，a相，b相，c相の各線電流 $\dot{I}_a, \dot{I}_b, \dot{I}_c$ を求めなさい．

解答 仮想中性線を用いた単相等価回路で考え，各線電流を計算します．a相の相電圧を基準にするので，$\dot{E}_a = 100\angle 0°$ とします．

$$\dot{I}_a = \frac{\dot{E}_a}{\dot{Z}_Y} = \frac{100\angle 0°}{16 + j12} = \frac{100\angle 0°}{20\angle 36.9°}$$
$$= 5\angle -36.9°〔A〕$$
$$\dot{I}_b = 5\angle(-36.9° - 120°) = 5\angle -156.9°〔A〕$$
$$\dot{I}_c = 5\angle(-36.9° - 240°) = 5\angle -276.9°〔A〕$$

参考のため，**図8·10**にフェーザ図を示します．$\dot{I}_a$ の位相は $\dot{E}_a$ を基準に $-36.9°$ となっている点を確認して下さい．

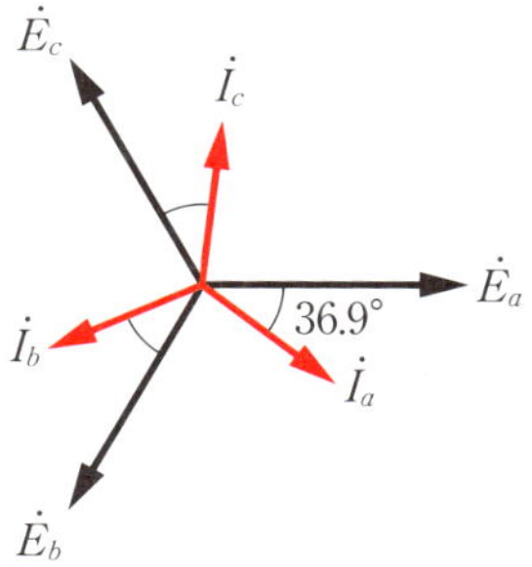

図8·10 フェーザ図

2 Y結線負荷が△結線電源に接続される場合

図8·11に示すように，電源は△結線で相電圧が線間電圧に等しいので，負荷から見ると線間電圧が与えられているのと同等です．電源電圧を対称とし，相順を「abcの順」としておきましょう．

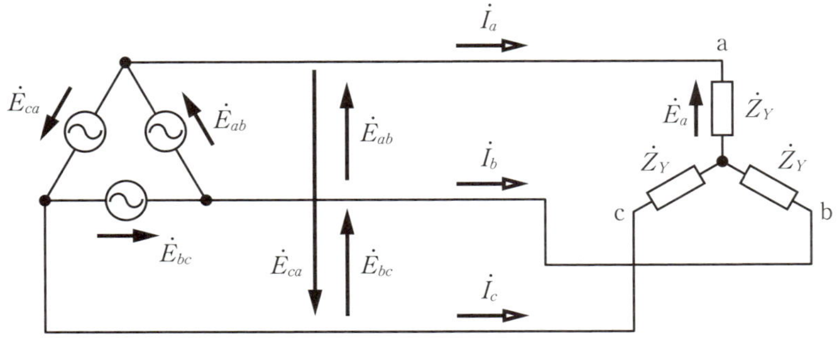

図 8·11▒△ 結線電源と Y 結線負荷

まず，線間電圧から負荷の相電圧を求めます．電源の ab 間の線間電圧を基準にとると

$$\dot{E}_{ab}=E_{ab}\angle 0 \tag{8·9}$$

とおけます．E_{ab} は △ 結線の相電圧の実効値です．負荷は Y 結線であるので，その相電圧は線間電圧の「$\frac{1}{\sqrt{3}}$ 倍で 30° 遅れ」です．すなわち

$$\dot{E}_a=\left(\frac{1}{\sqrt{3}}\angle -\frac{\pi}{6}\right)\dot{E}_{ab} \tag{8·10}$$

と算定できます．よって a 相の線電流は

$$\dot{I}_a=\frac{\dot{E}_a}{\dot{Z}_Y}=\frac{\frac{E_{ab}}{\sqrt{3}}\angle -\frac{\pi}{6}}{Z_Y\angle\phi}$$

$$=\frac{E_{ab}}{\sqrt{3}Z_Y}\angle -\frac{\pi}{6}-\phi \tag{8·11}$$

となります．対称の電流が流れるので，他の線電流 $\dot{I}_b$ と $\dot{I}_c$ はこの電流から相順を考慮して求めます．なお，電圧・電流のフェーザ図は**図 8·12** のようになります（$\phi>0$ としています）．

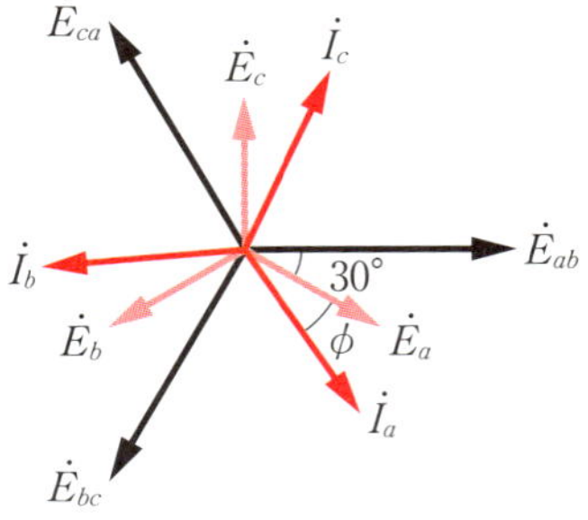

図 8·12▒フェーザ図（Δ 結線電源 − Y 結線負荷）

例題2

△結線の対称三相電源があり，その相電圧を200 Vとする．この電源には，各相のインピーダンスが同じであるY結線の負荷が接続されている．負荷1相分の複素インピーダンスを $\dot{Z}_Y = 4 - j2$〔Ω〕とするとき，次の値を求めなさい．

(1) 負荷の相電圧の大きさ V_P〔V〕．

(2) 線電流の大きさ I_L〔A〕．

解答 (1) △結線の相電圧と線間電圧の両者の大きさは等しくなります．題意より，位相角を求める必要はないので，フェーザ計算をする必要はありません．負荷はY結線なので，相電圧の大きさは

$$V_P = \frac{200}{\sqrt{3}} \fallingdotseq 115\ \mathrm{V}$$

(2) 線電流は，この相電圧をインピーダンスの大きさで除して求めます．

$$I_L = \frac{V_P}{|\dot{Z}_Y|} = \frac{200/\sqrt{3}}{\sqrt{4^2 + (-2)^2}} = \frac{200}{\sqrt{3} \times 2\sqrt{5}} \fallingdotseq 25.8\ \mathrm{A}$$

なお，相順は指定されていませんが，それに関係なく同じ値となります（平衡回路の特徴）．

まとめ

三相負荷の特性計算では，線電流が算定の対象になることが多くあります．

電源と負荷がY結線でともにバランス（平衡）しているとき，中性線を仮定して解くことができます．

Y結線負荷に線間電圧が印加された場合，まず負荷の相電圧を計算しましょう．

8-4 △結線負荷の電圧・電流

キーポイント

電圧・電流などの位相関係を保持しながら解析するには，フェーザを用いて計算します．

電圧・電流の大きさ（実効値）を求める問題の場合は，位相情報を入れずに簡単に計算できるかを見定める必要があります．

1 △結線負荷が Y 結線電源に接続される場合

△結線負荷は，各相のインピーダンスが△形を構成するように接続されており，インピーダンス間の接続点から引き出した給電線が三相三線式の各線に接続されます．そのため，負荷には中性点がありません．ここでは，まず Y 結線三相電圧に接続される**図 8･13** の回路を考えます．

△の負荷の相電流は，線間電圧がわかれば直ちに計算できるので，線間電圧に注目します．電源が Y 結線なので，線間電圧は

$$\dot{E}_{ab}=\sqrt{3}e^{j\frac{\pi}{6}}\dot{E}_a \tag{8･12}$$

となります．次に，△結線相電流を求めます．

$$\dot{I}_{ab}=\frac{\dot{E}_{ab}}{\dot{Z}_\Delta}=\frac{\dot{E}_{ab}}{|\dot{Z}_\Delta|\angle\phi} \tag{8･13}$$

続いて，線電流を求めます．

$$\dot{I}_a=\sqrt{3}e^{-j\frac{\pi}{6}}\dot{I}_{ab} \tag{8･14}$$

フェーザ図は**図 8･14** のようになります（$\phi>0$）．$\dot{E}_a$ を基準として，$\dot{E}_{ab}$，$\dot{I}_{ab}$，

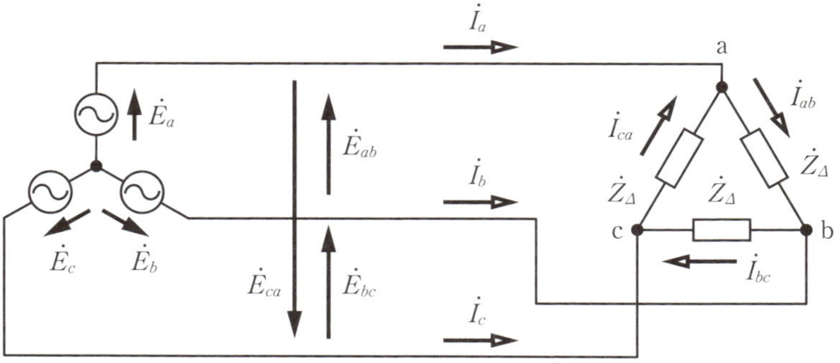

図 8･13 Y 電源と△負荷

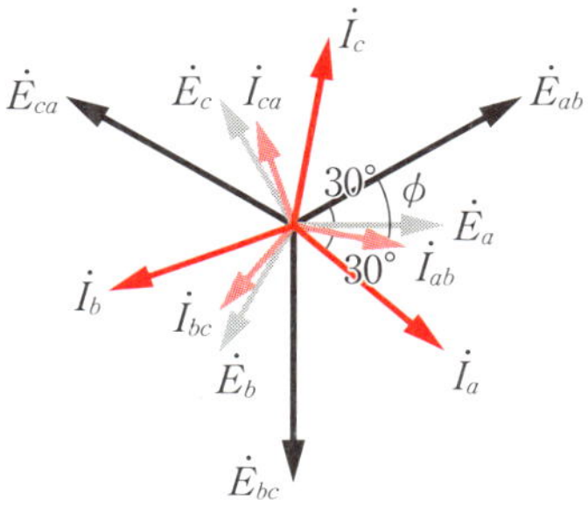

図 8・14■フェーザ図

$\dot{I}_a$ の順に描いています．

2 △結線負荷が△結線電源に接続される場合

図 8・15 の回路において，△結線電源は線間電圧を直接与えるので負荷の相電流が直ちに求まります．

$$\dot{I}_{ab}=\frac{\dot{E}_{ab}}{\dot{Z}_\Delta} \tag{8・15}$$

次に，線電流を求めます（式(8・14)と同じです）．

$$\dot{I}_a=\sqrt{3}e^{-j\frac{\pi}{6}}\dot{I}_{ab} \tag{8・16}$$

フェーザ図は，**図 8・16** のように描くことができます（$\phi>0$）．線間電圧が基準となります．

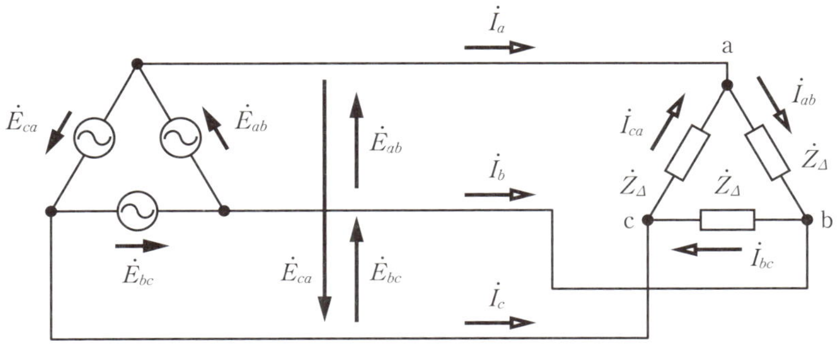

図 8・15■△電源と△負荷

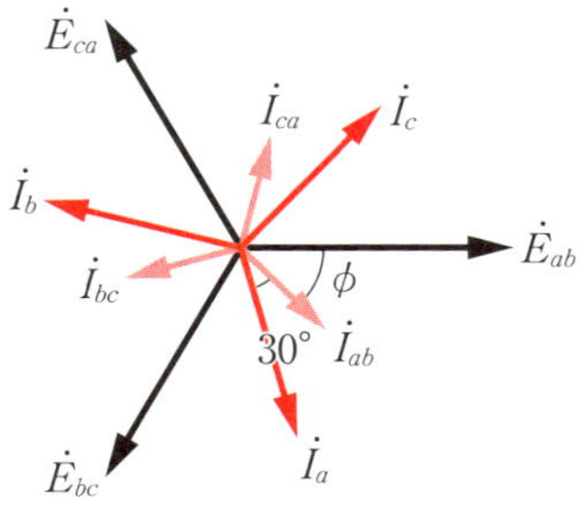

図 8･16■フェーザ図

まとめ

△結線負荷の場合は，まず相電流を求め，次に線電流を求めましょう．

例題 1

図 8･15 の回路で，電源電圧が $\dot{E}_{ab}=200$ V，負荷の 1 相のインピーダンスが $\dot{Z}_\Delta=5+j5$〔Ω〕のとき，負荷相電流の実効値，線電流の実効値を求めなさい．

解答　ここでは，フェーザ計算ではなく，大きさ（実効値）のみの計算とします．電源電圧 $\dot{E}_{ab}$ が端子 ab 間の $\dot{Z}_\Delta$ に掛かるので

$$|\dot{I}_{ab}|=\left|\frac{\dot{E}_{ab}}{\dot{Z}_\Delta}\right|=\frac{200}{|5+j5|}=\frac{200}{5\sqrt{2}}\fallingdotseq 28.3\ \text{A}$$

となります．線電流は相電流の $\sqrt{3}$ 倍なので

$$|\dot{I}_a|=\sqrt{3}\,|\dot{I}_{ab}|=\frac{200\sqrt{3}}{5\sqrt{2}}=20\sqrt{6}\fallingdotseq 49.0\ \text{A}$$

8-5 △-Y 変換と Y-△ 変換

キーポイント

三相負荷には，Y 結線と △ 結線があります．
Y 結線と △ 結線は相互に等価変換できます．

1 △-Y 変換

これまで見てきたように，電源に Y と △ 結線があり，負荷に Y と △ 結線があるので，三相回路の構成として 4 通りの組合せがあります．電源と負荷が同種の結線をもつときが解りやすく，異種の場合は算定手順が増えます．これを軽減するために，負荷の △ 結線を Y 結線に，またはその逆に即座に変換する便利な変換式があります．このような変換については，すでに 1-7 節で学びました．ここでは，例題を通して変換式の有用性を学びましょう．**図 8·17** の回路のように各相のインピーダンスが定められるとき次式が成立します．

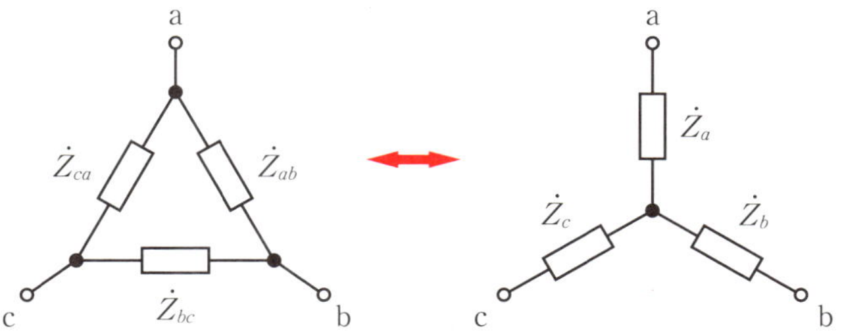

図 8·17 △→Y 変換

△→Y の変換式

$$\dot{Z}_a=\frac{\dot{Z}_{ab}\dot{Z}_{ca}}{\dot{Z}_{ab}+\dot{Z}_{bc}+\dot{Z}_{ca}}$$

$$\dot{Z}_b=\frac{\dot{Z}_{bc}\dot{Z}_{ab}}{\dot{Z}_{ab}+\dot{Z}_{bc}+\dot{Z}_{ca}} \qquad (8\cdot17)$$

$$\dot{Z}_c=\frac{\dot{Z}_{ca}\dot{Z}_{bc}}{\dot{Z}_{ab}+\dot{Z}_{bc}+\dot{Z}_{ca}}$$

Y → △ の変換式

$$\dot{Z}_{ab}=\frac{\dot{Z}_a\dot{Z}_b+\dot{Z}_b\dot{Z}_c+\dot{Z}_c\dot{Z}_a}{\dot{Z}_c}$$

$$\dot{Z}_{bc}=\frac{\dot{Z}_a\dot{Z}_b+\dot{Z}_b\dot{Z}_c+\dot{Z}_c\dot{Z}_a}{\dot{Z}_a} \qquad (8\cdot18)$$

$$\dot{Z}_{ca}=\frac{\dot{Z}_a\dot{Z}_b+\dot{Z}_b\dot{Z}_c+\dot{Z}_c\dot{Z}_a}{\dot{Z}_b}$$

2 Y-△ 変換（平衡回路）

前述した各相のインピーダンスが異なる一般式に対し，三相回路で通常用いられる実際の回路は，各相のインピーダンスが等しい(等しいと見なされる)場合です．この場合の式は非常に簡単になります．図 8·17 において，$\dot{Z}_\Delta=\dot{Z}_{ab}=\dot{Z}_{bc}=\dot{Z}_{ca}$ および $\dot{Z}_Y=\dot{Z}_a=\dot{Z}_b=\dot{Z}_c$ とすると，△ と Y の相互の変換式は

$$\dot{Z}_Y=\frac{\dot{Z}_\Delta}{3} \qquad (8\cdot19)$$

となります．

例題 1

△ 結線の負荷があり，各相の複素インピーダンスが $\dot{Z}_\Delta=30+j9$〔Ω〕とする．この負荷を等価的な Y 結線負荷に変換するとき，各相のインピーダンスを算定しなさい．

解答 △ 各相のインピーダンスが同じであるので，これを 3 で割ればよいことになります．

$$\dot{Z}_Y=\frac{\dot{Z}_\Delta}{3}=\frac{30+j9}{3}=10+j3\ 〔\Omega〕$$

△-Y 変換は本章で取り扱っていますが，一般の回路網でも成立し，単相交流回路でも適用できます．

また，リアクタンスがなければ，各インピーダンスは抵抗だけで表されます．形式的に $\dot{Z}$ を R に置き換えると（添字はそのまま）1-7 節で説明したように，例

えば，$R_a = \dfrac{R_{ab}R_{ca}}{R_{ab}+R_{bc}+R_{ca}}$ となり直流回路にも対応できます．

まとめ

負荷の△と丫は下記の式で相互に変換できます．計算に都合のよい結線に直しましょう．

・△→丫

$$丫接続の\dot{Z} = \frac{\dot{Z}の位置に隣接する△結線の二つの複素インピーダンスの積}{△結線の三つの複素インピーダンスの和}$$

・丫→△

$$△接続の\dot{Z} = \frac{丫結線の隣接する二つの複素インピーダンスの積3項の和}{\dot{Z}の位置の反対側の丫結線複素インピーダンス}$$

負荷の各インピーダンスが等しい回路のとき

$$\dot{Z}_Y = \frac{\dot{Z}_\Delta}{3}$$

補足➡三相電力系統や電動機の電圧・電流計算では，丫結線の等価回路が用いられます．単相の回路で計算でき，必要であれば三相の量にすぐに変換できるからです．短時間で計算がすみ，間違いを減らせる利点があります．

8-6 三相電力

キーポイント

単相電力＝電圧×電流×力率

三相平衡回路では，一相の電力の 3 倍が三相電力となります．

三相平衡回路では，線間電圧，線電流，負荷の力率から計算できます．

$$P=\sqrt{3}\,V_{LL}I_L\cos\phi$$

三相三線式における三相電力は 2 個の単相電力計で測定できます（二電力計法）．

1 三相電力の計算

単相交流回路の瞬時電力（式(5·3)）と同様に三相瞬時電力が以下のように計算できます．Y 結線の相電圧と相電流で考えます．

$$p_3=e_a i_a+e_b i_b+e_c i_c \tag{8·20}$$

この式に具体的な電圧と電流を代入します．各相において相電流が相電圧より位相 ϕ だけ遅れていると

$$\begin{aligned}
p_3&=e_a i_a+e_b i_b+e_c i_c\\
&=\sqrt{2}\,E\sin(\omega t)\sqrt{2}\,I\sin(\omega t-\phi)\\
&\quad+\sqrt{2}\,E\sin(\omega t-120°)\sqrt{2}\,I\sin(\omega t-\phi-120°)\\
&\quad+\sqrt{2}\,E\sin(\omega t-240°)\sqrt{2}\,I\sin(\omega t-\phi-240°)\\
&=2EI\cdot\frac{1}{2}[\cos\phi-\cos(2\omega t-\phi)+\cos\phi-\cos(2\omega t-\phi-240°)\\
&\quad+\cos\phi-\cos(2\omega t-\phi-480°)]\\
&=2EI\cdot\frac{1}{2}[3\cos\phi-\{\cos(2\omega t-\phi)+\cos(2\omega t-\phi-240°)\\
&\quad+\cos(2\omega t-\phi-120°)\}]\\
&=3EI\cos\phi
\end{aligned} \tag{8·21}$$

この式によると，三相対称電圧の印加時に対称の電流が流れるときは，**三相電力は時間的に変動がなく一定値**になります．このような回路を**三相平衡回路**（balanced circuit）といいます．線間電圧に置き換えると，$V_{LL}=\sqrt{3}\,E$ から

$$P=\sqrt{3}\,V_{LL}I_L\cos\phi \tag{8·22}$$

となります．また，△結線の相電流を $\sqrt{3}$ 倍すると線電流 I_L となるため，△結線の負荷に対しても上式が成り立ちます．

補足➡三相回路の電力（有効電力）は式(8·22)ですが，($\sqrt{3}\,V_{LL}I_L$) を皮相電力（単位は〔V·A〕），($\sqrt{3}\,V_{LL}I_L\sin\phi$) を無効電力（単位は〔var〕）といいます．

例題 1

ある三相平衡回路の負荷の線間に 200 V の対称三相電圧が印加されている．線電流が 10 A で，負荷の力率が 0.8 のとき，三相電力を求めなさい．

解答 負荷が Y 結線か △ 結線かは不明でも解くことができます．△ 結線では $I_L=\sqrt{3}I$，$V_{LL}=E$ なので $P=3EI\cos\phi=\sqrt{3}V_{LL}I_L\cos\phi$ となり，Y 結線の場合と同じになります．よって電力は，線間電圧，線電流，負荷の力率から求められるので

$$P=\sqrt{3}V_{LL}I_L\cos\phi=\sqrt{3}\times200\times10\times0.8=1\,600\sqrt{3}\fallingdotseq2\,771\ \mathrm{W}$$

2 二電力計法

三相三線式回路の電力はどのような方法で測るのでしょうか．**図 8・18** では，電源と負荷の間には 3 本の電線があります．ブロンデルの定理(法則)によれば，n 本の電線で電源から負荷に電力を送る場合，その電力は（$n-1$）個の単相電力計で測れます．つまり，**三相三線式では 2 個の単相電力計で三相電力を測定**できます．また，負荷が Y 接続でも △ 接続でも成り立ちます．三相電力は

$$\begin{aligned}P&=\mathrm{Re}[\bar{\dot{V}}_a\dot{I}_a+\bar{\dot{V}}_b\dot{I}_b+\bar{\dot{V}}_c\dot{I}_c]\\&=\mathrm{Re}[\bar{\dot{V}}_a\dot{I}_a+\bar{\dot{V}}_b\dot{I}_b+\bar{\dot{V}}_c(-\dot{I}_a-\dot{I}_b)]\\&=\mathrm{Re}[(\bar{\dot{V}}_a-\bar{\dot{V}}_c)\dot{I}_a+(\bar{\dot{V}}_b-\bar{\dot{V}}_c)\dot{I}_b)]\\&=\mathrm{Re}[\bar{\dot{V}}_{ac}\dot{I}_a]+\mathrm{Re}[\bar{\dot{V}}_{bc}\dot{I}_b)]\end{aligned}\tag{8·23}$$

5-5 節の複素電力の計算を思い出して下さい．'Re' は複素数の実数部を意味します．共役複素数の演算に慣れましょう

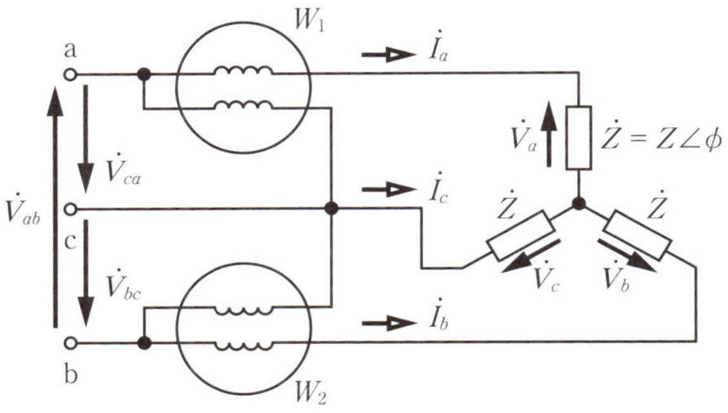

図 8・18 二電力計法

ここで，電圧電流を**図 8･19** のフェーザ図を用いて説明します．平衡回路のとき $\dot{V}_a = V_a \angle 0$, $\dot{I}_a = I_a \angle -\phi$ とおくと，$\dot{I}_b = I_a \angle \left(-\phi - \dfrac{2\pi}{3}\right)$ となります．さらに計算に必要な電圧 $\bar{\dot{V}}_{ac}$ と $\bar{\dot{V}}_{bc}$ を求めると

$$\bar{\dot{V}}_{ac} = \sqrt{3}\, V_a \angle \frac{\pi}{6}$$
$$\bar{\dot{V}}_{bc} = \sqrt{3}\, V_a \angle \frac{\pi}{2} \qquad (8･24)$$

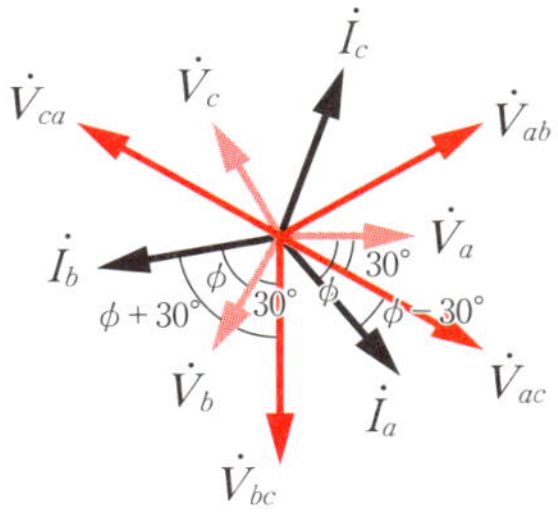

図 8･19 フェーザ図

となります．この結果より

$$P = \mathrm{Re}[\bar{\dot{V}}_{ac}\dot{I}_a] + \mathrm{Re}[\bar{\dot{V}}_{bc}\dot{I}_b)] = V_{LL}I_L\cos\left(\phi - \frac{\pi}{6}\right) + V_{LL}I_L\cos\left(\phi + \frac{\pi}{6}\right) \qquad (8･25)$$

ここで，V_{LL} は線間電圧の実効値，I_L は線電流の実効値です．各電力計の指示値は

$$W_1 = V_{LL}I_L\cos\left(\phi - \frac{\pi}{6}\right)$$
$$W_2 = V_{LL}I_L\cos\left(\phi + \frac{\pi}{6}\right) \qquad (8･26)$$

三相電力は二つの単相電力計の指示値の和となります．負荷の力率により W_1 または W_2 が負になることがありますが，その場合は，負号をつけたまま計算します．

$$P = W_1 + W_2 \qquad (8･27)$$

電力の測定に指針形の電力計を用いる場合，負の振れは電力計のコイルの接続を逆にして計測し，その値にマイナスを付けて電力を算定します（式(8･25)の導出に関する問題が章末の練習問題⑤にあります）．

例題 1

図 8･18 の回路において，線間電圧を 200 V の対称三相電圧（相順は abc の順）とし，負荷のインピーダンスを $\dot{Z} = 24 + j7$〔Ω〕とする．電力計の指示値，W_1, W_2 を求めなさい．また，三相電力 P を求めなさい．

補足➡図 8･19 における電流のフェーザは，$\pi/6 < \phi \leq \pi/2$ の場合の一例です．

解答 力率は

$$\cos\phi = \frac{24}{|24+j7|} = \frac{24}{\sqrt{24^2+7^2}} = \frac{24}{25} = 0.96$$

となります．図 8·18 を参考にして電力を求めます．

$$W_1 = V_{LL} I_L \cos(\phi - 30°) = 200 \times \frac{200/\sqrt{3}}{|24+j7|} \times \cos\left(\cos^{-1}\frac{24}{25} - 30°\right) \fallingdotseq 897.3\ \mathrm{W}$$

$$W_2 = V_{LL} I_L \cos(\phi + 30°) \fallingdotseq 638.7\ \mathrm{W}$$

$$P = \sqrt{3} \times 200 \times \frac{200}{25\sqrt{3}} \times \frac{24}{25} = 1\,536\ \mathrm{W}\ \ (= W_1 + W_2)$$

例題 2

平衡三相回路において，「二電力計法」で三相電力を計測したところ片方の電力計の指示値が正値となり，他方の指示値が 0 となった．この三相負荷の力率を求めなさい．

解答 電力計が 0 を指すときは $W_1 = V_{LL} I_L \cos(\phi - 30°) = 0$ または $W_2 = V_{LL} I_L \cos(\phi + 30°) = 0$ のときです．力率角は $|\phi| \leq 90°$ ですので，$\cos(\phi - 30°) = 0$ より $\phi - 30° = \pm 90°$ となり $\phi = -60°$．$\cos(\phi + 30°) = 0$ より $\phi + 30° = \pm 90°$ となり $\phi = 60°$ となります．

力率は，進相または遅相ですが力率値は $\cos(\pm 60°) = 0.5$ で同一となります．

まとめ

三相平衡回路では，一相の電力の 3 倍が三相電力となります．

三相平衡回路では，線間電圧，線電流，負荷の力率から計算できます．

$$P = \sqrt{3}\, V_{LL} I_L \cos\phi$$

三相三線式における三相電力は 2 個の単相電力計で測定できます（二電力計法）．

補足➡単相交流回路と同様に，（皮相電力）^{2}＝（有効電力）^{2}＋（無効電力）^{2} の関係があります．無効電力には進相と遅相があります．

練習問題

① 対称三相電圧 $\dot{E}_a, \dot{E}_b, \dot{E}_c$ があり，順に 120° ずつ遅れている．$\dot{E}_b, \dot{E}_c$ をそれぞれ $\dot{E}_a$ を用いて表しなさい．　易☆☆☆難

② 対称三相電流が次のように表現されているとき，空欄に適切な数字を入れなさい．　易☆☆☆難

$\dot{I}_a = 20\angle -45°$〔A〕

$\dot{I}_b =$ (1) $\angle -165°$〔A〕

$\dot{I}_c = 20\angle$ (2) °〔A〕

③ 対称三相電圧，$\dot{E}_a = 100\angle 30°$〔V〕，$\dot{E}_b = 100\angle -90°$〔V〕，$\dot{E}_c = 100\angle \dfrac{5\pi}{6}$〔V〕を時間 t に関する瞬時電圧に変換し，グラフに描きなさい．ただし，周波数を $f = 50$ Hz とし，sin 関数を用いなさい．また，グラフは，横軸を $0 \leq t \leq 0.02$〔s〕としなさい．　易☆☆☆難

④ **図 8·20** のように，対称三相電源が，1 線当たり $\dot{Z}_1$ のインピーダンスをもつ配電線を経て △ 結線負荷（一相のインピーダンスは $\dot{Z}_2$）に接続されている．線間電圧 $\dot{V}_{ab}$ を基準として電流 $\dot{I}_{ab}, \dot{I}_a$ を求めなさい．また，電圧計の指示値を求めなさい．ただし，線間電圧の実効値を 260 V とし，各インピーダンスを $\dot{Z}_1 = 1 + j3$〔Ω〕，$\dot{Z}_2 = 33 + j12$〔Ω〕とする．　易☆☆☆難

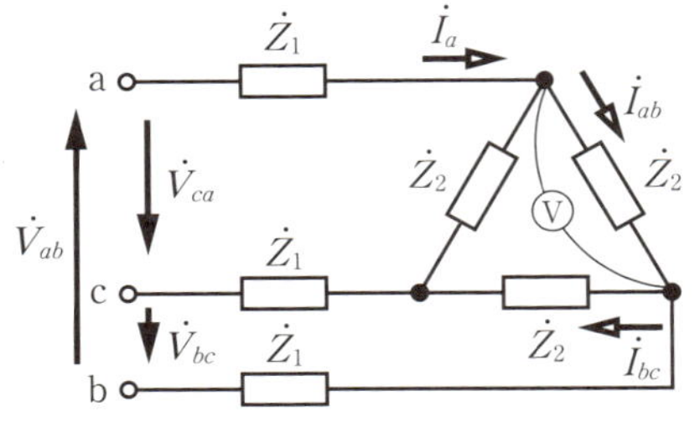

図 8·20

⑤ 二電力計法に関する式(8·25)を導出しなさい．　易☆☆☆難

⑥ △-Y 変換の式(8·17)の第1式を導出しなさい。 易☆☆☆難

⑦ 各相が同じインピーダンス（$\dot{Z}=24+j7$〔Ω〕）である三相負荷がある．この負荷の線間に実効値 $V=200$ V の対称三相電圧を印加したときの線電流と負荷の有効電力を，(1) Y 結線負荷，(2) △ 結線負荷の二つの場合について求めなさい． 易☆☆☆難

⑧ ある三相負荷において，各線間電圧が 400 V，各線電流が 30 A，消費電力が 18 kW であることがわかっている．このときの負荷の力率を求めなさい． 易☆☆☆難

⑨ **図 8·21** のように，Y 結線負荷（各相インピーダンスは $\dot{Z}_{Y1}$）と △ 結線負荷（各相インピーダンスは $\dot{Z}_{\Delta}$）が共通の三相端子に接続されている．この回路で △ 結線負荷を等価的な Y 結線負荷に変換し，最終的に単一の Y 形等価回路を求めなさい． 易☆☆☆難

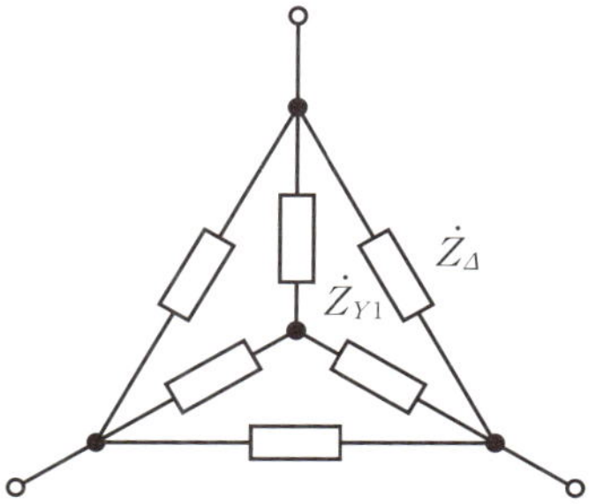

図 8·21

1章

① 電位：$V_1=8$ V，$V_2=8+4=12$ V，$V_3=6$ V，$V_4=6-2=4$ V

電圧：$V_5=V_1-V_3=8-6=2$ V，$V_6=V_2-V_3=(8+4)-6=6$ V，

$V_7=V_4-V_2=(6-2)-(8+4)=-8$ V

② ⑴　式(1·6)より0℃での抵抗率ρ_0を求めると，$\rho_0=\rho/(1+\alpha t)$となり，これに銅（軟銅線）の20℃での抵抗率$\rho=1.72\times10^{-8}$ Ω·m，温度計数$\alpha=+4.3\times10^{-3}$〔1/K〕，$t=20$ ℃を代入することにより

$$\rho_0=\frac{1.72\times10^{-8}}{1+4.3\times10^{-3}\times20}\fallingdotseq1.58\times10^{-8}\ \Omega\cdot\mathrm{m}$$

と求めることができます．

⑵　式(1·5)で明らかなように，巻線の断面積と長さが変わらなければ，抵抗値Rは抵抗率に比例して変化します．0℃での抵抗値をR_0，未知の温度をx〔℃〕とすると，$0.24=R_0(1+25\alpha)$と$0.31=R_0(1+x\alpha)$の2式が得られます．そこで両式を連立してxを求めると

$$x=\frac{\frac{0.31}{0.24}\times(1+4.3\times10^{-3}\times25)-1}{4.3\times10^{-3}}\fallingdotseq100.1℃$$

と推定することができます．

③ ⑴　消費電力$W=48$ V×2.5 A＝120 W，抵抗$R=48$ V/2.5 A＝19.2 Ω

電力量〔kWh〕＝0.12 kW×24 h/日×365日/年×1年＝1 051.2 kWh

電気料金〔円〕＝1 051.2 kWh×22円/kWh＝23 126.4円

⑵　発生すべき熱エネルギー〔J〕＝800 cc×(100−20)℃×1 cal/cc/℃×4.19 J/cal＝268 160 J，これを5分間で発生するための電力$W=268\,160$ J/(60×5) s≒893.9 W．必要とされる抵抗$R=(100\ \mathrm{V})^2/893.9$ W≒11.2 Ω

④ 内部抵抗rの電流計と直列に抵抗Rを接続します．このとき，全抵抗は$r+R$になります．これに300 Vが印加されたときに電流値30 mAが流れるようにRを決定します．したがって，Rは$R=(300/0.03)-2=9.998$ kΩとなります．

2章

① 式(2·6)の左右両辺の左側から抵抗行列Rの逆行列を掛けることにより，電流べ

クトル $[I]$ を求めます．

$$\det[R]=|R|=\{1\times(-1)\times 2\}+\{(-1)\times 0\times 0\}+\{(-1\times(-1)\times(-2)\}$$
$$-[\{(-1)\times(-1)\times 0\}+\{(-1)\times(-1)\times 2\}+\{1\times(-2)\times 0\}]=-6$$

3行3列の抵抗行列 $[R]$ の逆行列の求め方の詳細については省略し，計算結果のみ示すことにします．詳しくは線形代数の参考図書を参照してください．

$$[R]^{-1}=\frac{1}{|R|}\begin{bmatrix}-2 & 4 & -1\\ 2 & 2 & 1\\ 2 & 2 & -2\end{bmatrix}=\frac{1}{-6}\begin{bmatrix}-2 & 4 & -1\\ 2 & 2 & 1\\ 2 & 2 & -2\end{bmatrix}$$

となるので，電流ベクトルは次式のように求められます．

$$\begin{bmatrix}I_a\\ I_b\\ I_c\end{bmatrix}=\frac{1}{-6}\begin{bmatrix}-2 & 4 & -1\\ 2 & 2 & 1\\ 2 & 2 & -2\end{bmatrix}\begin{bmatrix}0\\ 2\\ 1\end{bmatrix}=\frac{1}{-6}\begin{bmatrix}7\\ 5\\ 2\end{bmatrix}$$

したがって，$I_a=-\frac{7}{6}$ A，$I_b=-\frac{5}{6}$ A，$I_c=-\frac{1}{3}$ A となり，$I_b+I_c=I_a$ を満たしていることがわかります．

---

② 全合成抵抗は

$$R_0=20+\frac{(22+44)\times 55}{(22+44)+55}=20+30=50\ \Omega$$

電源電流は

$$I_0=\frac{100}{50}=2\ \text{A}$$

電流の分流比を考慮して I_1 と I_2 を求めます．

$$I_1=2\times\frac{55}{66+55}=\frac{10}{11}\ \text{A},\quad I_2=\frac{12}{11}\ \text{A}$$

電圧計の指示値は

$$V=20I_0+22I_1=20\times 2+22\times\frac{10}{11}=60\ \text{V}$$

となります．

---

③ (1) 三つの網目に対して次式が成り立ちます．

$$-(R_1+R_3)I_1+R_3I_3+E_1=0$$
$$-(R_2+R_4)I_2+R_4I_3-E_1-E_2=0$$
$$-(R_3+R_4+R_5)I_3+R_3I_1+R_4I_2+E_2=0$$

行列を用いて表すと

$$\begin{bmatrix}E_1\\ -(E_1+E_2)\\ E_2\end{bmatrix}=\begin{bmatrix}R_1+R_3 & 0 & -R_3\\ 0 & R_2+R_4 & -R_4\\ -R_3 & -R_4 & R_3+R_4+R_5\end{bmatrix}\begin{bmatrix}I_1\\ I_2\\ I_3\end{bmatrix}$$

(2)

$$\begin{bmatrix} 10 \\ -30 \\ 20 \end{bmatrix} = \begin{bmatrix} 4 & 0 & -3 \\ 0 & 6 & -4 \\ -3 & -4 & 12 \end{bmatrix} \begin{bmatrix} I_1 \\ I_2 \\ I_3 \end{bmatrix}$$

$$\begin{vmatrix} 4 & 0 & -3 \\ 0 & 6 & -4 \\ -3 & -4 & 12 \end{vmatrix} = 4\times6\times12-(-3)^2\times6-4\times(-4)^2=170$$

$$I_1=\frac{720-360+360-160}{170}=\frac{56}{17}\ \text{A}$$

$$I_2=\frac{-1\,440+120+270+320}{170}=-\frac{73}{17}\ \text{A}$$

$$I_3=\frac{480+180-480}{170}=\frac{18}{17}\ \text{A}$$

$$I_{E1}=I_1-I_2=\frac{56}{17}-\left(-\frac{73}{17}\right)=\frac{129}{17}\ \text{A}$$

$$I_{E2}=I_3-I_2=\frac{18}{17}-\left(-\frac{73}{17}\right)=\frac{91}{17}\ \text{A}$$

④　電源電圧と 40 Ω の部分を電流源回路に変換すると次の回路図**解図 2･1**(a)となります．さらに 40 Ω と 24 Ω の並列等価抵抗を求めると回路図(b)となります．

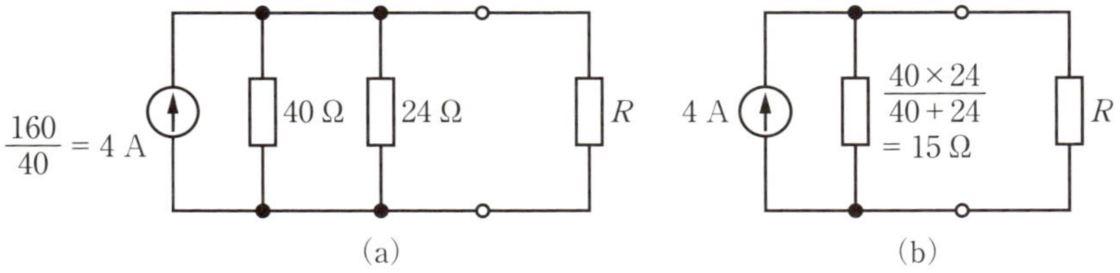

解図 2･1

再度，電圧源等価回路に直します（**解図 2･2**）．

内部抵抗に相当するのは 15 Ω であるので，$R=15\ \Omega$ のとき負荷電力は最大となります．また，このときの電力は

$$P_m=15\times\left(\frac{60}{15+15}\right)^2=60\ \text{W}$$

となります．

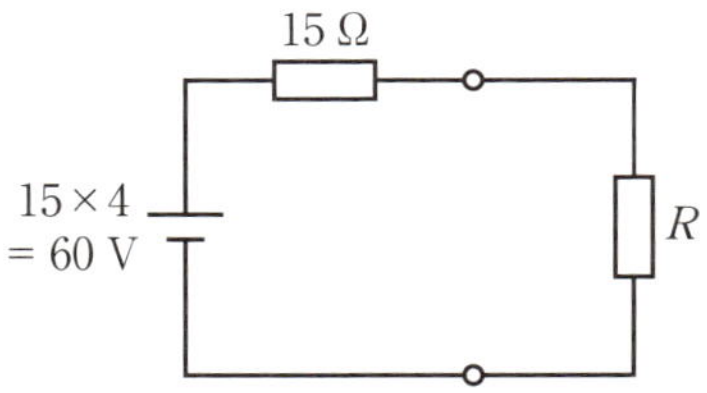

解図 2･2

⑤　**解図 2･3** において，15 Ω の抵抗を外しているときの端子間電圧を求めます．そのため，まず，14 Ω の抵抗に流れる電流 I_2 を網目電流法で求めます．

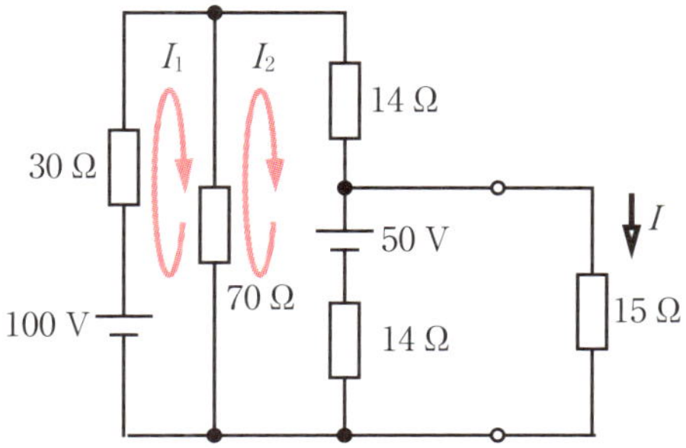

解図 2・3

$$100-(30+70)I_1+70I_2=0$$

$$-(70+14+14)I_2+70I_1-50=0$$

$$\begin{bmatrix}100\\50\end{bmatrix}=\begin{bmatrix}100 & -70\\70 & -98\end{bmatrix}\begin{bmatrix}I_1\\I_2\end{bmatrix}$$

$$I_2=\frac{\begin{vmatrix}100 & 100\\70 & 50\end{vmatrix}}{\begin{vmatrix}100 & -70\\70 & -98\end{vmatrix}}=\frac{5\,000-7\,000}{-9\,800+4\,900}=\frac{20}{49}\ \mathrm{A}$$

$$V_0=50+14\times\frac{20}{49}=50+\frac{40}{7}=\frac{390}{7}\ \mathrm{V}$$

となります．テブナンの等価回路の内部抵抗は

$$R_0=\frac{\left(14+\dfrac{30\times70}{30+70}\right)\times14}{\left(14+\dfrac{30\times70}{30+70}\right)+14}=\frac{35\times14}{35+14}=10\ \Omega$$

となるので，テブナンの定理から求める電流は

$$I=\frac{V_0}{R_0+R}=\frac{\dfrac{390}{7}}{10+15}=\frac{78}{35}=2.23\ \mathrm{A}$$

となります．

⑥　二つの電源があるので，重ね合わせの理を適用して電流を求めます．まず，20 V の電源が単独で存在するとき，15 V の電源を外しその場所を短絡します．R の電流は

$$I_1=\frac{20}{21+\dfrac{28R}{R+28}}\times\frac{28}{R+28}=\frac{560}{49R+588}$$

となります．次に，15 V の電源が単独で存在するとき，20 V の電源を外し，その場

所を短絡します．この場合，R の電流は

$$I_2=\frac{15}{28+\frac{21R}{R+21}}\times\frac{21}{R+21}=\frac{315}{49R+588}$$

となります(向きに注意)．重ね合わせの理を適用すると，求める電流は

$$I=I_1-I_2=\frac{560-315}{49R+588}=\frac{245}{49R+588}=0.1\ \mathrm{A}$$

となります．この方程式を解くと

$$R=\frac{\frac{245}{0.1}-588}{49}=38\ \Omega$$

が得られます．

⑦　ブリッジ回路の右の網目に △-Y を適用します（**解図 2·4**）．

$$R_1=\frac{190\times95}{190+95+76}=50\ \Omega$$

$$R_2=\frac{95\times76}{190+95+76}=20\ \Omega$$

$$R_3=\frac{76\times190}{190+95+76}=40\ \Omega$$

$$R_{eq}=\frac{(41+50)\times(38+40)}{(41+50)+(38+40)}+20$$

$$=42+20=62\ \Omega$$

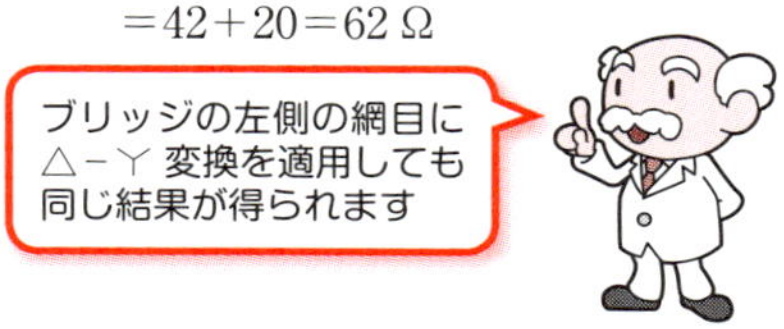

ブリッジの左側の網目に
△-Y 変換を適用しても
同じ結果が得られます

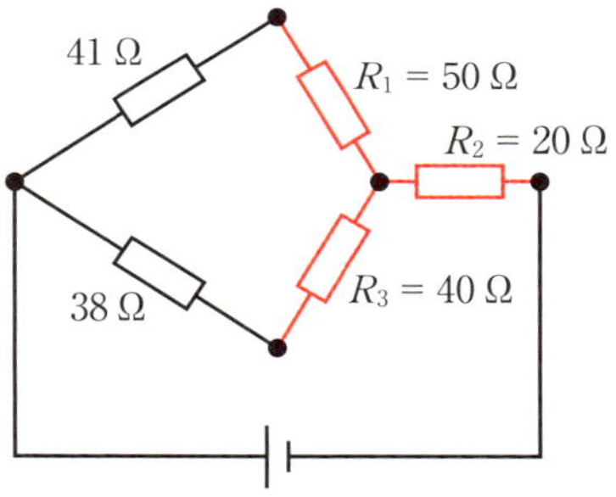

解図 2·4

⑧　次の連立方程式が成り立ちます．これを解いて電流を求めます．

$$100-(20+22+44)I_a+(22+44)I_b=0$$

$$(22+44)I_a-(22+44+55)I_b=0$$

$$\begin{bmatrix}100\\0\end{bmatrix}=\begin{bmatrix}86 & -66\\-66 & 121\end{bmatrix}\begin{bmatrix}I_a\\I_b\end{bmatrix}$$

$$I_a=\frac{100\times121}{86\times121-66^2}=2\ \mathrm{A},\quad I_b=\frac{100\times66}{86\times121-66^2}=\frac{12}{11}\ \mathrm{A}$$

電圧計の指示値は

$$V=20I_a+22(I_a-I_b)=20\times2+22\times\left(2-\frac{12}{11}\right)=60\ \mathrm{V}$$

となります．

⑨ (1) 50 V のあった部分は短絡とします．まず，回路の右側 3 個の合成抵抗を求めておきます．

$$R_1=14+\frac{14\times15}{14+15}=14+\frac{210}{29}=\frac{616}{29}$$

分流比を考慮して 15 Ω の抵抗を流れる電流を計算します．

$$I_1=\frac{100}{30+\dfrac{70\times\dfrac{616}{29}}{70+\dfrac{616}{29}}}\times\frac{70}{70+\dfrac{616}{29}}\times\frac{14}{14+15}=\frac{100}{\dfrac{1\,250}{27}}\times\frac{145}{189}\times\frac{14}{29}=\frac{4}{5}$$

(2) 50 V が単独で存在するとき 100 V のあった部分は短絡とします．70 Ω，30 Ω，14 Ω（上側）の 3 個の合成抵抗を求めておきます．

$$R_2=14+\frac{30\times70}{30+70}=35$$

分流比を考慮して 15 Ω の抵抗を流れる電流を計算します．

$$I_2=\frac{50}{14+\dfrac{35\times15}{35+15}}\times\frac{35}{35+15}=\frac{50}{\dfrac{49}{2}}\times\frac{35}{50}=\frac{10}{7}$$

(3) 重ね合わせの理を適用すると

$$I=I_1+I_2=\frac{4}{5}+\frac{10}{7}=\frac{78}{35}\ \mathrm{A}$$

となり，問題⑤の答えと同一となります．

⑩ 抵抗 R を外すと，電源電流は

$$I_s=\frac{20+15}{21+28}=\frac{5}{7}\ \mathrm{A}$$

となります．抵抗 R があった端子には

$$V_0=20-21I_s=20-21\times\frac{5}{7}=5\ \mathrm{V}$$

なる電圧が出ます．テブナンの定理により R の電流は

$$I=\frac{5}{\dfrac{21\times28}{21+28}+R}=\frac{5}{12+R}$$

となり，これが 0.1 A であるので

$$I=\frac{5}{12+R}=0.1$$

となり，これを解いて

$$R=50-12=38\ \Omega$$

を得ます．

⑪　問題の回路において，**解図 2・5** のように I_1～I_3 を定義し，回路方程式をたてます．

$$-(41+190+38)I_1+190I_2+38I_3=0$$
$$-(190+95+76)I_2+190I_1+76I_3=0$$
$$-(38+76)I_3+38I_1+76I_2+E=0$$

$$\begin{bmatrix}0\\0\\E\end{bmatrix}=\begin{bmatrix}269 & -190 & -38\\-190 & 361 & -76\\-38 & -76 & 114\end{bmatrix}\begin{bmatrix}I_1\\I_2\\I_3\end{bmatrix}$$

$$I_3=\frac{\begin{vmatrix}269 & -190 & 0\\-190 & 361 & 0\\-38 & -76 & E\end{vmatrix}}{\begin{vmatrix}269 & -190 & -38\\-190 & 361 & -76\\-38 & -76 & 114\end{vmatrix}}$$

$$=\frac{(269\times361-190^2)E}{269\times361\times114-190\times76\times38-190\times76\times38-38^2\times361-76^2\times269-190^2\times114}$$

$$=\frac{61\,009E}{3\,782\,558}$$

$$R_{eq}=\frac{E}{I_3}=\frac{3\,782\,558}{61\,009}=62\ \Omega$$

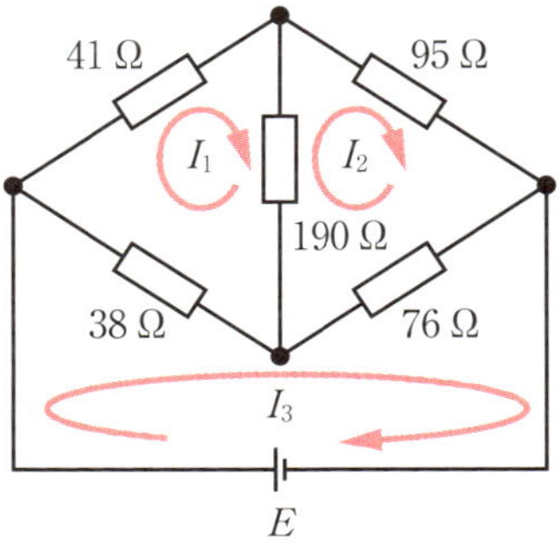

解図 2・5

3 章

①　(1)　100 V，$100\sqrt{2}=141$ V，60 Hz，50 Hz

(2)　282.8 V，200 V，100 Hz，0.01 s

(3)　$\dot{V}=V\angle-\frac{\pi}{6}=V\varepsilon^{-j\frac{\pi}{6}}=5\left(\cos\left(-\frac{\pi}{6}\right)+j\sin\left(-\frac{\pi}{6}\right)\right)=4.3-j2.5$〔V〕

$\dot{I}=\frac{4.3-j2.5}{1-j2}=1.9+j1.2=2.2\angle\tan^{-1}\left(\frac{1.2}{1.9}\right)=2.2\angle32°$〔A〕，$I=2.2$ A

②　平均値は半周期の面積を平均すればよいので，問題ののこぎり波の場合 0～10 ms での関数は $f(t)=1\,000t$（10 ms で 10 V なので）

$$V_a=\frac{2}{T}\int_0^{\frac{T}{2}}f(t)\,dt=\frac{2}{T}\int_0^{\frac{T}{2}}1\,000t\,dt=\frac{2}{T}[500t^2]_0^{\frac{T}{2}}=\frac{1\,000}{T}\left(\frac{T}{2}\right)^2=250T=5\ \text{V}$$

平均値は面積の平均なので，単純に三角形の面積を半周期で割って

$$V_a=\frac{10\times10^{-3}\times10}{2}\times\frac{1}{10\times10^{-3}}=5\ \text{V}$$

でも求められます．

補足⇒図 3・45 において正側だけの場合の平均値は $V_a=\frac{1}{T}\int_0^{\frac{\pi}{2}}f(t)\,dt$ となります．

実効値も同様に $f(t)=1\,000t$ として

$$V=\sqrt{\frac{2}{T}\int_0^{\frac{T}{2}}(f(t))^2dt}=\sqrt{\frac{2\times10^6}{T}\int_0^{\frac{T}{2}}t^2dt}=\sqrt{\frac{2\times10^6}{T}\left[\frac{t^3}{3}\right]_0^{\frac{T}{2}}}$$

$$=\sqrt{\frac{2\times10^6}{3T}\left(\frac{T^3}{8}\right)}=\sqrt{83\times10^3T^2}=5.8\ \mathrm{V}$$ （三角波の実効値は $\frac{V_m}{\sqrt{3}}$ です）

---

③　R と C に流れる電流は

$$i_R=\frac{v}{20}=10\sin 1\,000t\ 〔\mathrm{A}〕$$

$$i_C=C\frac{dv}{dt}=2\times10^5C\cos 1\,000t=6\cos 1\,000t\ 〔\mathrm{A}〕$$

$$i=i_R+i_C=10\sin 1\,000t+6\cos 1\,000t=\sqrt{10^2+6^2}\sin\left(1\,000t+\tan^{-1}\frac{6}{10}\right)$$

$$=11.7\sin(1\,000t+31^\circ)\ 〔\mathrm{A}〕$$

---

④　$X_L=\omega L=2\pi\times5\times10^3\times2\times10^{-3}=62.8\ \Omega$

---

⑤　$\dot{Z}=R+j\left(\omega L-\frac{1}{\omega C}\right)=10+j\left(2\pi\times50\times200\times10^{-3}-\frac{1}{2\pi\times50\times200\times10^{-6}}\right)$

$$=10+j(62.8-15.9)=10-j46.9=48\angle-78^\circ\ 〔\Omega〕$$

---

⑥　インピーダンス $\dot{Z}$ は

$$\dot{Z}=j\omega L+\frac{1}{\frac{1}{\frac{1}{j\omega C}}+\frac{1}{R}}$$

$$=j\omega L+\frac{1}{j\omega C+\frac{1}{R}}=j\omega L+\frac{R}{1+j\omega CR}=j\omega L+\frac{R(1-j\omega CR)}{1+(\omega CR)^2}$$

$$=\frac{R+j\omega(L-L(\omega CR)^2-CR^2)}{1+(\omega CR)^2}$$ （分母は実数化します）

位相角は

$$\theta=\tan^{-1}\left(\frac{\omega(L-L(\omega CR)^2-CR^2)}{R}\right)$$

---

⑦　インピーダンス $\dot{Z}$ は

$$\dot{Z}=5+j10+\frac{1}{\frac{1}{8+j4}+\frac{1}{-j12}}=5+j10+\frac{-j12(8+j4)}{(8+j4)-j12}=5+j10+9-j3$$

$$=14+j7$$

$$\theta = \tan^{-1}\left(\frac{7}{14}\right) = 26.6°$$

4章

① (1) 容量，誘導，$\dfrac{1}{\sqrt{LC}}$，同相，最大，$\dfrac{\omega_0 L}{R}$

(2) アドミタンス，コンダクタンス，サセプタンス

(3) $\omega_0 = \dfrac{1}{\sqrt{20\times10^{-3}\times50\times10^{-6}}} = 1\,000\ \text{rad/s}$

$Q = \dfrac{R}{\omega_0 L} = \dfrac{10}{1\,000\times20\times10^{-3}} = 0.5$

② 回路のインピーダンス$\dot{Z}$は

$$\dot{Z} = \frac{120}{10+j5} = 9.6 - j4.8\ [\Omega]$$

$$\dot{Z} = R + j(X_L - X_C) = 9.6 - j4.8\ [\Omega]$$

$$X_L - X_C = 2.4 - X_C = -4.8$$

$$X_C = 7.2\ \Omega$$

③ 共振時のインピーダンスは$Z=R$なので電流は最大となり$I_0=10/0.5=20$ Aが流れます．このときのキャパシタのリアクタンスは$X_C=\dfrac{1}{\omega_0 C}$なので，キャパシタの電圧は

$$V_C = I_0 X_C = 20\frac{1}{\omega_0\times50\times10^{-6}} = 200\ \text{V}\ (実効値)$$

$$\omega_0 = \frac{20}{200\times50\times10^{-6}} = 2\,000\ \text{rad/s},\quad f_0 = \frac{\omega_0}{2\pi} = 318\ \text{Hz}$$

$$\omega_0 = \frac{1}{\sqrt{LC}} = \frac{1}{\sqrt{L\times50\times10^{-6}}} = 2\,000\ \text{rad/s}$$

インダクタンスは

$$L = \frac{1}{2\,000^2\times50\times10^{-6}} = 5\times10^{-3}\ \text{H} = 5\ \text{mH}$$

④ インピーダンス$\dot{Z}$は

$$\dot{Z} = R + j\omega L + \frac{1}{j\omega C + \frac{1}{R}} = R + j\omega L + \frac{R}{1+j\omega CR} = R + j\omega L + \frac{R(1-j\omega CR)}{1+(\omega CR)^2}$$

$$=\frac{(R+j\omega L)(1+(\omega CR)^2)+R(1-j\omega CR)}{1+(\omega CR)^2}$$

$$=\frac{2R+\omega^2C^2R^3+j\omega(L+L(\omega CR)^2-CR^2)}{1+(\omega CR)^2}$$

電圧と電流が同相になるためには虚数部を 0 とする必要があります．

$$L+L\omega^2C^2R^2-CR^2=0$$

$$L=\frac{CR^2}{1+(\omega CR)^2}\ \text{〔H〕}$$

虚数部は 0 なので

$$\dot{Z}_0=\frac{2+\omega^2C^2R^2}{1+(\omega CR)^2}R\ \text{〔Ω〕}$$

⑤　平衡条件として

$$(R_1+j\omega L)\left(\frac{1}{\dfrac{1}{R_4}+j\omega C}\right)=R_2R_3$$

$$(200+j\omega L)\left(\frac{1}{\dfrac{1}{1\,000}+j\omega 0.1\times10^{-6}}\right)=400\times500$$

$$200+j\omega L=400\times500\left(\frac{1}{1\,000}+j\omega 0.1\times10^{-6}\right)=200+j\omega(2\times10^5\times0.1\times10^{-6})$$

$$=200+j\omega 0.02$$

虚数部を比較すると

$$L=0.02\ \text{H}=20\ \text{mH}$$

5章

①　実効値電圧 100 V，遅れ位相 36.8°，電流 6 A なので，力率は

$$\cos\theta=\cos 36.8°=0.8$$

有効電力は

$$P=VI\cos\theta=100\times6\times0.8=480\ \text{W}$$

②　実効値 $V=200$ V，皮相電力 4 kV·A と有効電力 3.2 kW，周波数 $f=50$ Hz なので，まず，電流 I を皮相電力から求めます．$S=VI$ より

$$I=\frac{S}{V}=\frac{4\,000}{200}=20\ \text{A}$$

次に有効電力から力率を求めます．$P=VI\cos\theta$ より

$$\cos\theta=\frac{P}{VI}=\frac{3\,200}{4\,000}=0.8$$

抵抗 R は $I^2R=P$ より

$$R=\frac{P}{I^2}=\frac{3\,200}{20^2}=8\ \Omega$$

インダクタ L はリアクタンス X_L から導出します．無効率と X_L の関係から $\sin\theta=\dfrac{X_L}{Z}$ より

$$X_L=\sin\theta\times Z=\sin\theta\times\frac{V}{I}=\sqrt{1-(0.8)^2}\times\frac{200}{20}=6\ \Omega$$

$X_L=\omega L$ より

$$L=\frac{X_L}{\omega}=\frac{X_L}{2\pi f}=\frac{6}{100\pi}=19.1\ \mathrm{mH}$$

③ $R=4\ \Omega$，$\omega L=3\ \Omega$，実効値 $V=100$ V，周波数 $f=50$ Hz なので，まず，瞬時電圧は

$$v=100\sqrt{2}\sin 100\pi t\ \text{〔V〕}$$

次にインピーダンス Z は

$$Z=\sqrt{R^2+{X_L}^2}=\sqrt{4^2+3^2}=5\ \Omega$$

以上より，実効値電流 I は

$$I=\frac{V}{Z}=\frac{100}{5}=20\ \mathrm{A}$$

と求まります．次に，電圧と電流の位相差を求めます．

$$\theta=\tan^{-1}\frac{X_L}{Z}=\tan^{-1}\frac{3}{4}=36.9^\circ$$

また，負荷にはインダクタがあるため，遅れ位相となるから電流の瞬時値は

$$i=20\sqrt{2}\sin(100\pi t-36.9^\circ)\ \text{〔A〕}$$

となります．瞬時電力 $p=vi$ は

$$p=vi=100\sqrt{2}\sin 100\pi t\times 20\sqrt{2}\sin(100\pi t-36.9^\circ)$$
$$=2\,000\{0.8-\cos(200\pi t-36.9^\circ)\}$$
$$=1\,600-2\,000\cos(200\pi t-36.9^\circ)\ \text{〔W〕}$$

となります．

④ 電圧の共役（$\bar{\dot{V}}$）と複素電流 $\dot{I}$ より

$$\bar{\dot{V}}\dot{I}=(V_a-jV_b)(I_a+jI_b)=(V_aI_a+V_bI_b)+j(V_aI_b-V_bI_a)$$
$$=P+jQ$$

したがって

有効電力：$P = V_aI_a + V_bI_b$〔W〕

無効電力：$Q = V_aI_b - V_bI_a$〔var〕

位相差：$\theta = \tan^{-1}\dfrac{V_aI_b - V_bI_a}{V_aI_a + V_bI_b}$

となります．

⑤　瞬時電圧 $v = 141.1\sin\omega t$〔V〕，電流 $i = 7.07\sin(\omega t - 30°)$〔A〕より

実効値電圧 $V = \dfrac{141.1}{\sqrt{2}} = 100$ V

実効値電流 $I = \dfrac{7.07}{\sqrt{2}} = 5$ A

となります．

皮相電力：$S = VI = 100 \times 5 = 500$ V·A

力率：$\cos\theta = \cos(30°) = 0.866$（86.6%）

有効電力：$P = VI\cos\theta = 500 \times 0.866 = 433$ W

⑥　RC 回路に瞬時電圧 $v = V_m\sin\omega t$〔V〕を印加しているので，瞬時電流は

$$i = \frac{V_m}{Z}\sin(\omega t + \theta) = \frac{V_m}{\sqrt{R^2 + \left(\dfrac{1}{\omega C}\right)^2}}\sin(\omega t + \theta)\text{〔A〕}$$

$$\because\quad \theta = \tan^{-1}\frac{1}{R\omega C}$$

瞬時電力は

$$p = vi = V_m\sin\omega t \times I_m\sin(\omega t + \theta)$$

$$= \frac{V_mI_m}{2}\{\cos\theta - \cos(2\omega t + \theta)\}$$

$$\because\quad I_m = \frac{V_m}{\sqrt{R^2 + \left(\dfrac{1}{\omega C}\right)^2}}\text{〔A〕}$$

となります．次に平均電力は

$$P = \frac{1}{\dfrac{T}{2}}\int_0^{\frac{T}{2}} p\,dt = \frac{2}{T}\cdot\frac{V_mI_m}{2}\int_0^{\frac{T}{2}}\{\cos\theta - \cos(2\omega t - \theta)\}dt = \frac{V_mI_m}{2}\cos\theta$$

$$= \frac{1}{2}\cdot\frac{{V_m}^2}{\sqrt{R^2 + \left(\dfrac{1}{\omega C}\right)^2}}\cdot\frac{R}{\sqrt{R^2 + \left(\dfrac{1}{\omega C}\right)^2}} = I^2R\text{〔W〕}$$

となります．

⑦　$R=4\ \Omega$，$L=25.5\ \mathrm{mH}$，$C=637\ \mu\mathrm{F}$ の RLC 直列回路に $V=200\ \mathrm{V}$，周波数 $f=50\ \mathrm{Hz}$ の電圧なので，まず，それぞれのリアクタンスを求めます．

$$X_L=\omega L=100\pi\times25.5\times10^{-3}=8\ \Omega$$

$$X_C=\frac{1}{\omega C}=\frac{1}{100\pi\times637\times10^{-6}}=5\ \Omega$$

$$|\dot{Z}|=|R+j(X_L-X_C)|$$

$$=|4+j(8-5)|=|4+j3|=\sqrt{4^2+3^2}=5\ \Omega$$

実効値電流 I は

$$I=\frac{V}{Z}=\frac{200}{5}=40\ \mathrm{A}$$

力率は

$$\cos\theta=\frac{R}{Z}=\frac{4}{5}=0.8$$

有効電力は

$$P=VI\cos\theta=200\times40\times0.8=6\,400\ \mathrm{W}$$

無効電力は

$$Q=VI\sin\theta=200\times40\times\sqrt{1-0.8^2}=4\,800\ \mathrm{var}$$

と求まります．

---

⑧　$\dot{S}=\dot{V}\dot{I}$

$$=VI(\cos\theta_1+j\sin\theta_1)(\cos\theta_2+j\sin\theta_2)$$

$$=VI(\cos\theta_1\cos\theta_2+j\cos\theta_1\sin\theta_2+j\sin\theta_1\cos\theta_2-\sin\theta_1\sin\theta_2)$$

$$=VI\{(\cos\theta_1\cos\theta_2-\sin\theta_1\sin\theta_2)+j(\cos\theta_1\sin\theta_2+\sin\theta_1\cos\theta_2)\}$$

加法定理より

$$=VI\{\cos(\theta_1+\theta_2)+j\sin(\theta_1+\theta_2)\}$$

$$=\underbrace{VI\cos(\theta_1+\theta_2)}_{\text{実数部}}+\underbrace{jVI\sin(\theta_1+\theta_2)}_{\text{虚数部}} \qquad \text{(解 5·1)}$$

と求まります．実数部・虚数部の各位相差は $(\theta_1+\theta_2)$ となっており，本来の力率角の定義は，電圧と電流の位相差 $(\theta_1-\theta_2)$ と異なっており，有効電力と無効電力が正しく求まりません．

〈補足〉

条件の電圧 $\dot{V}$ と電流 $\dot{I}$ をフェーザ図で示すと**解図 5·1** のようになります．力率角は $\theta_1-\theta_2$ となることから，力率は $\cos(\theta_1-\theta_2)$ となり，有効電力は

$$P=VI\cos(\theta_1-\theta_2) \qquad \text{(解 5·2)}$$

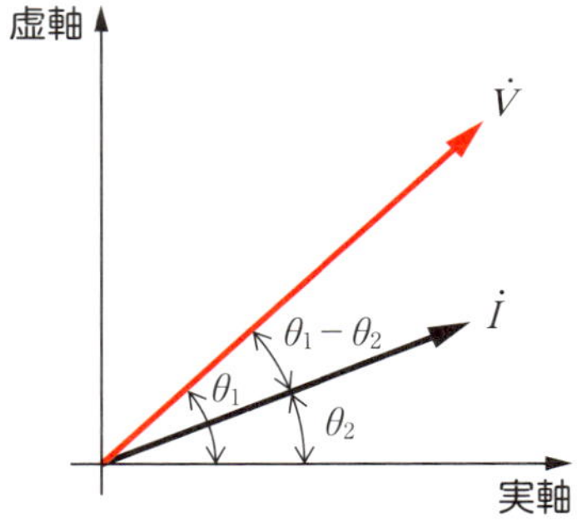

解図 5·1

となり，式(解 5·1)の位相差とは異なります．同様に，無効電力 Q は

$$Q = VI\sin(\theta_1 - \theta_2) \qquad (解 5·3)$$

となり，式(解 5·2)と同様，式(解 5·1)と位相差が異なります．

6章

① **解図 6·1** の等価回路から，ab 端子から見た合成インピーダンス $\dot{Z}_0$ を求めます．まず，回路のドットから $-M$ となります．

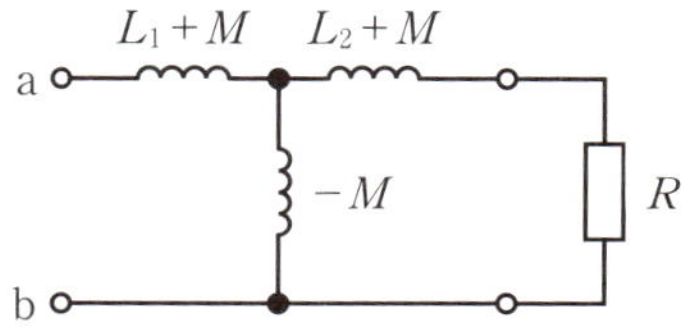

解図 6·1

$$\begin{aligned}\dot{Z}_0 &= \frac{-j\omega M\{R + j\omega(L_2+M)\}}{-j\omega M + R + j\omega(L_2+M)} + j\omega(L_1+M)\\ &= \frac{-j\omega MR + \omega^2 ML_2 + \omega^2 M^2}{R + j\omega L_2} + j\omega(L_1+M)\\ &= \frac{-j\omega M(R + j\omega L_2) + \omega^2 M^2}{R + j\omega L_2} + j\omega(L_1+M)\\ &= \frac{\omega^2 M^2(R + j\omega L_2)}{(R + j\omega L_2)(R - j\omega L_2)} - j\omega M + j\omega(L_1+M)\\ &= \frac{\omega^2 M^2 R - j\omega^3 M^2 L_2}{R^2 + \omega^2 {L_2}^2} + j\omega L_1\\ &= \frac{\omega^2 M^2 R}{R^2 + \omega^2 {L_2}^2} + j\left(\omega L_1 - \frac{\omega^3 M^2 L_2}{R^2 + \omega^2 {L_2}^2}\right)\ [\Omega]\end{aligned}$$

ここで，実数部が R_0，虚数部が X_0 となるため，次式となります．

$$R_0 = \frac{\omega^2 M^2 R}{R^2 + \omega^2 {L_2}^2}\ [\Omega], \qquad X_0 = \omega L_1 - \frac{\omega^3 M^2 L_2}{R^2 + \omega^2 {L_2}^2}\ [\Omega]$$

② (1) $M = k\sqrt{L_1 L_2} = 0.8 \times \sqrt{40\ \text{mH} \times 10\ \text{mH}} = 16\ \text{mH}$

(2) SW が開放のとき（$\dot{I}_2 = 0$），一次側電流は $\dot{V}_1 = j\omega L_1 \dot{I}_1$ より

$$\dot{I}_1 = \frac{\dot{V}_1}{j\omega L_1} = \frac{100}{j4} = -j25\ [\text{A}]$$

$$\omega M = 100 \times 16\ \text{mH} = 1.6\ \Omega$$

二次側電流 $\dot{I}_2 = 0$ のため，二次電圧は次式となります．

$$\dot{V}_1 = j\omega M \dot{I}_1 = j1.6(-j25) = 40\ \text{V}$$

(3) 開放時に一次側から見たインピーダンス Z_1

$$\dot{Z}_1 = j\omega L_1 = j4\ [\Omega]$$

(4) 短絡時に一次側から見たインピーダンス Z_1 を求めます．そのため，回路方程式を立てます．

$$\begin{cases} \dot{V}_1 = j\omega L_1 \dot{I}_1 - j\omega M \dot{I}_2 \text{〔V〕} \\ 0 = -j\omega L_2 \dot{I}_2 + j\omega M \dot{I}_1 \text{〔V〕} \end{cases}$$

行列で表現すると

$$j\omega \begin{pmatrix} L_1 & -M \\ +M & -L_2 \end{pmatrix} \begin{pmatrix} \dot{I}_1 \\ \dot{I}_2 \end{pmatrix} = \begin{pmatrix} \dot{V}_1 \\ 0 \end{pmatrix}$$

となり，変換すると次式を導けます．

$$\dot{Z}_1 = \frac{j\omega (L_1 L_2 - M^2)}{L_2} = 1.44\ \Omega$$

---

③ 図 6·17 を T 形等価回路に変換すると**解図 6·2** となります．

gh から右側を見たインピーダンス $\dot{Z}_{gh}$ は

$$\dot{Z}_{gh} = \frac{-j\omega M_2 j\omega (L_2 + M_2)}{-j\omega M_2 + j\omega (L_2 + M_2)} = -j\omega \left(M_2 + \frac{M_2{}^2}{L_2} \right) \text{〔Ω〕}$$

同様に cd から右側を見た $\dot{Z}_{cd}$ は

$$\dot{Z}_{cd} = j\omega (L_2 + M_2) + \dot{Z}_{gh} = -j\omega \left(L_2 - \frac{M_2{}^2}{L_2} \right) \text{〔Ω〕}$$

さらに，ef から右側の $\dot{Z}_{ef}$ は

$$\dot{Z}_{ef} = \frac{-j\omega M_1 \{ j\omega (L_1 + M_1) + \dot{Z}_{cd} \}}{-j\omega M_1 + \{ j\omega (L_1 + M_1) + \dot{Z}_{cd} \}} = -j\omega M_1 \frac{(L_1 + L_2 + M_1) L_2 - M_2{}^2}{(L_1 + L_2) L_2 - M_2{}^2} \text{〔Ω〕}$$

したがって，ab から見た $\dot{Z}_{ab}$ は

$$\dot{Z}_{ab} = j\omega (L_1 + M_1) + \dot{Z}_{ef} = j\omega (L_1 + M_2) - j\omega M_1 \frac{(L_1 + L_2 + M_1) L_2 - M_2{}^2}{(L_1 + L_2) L_2 - M_2{}^2}$$

$$= j\omega \frac{(L_1^2 + L_1 L_2 - M_1{}^2) L_2 - M_2{}^2 L_1}{(L_1 + L_2) L_2 - M_2{}^2} \text{〔Ω〕}$$

求める実効インダクタンス L_0 は

$$L_0 = \frac{(L_1{}^2 + L_1 L_2 - M_1{}^2) L_2 - M_2{}^2 L_1}{(L_1 + L_2) L_2 - M_2{}^2} \text{〔H〕}$$

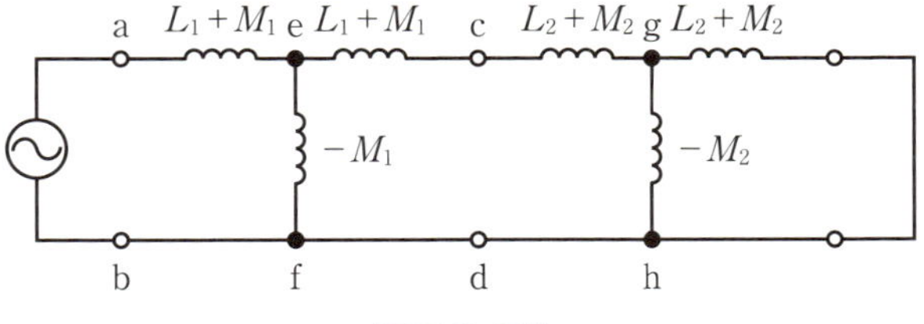

解図 6·2

---

④　図 6·18 は，ドットの極性表示と電流の向きから差動接続であるといえます．このような結合をトランス結合といいます．したがって，相互インダクタンスは $-M$ となり，電圧方程式は

$$(R_1-j\omega L_1)\dot{I}_1-j\omega M\dot{I}_2=\dot{V}_1$$

$$-j\omega M\dot{I}_1+(R_2+j\omega L_2)\dot{I}_2=0$$

上式を変形させると

$$\{R_1+j\omega(L_1-M)\}\dot{I}_1+j\omega M(\dot{I}_1-\dot{I}_2)=\dot{V}_1$$

$$j\omega M(\dot{I}_2-\dot{I}_1)+\{R_2+j\omega(L_2-M)\}\dot{I}_2=0$$

となります．また，**解図 6·3** のような等価回路と仮定すると次式となります．

$$\{R_1+j\omega(L_a+L_c)\}\dot{I}_1+j\omega L_c(\dot{I}_1-\dot{I}_2)=\dot{V}_1$$

$$j\omega L_c(\dot{I}_2-\dot{I}_1)+\{R_2+j\omega(L_b+L_c)\}\dot{I}_2=0$$

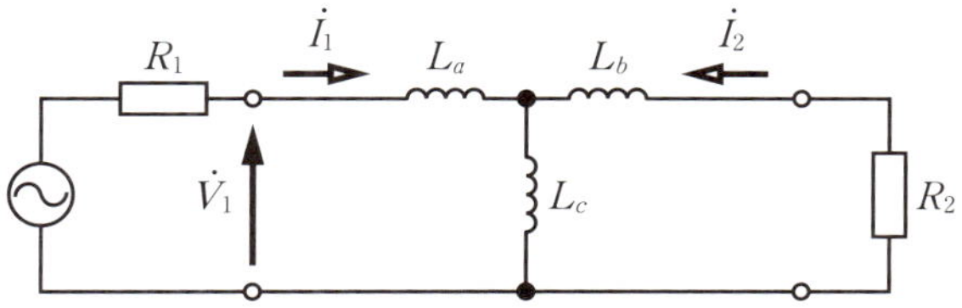

解図 6·3

すなわち，以下の関係が成り立ちます．

$$L_1=L_a+L_c,\quad M=-L_c$$

$$L_2=L_b+L_c,\quad M=-L_c$$

それゆえ

$$L_a=L_1+M,\quad L_b=L_2+M,\quad L_c=-M$$

となります（**解図 6·4**）．

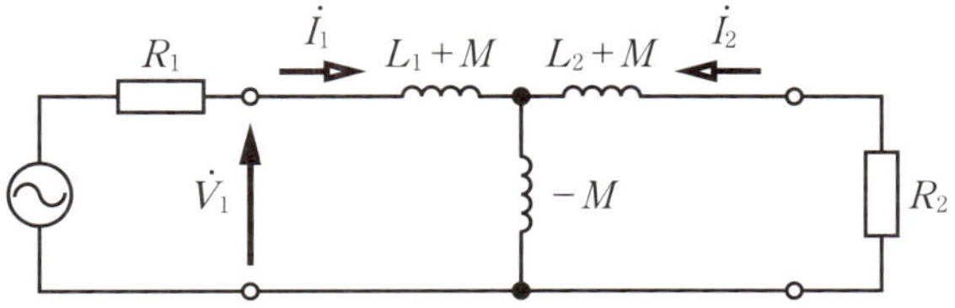

解図 6·4

⑤　等価回路は，解答④と同じになります．また，解答①の合成インピーダンス Z_0 に抵抗 R_1 が加わったと考えられるので，合成インピーダンス $\dot{Z}$ は $\dot{Z}=\dot{Z}_0+R_1$ となることから，次式のように整理できます．

$$\dot{Z}=\frac{\omega^2M^2R_2}{R_2{}^2+\omega^2L_2{}^2}+j\left(\omega L_1-\frac{\omega^3M^2L_2}{R_2{}^2+\omega^2L_2{}^2}\right)+R_1$$

$$=R_1+\frac{\omega^2M^2R_2}{R_2{}^2+\omega^2L_2{}^2}+j\frac{\omega\{L_1R_2{}^2+\omega^2L_2(L_1L_2-M^2)\}}{R_2{}^2+\omega^2L_2{}^2}\ [\Omega]$$

電圧 V_1 と電流 I_1 とが $\pi/4(45^\circ)$ の位相差であるから，Z の実数部と虚数部が等しいことを意味しており，$R=X$ となり，次式となります．

$$R_1+\frac{\omega^2M^2R_2}{R_2{}^2+\omega^2L_2{}^2}=\frac{\omega\{L_1R_2{}^2+\omega^2L_2(L_1L_2-M^2)\}}{R_2{}^2+\omega^2L_2{}^2}\ [\Omega]$$

上式を R_1 について整理すると

$$R_1=\frac{\omega\{L_1R_2{}^2+\omega^2L_2(L_1L_2-M^2)\}}{R_2{}^2+\omega^2L_2{}^2}-\frac{\omega^2M^2R_2}{R_2{}^2+\omega^2L_2{}^2}$$

$$=\omega L_1-\frac{\omega^2M^2(R_2+\omega L_2)}{R_2{}^2+\omega^2L_2{}^2}\ [\Omega]$$

と求まります．

7章

① **解図 7·1** に示す①，②，③の 3 個の回路が縦続接続された回路を考えます．

3 個の回路が縦続接続された F 行列は，電流の向きに注意して，それぞれ

$$\begin{bmatrix}1 & \dot{Z}_a\\0 & 1\end{bmatrix}\begin{bmatrix}1 & 0\\1/\dot{Z}_b & 1\end{bmatrix}\begin{bmatrix}1 & \dot{Z}_c\\0 & 1\end{bmatrix}$$

であるので，回路全体の F 行列のパラメータは，三つの行列の積で求められます．

$$F=\begin{bmatrix}1+\dfrac{\dot{Z}_a}{\dot{Z}_b} & \dot{Z}_a+\dot{Z}_c+\dfrac{\dot{Z}_a\dot{Z}_c}{\dot{Z}_b}\\ \dfrac{1}{\dot{Z}_b} & 1+\dfrac{\dot{Z}_c}{\dot{Z}_b}\end{bmatrix}$$

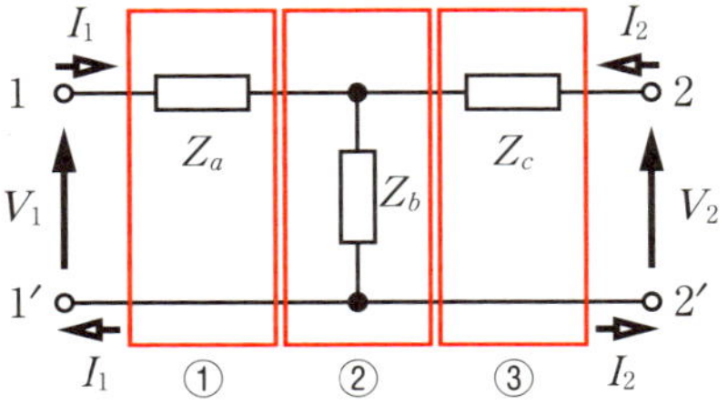

解図 7·1 三つの回路が縦続接続した回路

② 式(7·5)～式(7·8)と 7-1 節の例題 1 の解答より，各パラメータは

$$\begin{bmatrix} 0 & -j1 \\ -j1 & 2-j1 \end{bmatrix}$$

となります．

③ 式(7·11)～式(7·14)と 7-2 節の例題 2 の解答より，各パラメータは

$$\begin{bmatrix} \dfrac{1}{j\omega L}+\dfrac{1}{R} & -\dfrac{1}{R} \\ -\dfrac{1}{R} & -\dfrac{1}{R}+j\omega C \end{bmatrix}$$

となります．

8章

① $\dot{E}_b=e^{-j\frac{2\pi}{3}}\dot{E}_a=\left(-\dfrac{1}{2}-j\dfrac{\sqrt{3}}{2}\right)\dot{E}_a,\ \dot{E}_c=e^{-j\frac{4\pi}{3}}\dot{E}_a=\left(-\dfrac{1}{2}+j\dfrac{\sqrt{3}}{2}\right)\dot{E}_a$

② (1) 電流の実効値は三相各相で同一なので 20 A です．(2)位相角は b 相より 120° 遅れで−285° となります．また，a 相より 120° 進みで，75° でもかまいません．

③ $\dot{E}_a$ の瞬時電圧を e_a とすると，$e_a=100\sqrt{2}\sin(100\pi t+30°)$〔V〕です．他の相も同様に求められます．グラフは**解図 8·1** のとおりです．

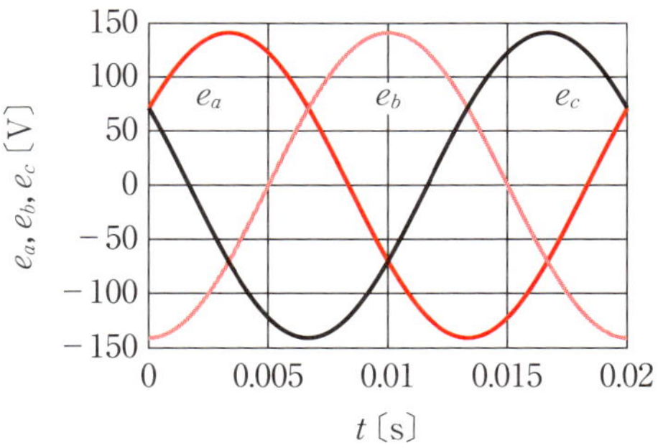

解図 8·1

④ 負荷の △ 結線を Y 結線に変換できれば，配電線のインピーダンスを含めた新しい単一の Y 形負荷になります．その負荷の一相のインピーダンスは

$$\dot{Z}=1+j3+\frac{33+j12}{3}=12+j7\ 〔\Omega〕$$

線電流は

$$\dot{I}_a=\frac{\dfrac{260}{\sqrt{3}}\angle-30^\circ}{12+j7}\fallingdotseq 10.8\angle-60.3^\circ\text{〔A〕}$$

△結線の相電流 $\dot{I}_{ab}$ は，線電流 $\dot{I}_a$ から求められます．相順は abc の順とします．

$$\dot{I}_{ab}=\left(\frac{1}{\sqrt{3}}\angle 30^\circ\right)\times\dot{I}_a\fallingdotseq 6.24\angle-30.3^\circ\text{〔A〕}$$

電圧計の指示値はインピーダンスと電流の積から求めます．

$$V=\sqrt{33^2+12^2}\times 6.24\fallingdotseq 219\text{〔V〕}$$

---

⑤　二電力計法の式にある電圧・電流を整理しておきます．

$$\dot{V}_a=V_a\angle 0$$

$$\dot{I}_a=I_a\angle-\phi$$

$$\dot{I}_b=I_a\angle-\phi-\frac{2\pi}{3}$$

$$\dot{V}_{bc}=\sqrt{3}\,V_a\angle-\frac{\pi}{2}\quad\rightarrow\quad\bar{\dot{V}}_{bc}=\sqrt{3}\,V_a\angle\frac{\pi}{2}$$

$$\dot{V}_{ca}=\sqrt{3}\,V_a\angle\frac{5\pi}{6}\quad\rightarrow\quad\dot{V}_{ac}=\sqrt{3}\,V_a\angle\left(\frac{5\pi}{6}-\pi\right)=\sqrt{3}\,V_a\angle-\frac{\pi}{6}$$

$$\rightarrow\quad\bar{\dot{V}}_{ac}=\sqrt{3}\,V_a\angle\frac{\pi}{6}$$

これらを式(8·25)に代入します．

$$\begin{aligned}P&=\mathrm{Re}[\bar{\dot{V}}_{ac}\dot{I}_a]+\mathrm{Re}[\bar{\dot{V}}_{bc}\dot{I}_b)]\\&=\mathrm{Re}\left[\left(\sqrt{3}\,V_a\angle\frac{\pi}{6}\right)\cdot(I_a\angle-\phi)\right]+\mathrm{Re}\left[\left(\sqrt{3}\,V_a\angle\frac{\pi}{2}\right)\cdot\left\{I_a\angle\left(-\phi-\frac{2\pi}{3}\right)\right\}\right]\\&=V_{LL}I_L\cos\left(\frac{\pi}{6}-\phi\right)+V_{LL}I_L\cos\left(-\frac{\pi}{6}-\phi\right)\\&=V_{LL}I_L\cos\left(\phi-\frac{\pi}{6}\right)+V_{LL}I_L\cos\left(\phi+\frac{\pi}{6}\right)\end{aligned}$$

---

⑥　△-Y 変換式の導出は，端子間インピーダンスを等しくおくことで求められます．

$$\frac{\dot{Z}_{ab}(\dot{Z}_{bc}+\dot{Z}_{ca})}{\dot{Z}_{ab}+\dot{Z}_{bc}+\dot{Z}_{ca}}=\dot{Z}_a+\dot{Z}_b \qquad (解 8·1)$$

$$\frac{\dot{Z}_{bc}(\dot{Z}_{ca}+\dot{Z}_{ab})}{\dot{Z}_{ab}+\dot{Z}_{bc}+\dot{Z}_{ca}}=\dot{Z}_b+\dot{Z}_c \qquad (解 8·2)$$

$$\frac{\dot{Z}_{ca}(\dot{Z}_{ab}+\dot{Z}_{bc})}{\dot{Z}_{ab}+\dot{Z}_{bc}+\dot{Z}_{ca}}=\dot{Z}_c+\dot{Z}_a \qquad (解 8·3)$$

$\dfrac{\text{式(解8·1)}+\text{式(解8·3)}-\text{式(解8·2)}}{2}$ を計算し，$\dot{Z}_a$ を求めます．

$$\dot{Z}_a=\frac{\dot{Z}_{ab}\dot{Z}_{bc}+\dot{Z}_{ab}\dot{Z}_{ca}+\dot{Z}_{ca}\dot{Z}_{ab}+\dot{Z}_{ca}\dot{Z}_{bc}-\dot{Z}_{bc}\dot{Z}_{ca}-\dot{Z}_{bc}\dot{Z}_{ab}}{2(\dot{Z}_{ab}+\dot{Z}_{bc}+\dot{Z}_{ca})}$$

$$=\frac{\dot{Z}_{ab}\dot{Z}_{ca}}{\dot{Z}_{ab}+\dot{Z}_{bc}+\dot{Z}_{ca}}$$

他も同様に求められます．

---

⑦ (1) 負荷が Y 結線の場合

負荷の相電圧の実効値は，$V_Y=V/\sqrt{3}$〔V〕となります．線電流の実効値は

$$I=\frac{V_Y}{|\dot{Z}|}=\frac{200/\sqrt{3}}{|24+j7|}=\frac{200}{25\sqrt{3}}=\frac{8}{\sqrt{3}}\fallingdotseq 4.62\ \mathrm{A}$$

となります．負荷の力率は

$$\cos\phi=\frac{24}{\sqrt{24^2+7^2}}=\frac{24}{25}$$

負荷の有効電力は

$$P=\sqrt{3}\times 200\times\frac{8}{\sqrt{3}}\times\frac{24}{25}=1\,536\ \mathrm{W}$$

と求められます．

(2) 負荷が △ 結線の場合

負荷の相電流は

$$I_\Delta=\frac{200}{|24+j7|}=\frac{200}{25}=8\ \mathrm{A}$$

となります．△ 結線のとき，線電流の実効値は相電流の実効値の $\sqrt{3}$ 倍となるので，線電流は

$$I=\sqrt{3}I_\Delta=\sqrt{3}\times 8\fallingdotseq 13.9\ \mathrm{A}$$

となります．負荷の有効電力は

$$P=\sqrt{3}\times 200\times 8\sqrt{3}\times\frac{24}{25}=4\,608\ \mathrm{W}$$

と求められます．力率は両結線で同一です．

---

⑧ 三相電力の算定式 $P=\sqrt{3}\,V_{LL}I_L\cos\phi$ より

$$\cos\phi=\frac{18\,000}{\sqrt{3}\times 400\times 30}=\frac{\sqrt{3}}{2}\fallingdotseq 0.866$$

となります．なお，この問題の題意では，力率の遅相，進相はわかりません．

---

⑨ **解図 8·2**(a)の △ 結線の回路に △-Y 変換を適用すると，Y 結線一相のインピーダンスは

$$\dot{Z}_{Y2}=\frac{\dot{Z}_\Delta}{3}$$

となります．これを図に描くと解図 8·2(b)のようになります．この場合，$\dot{Z}_{Y1}$ と $\dot{Z}_{Y2}$ は，各中性点が結合できるので並列接続となります（二つの Y 結線回路はそれぞれ平衡回路であり，これら回路の中性点間の電位差は 0）．この並列回路は解図 8·2(c)のように合成でき，最終的な Y 結線の等価回路の一相のインピーダンスは

$$\dot{Z}_Y=\left(\frac{1}{\dot{Z}_{Y1}}+\frac{1}{\dot{Z}_{Y2}}\right)^{-1}=\frac{\dot{Z}_{Y1}\dot{Z}_{Y2}}{\dot{Z}_{Y1}+\dot{Z}_{Y2}}=\frac{\dot{Z}_{Y1}\dfrac{\dot{Z}_\Delta}{3}}{\dot{Z}_{Y1}+\dfrac{\dot{Z}_\Delta}{3}}=\frac{\dot{Z}_{Y1}\dot{Z}_\Delta}{3\dot{Z}_{Y1}+\dot{Z}_\Delta}$$

となります．

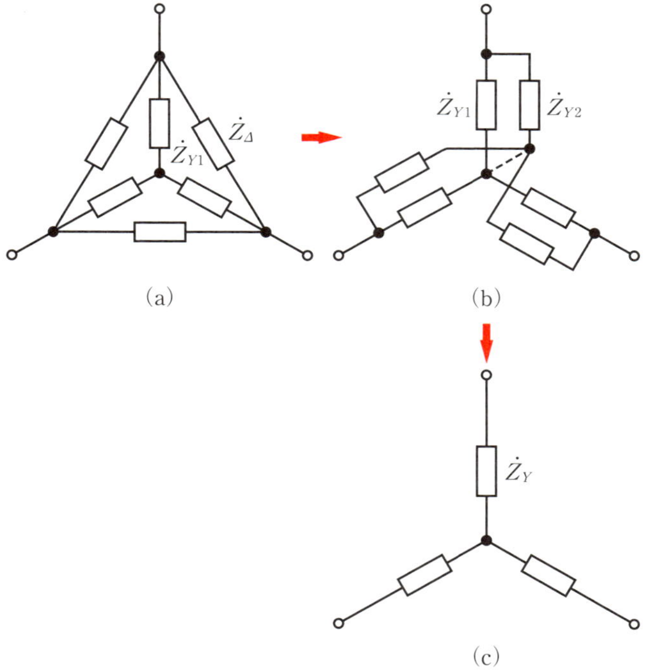

解図 8·2

索　引

タ　行

ナ　行

ハ　行

〈監修者紹介〉

西 方 正 司（にしかた　しょうじ）

1949年，神奈川県生まれ．1975年，東京電機大学大学院工学研究科電気工学専攻修士課程修了．同年，東京工業大学助手．1984年，東京電機大学工学部専任講師，その後，1987年より1年間アメリカ Wisconsin 大学客員助教授，東京電機大学工学部電気工学科助教授を経て1992年より同大学工学部教授，2020年同大学名誉教授．専門は電気機器工学，パワーエレクトロニクス．学生時代はグリークラブに所属．

無整流子電動機ドライブシステムの過渡特性，軸発電システムの研究などに従事．最近は地球温暖化防止に関心を持ち，風力発電システムの研究に取り組んでいる．1979年電気学会論文賞，1981，1982年 IEEE Industry Applications Society Prize Paper Award，2013年電気学会産業応用部門論文賞などを受賞．工学博士．

〈主な著書〉

「よくわかる　パワーエレクトロニクスと電気機器」（オーム社，1995），「電気自動車の最新技術」（共著／オーム社，1999），「基本を学ぶ　電気機器」（オーム社，2011），「Wind Energy Conversion System」（分担執筆／Springer-Verlag London Limited，2012），「わかりやすい　風力発電」（編著／オーム社，2013），「環境とエネルギー――枯渇性エネルギーから再生可能エネルギーへ―」（数理工学社，2013）

〈所属学会〉

電気学会，IEEE，日本風力エネルギー学会

〈著者紹介〉

岩 崎 久 雄（いわさき　ひさお）

1951年，長野県生まれ．1975年，東北大学工学部電気工学科卒業．同年，株式会社東芝入社．2001年より芝浦工業大学システム工学部教授，現在，同大学システム理工学部電子情報システム学科教授．専門はアンテナ工学で，広帯域なウェアラブルアンテナの研究に取り組んでいる．工学博士．

〈主な著書〉

「電気回路の講義と演習」（共著／日新出版，2007），「基礎からの電磁波工学」（共著／日新出版，2008）

〈所属学会〉

電子情報通信学会，IEEE

【執筆箇所：7章】

鈴 木 憲 吏（すずき　けんじ）

1982年，静岡県生まれ．2005年，武蔵工業大学工学部電気電子工学科卒業．2007年，武蔵工業大学大学院工学研究科電気工学専攻修士課程修了．2010年，武蔵工業大学大学院工学研究科電気工学専攻博士後期課程修了．同年アイダエンジニアリング株式会社入社，技術研究所勤務．2012年より東京都市大学工学部電気電子工学科講師．専門は電気機器工学で，リニアモータの解析・ドライブを主としモータドライブ全般，さらにモータの応用としてロボットや福祉機器分野を新規開拓中．博士（工学）．

〈所属学会〉

電気学会，IEEE，日本 AEM 学会，高速信号処理応用技術学会

【執筆箇所：5，6章】

鷹野一朗（たかの　いちろう）

1959年，東京都生まれ．1989年，工学院大学大学院工学研究科電気工学専攻博士後期課程修了．1990年，工学院大学工学部電気工学科助手を経て，2004年，同大学工学部電気工学科教授，2013年より同大学工学部電気システム工学科主任教授．専門は電気電子材料で，主テーマはスパッタリングやイオンビームを用いた機能性薄膜の研究．特に酸化物半導体を用いた太陽電池や炭素系材料の開発に従事している．工学博士．

〈主な著書〉

「ドライプロセスによる表面処理・薄膜形成の基礎」（共著／コロナ社，2013）

〈所属学協会〉

電気学会，電気設備学会，表面技術協会，日本真空学会

【執筆箇所：3，4章】

松井幹彦（まつい　みきひこ）

1957年，福井県生まれ．1981年，名古屋工業大学大学院工学研究科電気工学専攻修士課程修了．同年，東京工業大学工学部助手．1992年，東京工芸大学工学部講師，2002年，同大学工学部電子情報工学科教授を経て，現在，同大学電子機械学科教授，工学部長，大学院工学研究科長．趣味は合唱とイラスト．今もたまに学生時代の仲間たちと合唱を楽しんでいる．いつか子供向けの電気の絵本を作るのが夢．専門はパワーエレクトロニクス．最近は理科教育や工学教育にも取り組んでいる．工学博士．

〈主な著書〉

「パワーエレクトロニクス回路」（共著／オーム社，2000），「電気工学ハンドブック（第7版）」（共著／オーム社，2013）

〈所属学会〉

電気学会，IEEE，パワーエレクトロニクス学会，電気設備学会

【執筆箇所：1，2章】

宮下　収（みやした　おさむ）

1950年，埼玉県生まれ．1976年，東京電機大学大学院工学研究科電気工学専攻修士課程修了．1977年，東京電機大学工学部電気工学科助手，1986年，同大学理工学部専任講師，その後，1988年より1年間 Vrije Universiteit Brussel（ブリュッセル自由大学）研究員，東京電機大学理工学部電子情報工学科教授を経て，2007年より同大学工学部電気電子工学科教授．専門は電気機器工学，パワーエレクトロニクス．工学博士．

〈主な著書〉

「エレクトリックマシーン＆パワーエレクトロニクス［第2版］」（共著／森北出版，2010）

〈所属学会〉

電気学会，IEEE，EPE，電気設備学会，パワーエレクトロニクス学会

【執筆箇所：8章】

- 本書の内容に関する質問は，オーム社ホームページの「サポート」から，「お問合せ」の「書籍に関するお問合せ」をご参照いただくか，または書状にてオーム社編集局宛にお願いします．お受けできる質問は本書で紹介した内容に限らせていただきます．なお，電話での質問にはお答えできませんので，あらかじめご了承ください．
- 万一，落丁・乱丁の場合は，送料当社負担でお取替えいたします．当社販売課宛にお送りください．
- 本書の一部の複写複製を希望される場合は，本書扉裏を参照してください．

基本からわかる
電気回路講義ノート

2014 年 3 月 5 日　第 1 版第 1 刷発行
2025 年 6 月 10 日　第 1 版第 9 刷発行

監修者　西方正司
著　者　岩崎久雄・鈴木憲吏・鷹野一朗・松井幹彦・宮下　收
発行者　髙田光明
発行所　株式会社 オーム社
郵便番号　101-8460
東京都千代田区神田錦町 3-1
電話 03(3233)0641（代表）
URL https://www.ohmsha.co.jp/

印刷　中央印刷　製本　協栄製本
ISBN978-4-274-21490-5　Printed in Japan